Animal
Weapons

동물의 무기

**잔인하면서도
아름다운
극한 무기의
생물학**

더글러스 엠린 지음
승영조 옮김
최재천 감수

북트리거

추천의 글

최고의 진화생물학자 가운데 한 명인 더글러스 엠린은 존재의 깊은 뜻을 파헤쳐 … 자연과 인간에 대한 흥겨운 발견의 경험을 독자에게 선사한다. 『동물의 무기』는 우리 인간을 포함한 지구 생명체의 중요한 주제 가운데 하나를 다룬, 지식으로 충만한 권위 있고 웅장한 이야기다. 엠린의 호기심과 열정과 스토리텔링 역량 덕분에 권위 있는 이 책은 더욱 흥미진진하게 읽힌다.

- 닐 슈빈(『내 안의 물고기』 저자)

엠린의 뛰어난 이 저술은 자연계 동물과 인간 군대의 강력한 무기에 관심이 있는 독자들을 사로잡을 것이다.

-《라이브러리 저널》

노련한 이야기꾼 엠린은 독자를 파나마로 데려가, 앞장다리하늘소의 대결을 목격하게 하고, 탄자니아로 데려가 코끼리 똥과 그것을 먹고 사는 쇠똥구리를 수집케 한다. 또한 대눈파리가 암컷들의 하렘을 방어하고 있는 열대림으로 독자를 데려간다. 이 이야기에 등장하는 온갖 무기를 놀라운 삽화로도 볼 수 있다.

-《사이언스》

독창적인 이 연구에서 엠린은 온갖 동물의 누대에 걸친 공격 및 방어 행동과 해부학 세계를 여행한다. 티라노사우루스 렉스의 가공할 이빨부터 아이벡스의 뿔과 양서류의 독에 이르기까지 두루 살피고, 인간 무기와의 유사성을 밝힘으로써 예리하게 논의를 이끌어 간다.

-《네이처》

눈을 뗄 수 없다. … 인간과 동물 무기의 유사성에 관한 엠린의 논증은 정말 매혹적이다. 그 유사성은 무서울 정도다. … 그의 이야기는 성급하지 않고 단순하지 않다. 이 섬세한 이야기는 수많은 여행의 산물이다.

-《커커스 리뷰》

엠린은 몬태나대학 시절 현장 연구의 흥미진진한 일화와 과학적 설명을 한데 엮는다. 그러면서 동물의 진화 과정과 인류 무기의 발달 과정이 얼마나 유사한지를 밝힌다. 인간의 무기 경쟁에 대한 그의 결론이 비관적인 반면, 동물 무기의 기능이나 진화 이야기는 독자를 사로잡을 것이다.

-《퍼블리셔스 위클리》

이 책에서 특히 마음을 끄는 것은, 엠린 박사가 쇠똥구리를 비롯한 여러 동물을 연구하며 얻은 폭넓은 현장 경험과 견고한 과학적 연구 결과를 매끄럽게 한데 엮어 냈다는 점이다. 쇠똥구리 역시 가공할 무기를 휘두른다! 많은 동물들이 무기 경쟁을 하며 극한 무기를 진화시키는 데 엄청난 에너지를 투자하는 이유는 무엇일까? 그것을 이해하기 위해 독자들은 동물 행동과 진화론에 대해 굳이 많은 것을 알 필요가 없다.

-《사이콜로지 투데이》

너무나 인상적인 삽화를 곁들인 이 책은 동물의 행동과 극한 무기의 진화 이야기를 매력적으로 들려준다. 엄청난 크기의 투구게 집게발 이야기든, 장수풍뎅이의 치명적인 뿔 이야기든, 엠린의 자연선택 이야기는 애니멀플래닛(미국 동물 전문 방송국)의 최고 프로그램을 뺨친다.

-《셀프 어웨어니스》

이 책은 다양한 동물들의 싸움과 무기뿐만이 아니라, 인류 무기사에 관한 훌륭한 읽을거리다. 동물과 인간 양측으로부터 읽어 낸 무기 경쟁에 관한 놀라운 유사성 역시 훌륭한 읽을거리가 아닐 수 없다.

- 베른트 하인리히(『생명에서 생명으로』, 『우리는 왜 달리는가』 저자)

『동물의 무기』는 반드시 읽어야 할 책이다. 인류의 무기 발달에 관심이 있는 독자라면 더욱 그렇다. 더글러스 엠린이 명백히 입증했듯이, 무기 경쟁은 동물 종으로서의 우리 인간이 만들어 낸 현상이 아니라, 이 세계에서 가장 자연스러운 현상이다.

- 로버트 L. 오코넬(『칸나이의 유령The Ghosts of Cannae』, 『맹렬한 애국자Fierce Patriot』 저자)

더글러스 엠린은 동물의 무기와 인간의 무기를 관련지어 그 유사성을 밝히는 놀라운 일을 해냈다. 그는 무기 진화 이면의 생물학을 나 같은 군인과 엔지니어도 이해할 수 있게끔 풀어 말하고, 대량 살상 무기의 시대에 재앙을 통제하거나 피하는 데 있어 인간이라는 동물의 문제점을 설득력 있게 제시한다.

- 존 마이어스 중장

몬태나대학 생물학자인 더글러스 엠린은 뿔과 엄니, 집게발 등을 조사하며 동물들이 자기 후손을 남기기 위해 어떻게 진화했는가를 밝힌다. 저자는 동물 무기의 진화 이야기에서 그치지 않고, 이를 인간의 무기 발달 과정과 비교한다. 동물의 뿔과 집게발이 너무 커서 지탱하기 어려울 정도로 성장하기도 하는 것처럼, 인간도 통제하기 어려울 정도의 무기를 만들어 내고 있다.

- 《미줄리언》

엠린은 과학적 발견과 모험담을 엮어 극적인 이야기를 빚어내고, 터스는 강력한 그림으로 독자의 눈을 사로잡는다. … 모든 극적인 삽화는 터스가 구할 수 있는 가장 정확한 과학 정보를 토대로 한 것이다. 그는 검치호랑이의 눈 위치를 파악하기 위해 검치호랑이 두개골을 직접 손에 들고 살펴볼 정도로 철두철미했다.

- 《인디펜던트 레코드》

야생동물의 방어와 공격 무기의 진화가 우리 인간의 무기 발달 과정과 너무나 유사하다는 것을 밝힌 역작이다. … 유사성은 경이로울 정도다. … 이 책을 다 읽은 뒤 세상을 바꿀 수 있는 정치가에게 책을 건네주자.

- 《버펄로 뉴스》

읽을 가치가 넘친다. 이 책은 같은 종 중에서 가장 강한 자, 곧 막대한 비용이 드는 무기를 만들고 유지할 수 있는 자원을 가진 동물의 극한 무기 발달에 관한 흥미진진한 이야기를 들려준다. 곳곳에 실린 데이비드 터스의 아름다운 삽화는 이 책을 더욱 생동감 넘치게 한다.

- 《스태튼 아일랜드 라이브》

이 책은 지상의 삶의 의미에 관한 작은 깨달음을 여럿 안겨 준다. 인간 역시 동물이라는 사실을 우리가 잊고 있다는 것을 크게 일깨워 주기도 한다. 군대 역사에 관심이 있거나 자연계 동물에 관심이 있는 독자 모두에게 흥미진진한 읽을거리로 가득 차 있어, 책 읽는 즐거움을 만끽할 수 있다.

- 《미줄라 인디펜던트》

긴말 하지 않고 간단히 말하면, 저자는 동아프리카의 마른 응가를 쿡쿡 찔러 본 후 진화를 바라보는 새로운 방식을 발견했다고 할 수 있다.

- 《바이스》

제3차 세계대전에서 어떤 무기가 쓰일지는 몰라도,
제4차 세계대전 때는 막대기와 돌멩이를 들고 싸우게 될 것이다.

– 알베르트 아인슈타인

감수의 글

이 책의 저자 더글러스 엠린은 학문 귀족이다. 그의 할아버지(John M. Emlen)는 탁월한 진화생태학자였다. 내가 미국에 유학해서 제일 먼저 내 돈 내고 산 책의 저자이기도 하다. 그리고 그의 아버지(Stephen T. Emlen)는 새를 연구한 행동생태학자로 한 손 안에 꼽히는 대가다. 더그 엠린은 그런 아버지를 따라 어려서부터 자연 속에 묻혀 살았다. 파나마에서 자카나를 함께 연구한 얘기가 이 책에 흥미롭게 소개돼 있다. 아버지가 벌잡이새bee-eater를 연구하던 때에는 아프리카에서 어린 시절을 보내기도 했다. 어느 날 집에 돌아와 현관문을 열자 거실 소파에 암사자 한 마리가 점잖게 앉아 있더란다. 그런 그가 지금은 몬태나에 자리를 잡았다. 요즘은 페이스북에 수시로 집 뒷마당에 나타나는 퓨마 사진과 얘기를 올리느라 바쁘다.

나는 더그와 제법 많은 걸 공유하는 사이다. 나는 1980년대 중반 스미스소니언 연구원으로 발탁돼 박사 학위 연구 대부분을 파나마의 바로콜로라도섬에서 수행했다. 더그는 내가 떠난 직후 그곳에서 역시 같은 자격으로 그의 박사 학위 연구를 했다. 게다가 우리 둘은 그곳에서 같은 지도 교수를 모셨다. 거미와 딱정벌레를 연구하는 윌리엄 에버하드 William Eberhard 박사가 그분이다. 더그의 프린스턴대 지도 교수는 갈라파고스제도에서 40년 이상 핀치새를 연구한 피터 그랜트Peter Grant 교수다. 내가 국립생태원장 시절에 다윈-그랜트 부부 생태학자의 길을 만들며 모셨던 바로 그분이다. 이처럼 우리 둘은 학문적 멘토를 공유하면서도 사실 실제로 만난 적이 없다. 하지만 조만간 그 아쉬움을 덜 것 같다. 그가 곧 우리나라와 일본의 장수풍뎅이를 연구하러 오겠다는 이메일을 보내왔다. 벌써부터 설렌다.

이 책은 진화에 관한 책이다. 동물과 인간의 무기에 관해 듣다 보면 자연스레 진화의 메커니즘에 관해 배우게 된다. 그중에서도 특히 공진화coevolution와 성선택sexual selection을 이해하는 데 더할 수 없이 훌륭한 입문서다. 다윈의 진화 개념은 철저하게 상대적이다. 동물의 무기는 상대가 있기 때문에 개발되고 발전한다. 인간의 무기도 마찬가지다. 냉전 시대의 군비 경쟁arms race은 이를 가장 적나라하게 보여 준다.

이 책은 또한 매우 시의 적절하다. 북핵 위기가 한껏 고조됐을 때 극적으로 남북의 정상이 만나 감동적인 화해를 이끌어 낸 드라마를 우리는 얼마 전 숨죽이며 지켜보았다. '억제력deterrence'이 어떤 역할을 하는지 똑똑히 보았다. 책의 말미에 '고삐 풀린 전면전'으로 치닫는 인간 세계를 바라보며 쏟아내는 저자의 우려가 묘한 메아리가 되어 울린다. 그는 우리가 개발한 핵무기와 생물무기는 동물 세계에서 전례를 찾을 수 없다고 말한다. 무기에 관한 한 동물과 인간의 유사함에는 분명한 한계가 있다며 우리가 또다시 대량 살상 무기로 경쟁을 시작하면 결코 살아남지 못할 것이라는 섬뜩한 최종 메시지를 던진다.

그러나 이 책을 너무 무겁게 읽을 필요는 절대 없다. 야외 생물학자의 색다른 삶이 흥미진진하게 그려져 있다. 아프리카에서 쇠똥구리를 연구할 때 하늘에서 쇠똥구리가 마치 비, 아니 폭우처럼 쏟아져 내렸다는 얘기는 압권이다. 코끼리 똥 한 덩어리에 몰려든 쇠똥구리가 무려 10만 마리였다니….

딱정벌레를 기르고 있는 아이, 어려서 군대놀이를 하며 큰 중년 남성, 그리고 자연 다큐를 좋아하는 모든 분께 이 책을 권한다. 결코 실망하지 않을 것이다.

— **최재천**(이화여자대학교 에코과학부 석좌교수)

CONTENTS

일러두기

1. 이 책에 등장하는 생물 종의 국명은 원서에 표기된 영문명을 근거로 한국 동물학회 편 『세계의 주요 동물명집』을 참조해 쓰되, 현재 널리 쓰이는 다른 이름이 있는 경우에는 그것을 우선으로 하거나 괄호 안에 병기했다. 국명이 없는 경우에는 널리 사용되는 영문명을 번역했고, 라틴어 학명으로만 지칭되는 경우에는 고전 라틴어 발음 규범을 따라 표기했다.

2. 병기한 로마자 가운데 동물 학명은 이탤릭체로 처리했다.

3. 본문에 있는 괄호 안 글은 '옮긴이'라는 표시가 있는 경우와 생물 이름을 병기한 경우를 제외하고는 모두 지은이가 쓴 것이다.

4. 원서의 주석은 미주로 처리했다.

5. 저자가 겹따옴표로 강조한 부분은 한국어판에서도 겹따옴표로 처리했고, 이탤릭체로 강조한 단어나 문장은 한국어판에서 홑따옴표로 처리했다.

6. 거리, 면적, 무게 등의 단위 표기는 미터와 킬로그램 등 국제 도량형 표기법에 맞추었다.

머리말

　나는 어려서부터 지금 이 날까지 "커다란 무기"에 꽂혀 지냈다. 평화를 사랑하는 오랜 퀘이커 집안의 후손으로서는 별일이 아닐 수 없다. 자연사 박물관에 가면 새나 얼룩말은 눈에 들어오지도 않았다. 내 눈길을 사로잡은 것은 휘어진 엄니가 우람한 마스토돈, 아니면 1.5미터나 되는 뿔이 달린 트리케라톱스였다. 머리나 견갑골 사이, 아니면 꼬리 끝에 엄청난 돌기물이 달린 갖가지 동물이 온갖 전시실에서 불쑥불쑥 튀어나오는 것만 같았다. 고대 갈리아 지방의 무스(말코손바닥사슴)moose의 뿔은 너비가 3.6미터에 이르렀고, 아르시노테어의 뿔은 밑동 지름이 30센티미터에 길이는 1.8미터에 이르렀다. 나는 이들에게서 눈을 뗄 수 없었다. 이들의 무기는 왜 그토록 엄청나게 컸을까?

　성인이 되고 생물학을 전공한 뒤, 나는 "커다란" 것이 절대적인 크기와는 무관하다는 것을 알게 되었다. 극한의 무기extreme weapon란 것은 단지 비율의 문제였다. 그래서 아주 작은 동물이라도 더러 더없이 웅장한 무기를 갖고 있다. 박물관 자료실 서랍에는 말려서 핀에 꽂아 차곡차곡 담아 놓은 기괴한 동물 종들의 표본이 헤아릴 수 없이 많다. 예를 들어 앞다리가 너무 길어서, 상자 뚜껑을 덮기 위해 몸통 둘레에 다리를 우스

꽹스럽게 접어 놓을 수밖에 없는 딱정벌레도 있고, 뿔이 너무 커서 서랍 안에 모로 눕혀 놓을 수밖에 없는 것들도 있다. 무기가 너무 작아서 현미경으로만 볼 수 있는 종도 많다. 이를테면 서아프리카 말벌의 얼굴에 돌출한 엄니나, 파리의 얼굴에 멋지게 돋은 널따란 뿔이 그랬다.

나는 극한의 무기를 연구하기로 결심하고 학자로서의 첫걸음을 내디뎠다. 그래서 가능한 한 가장 기괴하고 가장 얄궂은 동물을 찾아 나섰다. 한편으로 나는 어디든 이국적인 곳에서 연구를 하고 싶었다. 내 경우에는 그게 열대지방일 수밖에 없어서 탐색 범위를 좁힐 수 있었다. 내 연구 동물은 손쉽게 많은 개체를 발견할 수 있고, 야생에서 관찰할 수 있고, 잡아서 기를 수 있어야 했다. 운명적으로 이 조건에 딱 들어맞는 동물이 바로 쇠똥구리였다. 처음에는 뜨악했다. 쇠똥구리라는 게 엘크나 무스처럼 자태가 멋지지도 않고 그저 남의 똥이나 먹는 녀석 아닌가. 생물학자가 아닌 사람에게 똥을 먹는 딱정벌레 이야기를 내 연구 업적으로 내민대서야 민망한 노릇이 아니겠는가. 퇴역한 공군 대령인 장인어른 생각이 문득 난다. 멀리 열대우림에 있는 현장 연구소로 따님을 데려가고 싶은데, 그게 다름 아닌 똥 먹는 딱정벌레를 관찰하기 위해서라고 장인에게 털어놓던 날의 민망함을 결코 잊지 못할 것이다.

하지만 사실 쇠똥구리는 내 아이디어를 시험할 수 있는 최고의 동물인 데다, 열대지방에 지천으로 널려 있었다. 작은 거북처럼 몸을 웅크리는 이 딱정벌레는 나름 화려한 뿔로 무장하고 있다. 그런데 더욱 좋았던 것은, 이 무기가 어떻게 사용되는지, 왜 그렇게 큰지, 또는 녀석들이 만들어 낸 뿔의 수와 모양이 왜 그토록 믿을 수 없을 만큼 다양한지에 대해 거의 아무것도 알려진 게 없다는 사실이었다. 그런 미지의 세계는 생물학자를 흥분시킨다. 바다의 심연이나 우주를 탐험하듯, 나는 미지의 생물학 세계에 뛰어들어 극한의 무기에 대해 배우고자 했다.

어느덧 20년이 지난 지금도 열대지방에서 첫해를 보낼 때와 마찬가지로 딱정벌레의 무기에 나는 여전히 압도된다. 나는 아프리카로, 호주로, 중남미 전역으로 녀석들의 이야기를 따라갔다. 그리고 쇠똥구리에게서 한 걸음 물러나, 사슴뿔파리와 농게부터 코끼리와 엘크에 이르기까지 수많은 동물들의 너무나 많은 극한 무기를 연구한 생물학자들의 가르침을 통합할 기회를 얻기에 이르렀다. 이 책에서 말하려는 이야기가 바로 그것인데, 가장 사치스러운 무기를 지닌 자연계 생명체들의 이야기를 이렇게 아우른 것은 이 책이 처음이다.

이야기를 통합하는 과정에서, 여기에 포함할 다른 종이 있다는 사실이 명백해졌다. 인간! 다양한 동물 종의 이야기를 하나로 아우를 수 있는 주제, 곧 공통점들을 찾으면 찾을수록, 이 공통점이 우리 인간의 무기에도 고스란히 적용된다는 사실이 더욱 명백해졌다. 결국 동물 무기에 관한 이 책은 극한 무기에 관한 책으로 진화했다. 나는 우리 인간의 가장 정교한 무기가 진화한 환경과 상황을 찾아 과거 문헌들을 더욱 깊이 파고들었다. 놀랍게도 이 상황은 인간이나 다른 동물의 경우가 모두 동일해서, 한쪽 이야기를 하려면 다른 한쪽도 이야기하지 않을 수 없다는 것을 알게 되었다. 나는 두 이야기를 오가면서 인간 무기와 동물 무기의 생물학을 융합해서 서로 뗄 수 없는 하나의 이야기로 아우르게 되었다. 이 책은 사치스러운 무기에 관한 이야기다. 머리말은 이쯤 해 두자.

책 소개: 극한의 세계

　깊은 산속의 춥고 맑은 밤, 은하수가 하늘을 가로지르고 있었다. 울멍줄멍한 산봉우리가 별빛을 배경으로 어둡게 우뚝 서 있었다. 대학 친구와 둘이서 로키마운틴국립공원에서 야영을 한 초가을 밤, 엘크의 발정은 절정에 이르러 있었다. 나는 여차하면 달아날 수 있게끔 될수록 멀리 떨어진 야영장에 텐트를 치자고 주장했다. 그리고 사시나무와 미루나무로 에워싸인 곳이었으면 했다. 하지만 친구는 아니었다.

　새벽 두 시 무렵. 홀연 잠이 깼지만, 미처 잠기운을 떨치지 못하고 머리가 멍했다. 총소린가? 나는 가만히 앉아 귀를 기울였다. 다시 들렸다. "쩡!" 순간 무슨 일이 일어나고 있는지 알아차렸다. 총소리가 아니었다. 나는 스콧을 흔들어 깨워 함께 텐트에서 뛰쳐나갔다. 테스토스테론 호르몬으로 격발된 분노가 가까운 어둠 속에서 폭주하고 있었다. 고작 5미터 남짓 떨어진 곳에서! 성숙한 수컷 엘크는 360킬로그램을 가뿐히 넘는다. 그런 수컷 두 마리가 텐트나 그 주인들이 뭉개지든 말든 결투에 여념이 없었다.

　우리는 맨발로 서서 덜덜 떨었다. 간밤의 서리에 발바닥이 불타는 듯했다. 우리는 겁을 먹은 채 바로 옆의 어둠 속에서 격돌하고 있는 짐승들을 훔쳐보았다. 수컷들은 서로 맴을 돌며 상대를 가늠한 다음, 고개를 숙이고 냅다 머리를 들이받았다. 머리가 충돌하며 여러 갈래의 뿔이 까드득 마찰했다. 거대한 실루엣이 팽팽하게 당겨지고, 씩씩거리고, 돌진할 때마다 흙이 튀었다. 녀석들은 주변 상황에 아랑곳하지 않고 빠르게 고대의 춤을 추었다. 춤바람에 우리의 텐트가 출렁거렸다. 다행히 우리는 뭉개지지 않고 텐트도 말짱했다. 그러나 15년 전, 이 9월 가을밤의 인상은 내 마음에 깊이 아로새겨졌다. 어두운 그림자를 배경으로 하얗게 소용돌이치는 산안개 속에서 녀석들이 숨을 내쉴 때마다 씩씩 뿜어져 나오는 콧김이 지금도 눈에 선하다. 수컷들 얼굴의 기름 분비선에서 뿜어져 나온 진한 사향 냄새도 기억에 생생하다.

어느 모로 보나 엘크는 장엄한 짐승이다. 힘과 아름다움의 아이콘이랄까. 그런데 우리에게 가장 인상적인 부분은 역시 그들이 머리 위로 내밀고 있는 바로 그것이다. 찬탄을 자아내는 뿔, 그 무기 말이다. 엘크, 붉은사슴, 무스, 북미 순록(카리부)Caribou 등의 뿔은 수세기 동안 왕실의 벽에 제왕의 위엄을 더해 주었다. 내로라하는 성채나 궁전은 그것들 없이는 완성될 수 없었다. 뿔을 휘두르는 수사슴은 가문의 문장에 가장 널리 쓰인 상징 가운데 하나이기도 했다. 뿔 달린 머리는 수많은 사냥꾼의 거실 벽난로나 스포츠용품점, 식당, 술집의 벽을 우아하게 장식하며, 그들을 살해한 자들에게 말 없는 영광을 돌린다.

동물 무기에 대한 인간의 집착은 어제오늘의 일이 아니다. 가장 오래된 것으로 알려진 고대 인류의 그림이 연기에 그을린 동굴 벽에 지금도 남아 있다. 3만 년도 더 된 이 그림들에는 수사슴의 뿔, 마스토돈의 휘어진 엄니, 코뿔소와 버펄로의 뿔이 주로 그려져 있다. 오늘날에는 브랜드 전략으로 뿔을 광범위하게 이용하고 있다. 싱글 몰트 스카치위스키(글렌피딕, 달모어)와 기타 주류(예거마이스터, 무스헤드 라거), 농기계(존디어), 총기(브라우닝), 자동차(포르쉐, 닷지), 의류(애버크롬비&피치), 등산 장비(마무트), 프로 스포츠 팀(하키의 매니토바 무스, 풋볼의 로스앤젤레스 램스와 텍사스 롱혼스, 농구의 밀워키 벅스), 심지어 투자회사(하트포드, 메릴린치)와 제약회사(얀센)까지도 말이다.

그런데 뿔은 왜 그렇게 인상적일까? 우리의 경외감과 상상력을 사로잡는 이유는 무엇일까? 단지 무기라는 것 때문은 아니다. 동물은 대부분 무기를 가지고 있다. 호랑이와 사자, 독수리는 발톱, 뱀은 송곳니, 말벌은 침이 있고, 애완견조차도 무시 못 할 이빨을 가지고 있다. 무엇보다도 뿔이 인상적인 것은 그 '크기' 때문이다. 수컷 엘크의 경우, 머리에서 솟아오른 두 줄기 뼈가 18킬로그램이 넘고, 거기에 각각 일곱 개에 이르는 날카로운 가지가 돋아 있다. 가장 큰 수컷의 뿔은 머리 위로 1.2미터까지 치솟으며 뒤로 휘어져, 몸길이의 반을 덮을 정도다. 이 뿔은 정말 우람하다. 누구나 알다시피 이렇게 크기 위해서는 큰 대가를 치러야 한다. 그 대가를 굳이 생각하는 사람이 많지는 않지만 말이다. 실제로 수컷이 뿔에 지불하는 대가는 막대한데, 뿔 갈이를 하면서 해마다 이 대가를 새로 치러야 한다.

다른 신체 부위가 성체로 자라는 데 여러 해가 걸리는 것과 달리, 가장 큰 수컷의 경우에도 뿔은 몇 달 만에 제로에서 최대 크기까지 자란다. 뿔 갈이를 하는 뿔antler은 그 어떤 동물의 뼈보다 더 빨리 자라고, 이런 기록적인 속도는 기록적인 에너지 비용을 동반한다. (영어로 뿔은 antler

와 horn 두 가지가 있다. 거의 예외 없이 수컷에게서만 나는 antler는 여러 갈래로 갈라져 자라고 해마다 뿔 갈이를 한다. 반면에 암수 모두에게서 나타나는 horn은 갈래가 없이 외줄기로 자라고 뿔 갈이를 하지 않는다.-옮긴이) 친족인 다마사슴의 뿔로 추산한 결과, 수컷의 뿔이 자랄 때는 에너지 요구량이 평소의 두 배가 넘는 것으로 나타났다. 게다가 뿔이 자랄 때 뼈를 구성하는 무기질인 칼슘과 인이 막대하게 필요한데, 식사만으로는 그것을 충당할 수 없다. 그래서 이 필수 무기질을 신체의 뼈에서 뽑아내서 뿔로 돌린다. 그 결과 골격이 심각하게 부실해진 수컷들은 계절성 골다공증을 겪게 된다. 암컷에게 접근하기 위해 끊임없이 결투를 하며 360킬로그램이 넘는 경쟁자를 상대로 몸을 날려야 할 때, 계절성 골다공증에 걸린 수컷의 뼈는 가장 약한 상태이고 부러지기도 쉽다. 정확히 발정기에 말이다. 발정기가 끝나 갈 무렵, 수컷은 너무나 자주, 너무나 격렬히 싸운 탓에 체중의 4분의 1을 잃은 데다, 몸은 지치고 굶주리고, 뼈는 허약한 상태가 된다. 겨울이 오기까지 짧은

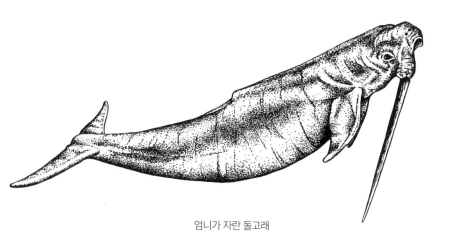

엄니가 자란 돌고래

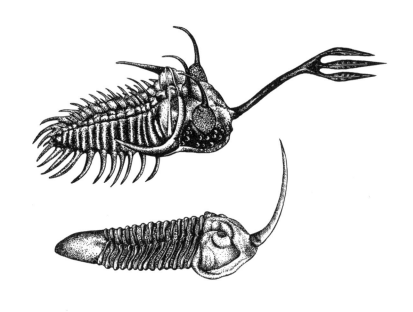

"뿔horn"이 난 삼엽충

몇 주 동안 신속히 영양 보충을 하지 못하면 굶어 죽게 된다.

극한 무기를 지닌 동물의 현실이 그렇다. 잔인하면서도 아름다운 극한 무기는 생명의 역사가 전개되는 동안 되풀이해서 등장했다. 오늘날 극한 무기를 휘두르는 동물은 약 3,000종에 이르는 것으로 알려져 있다. 원생동물을 제외한 동물의 종수가 130만 개에 이르는 것에 비하면 아주 적은 수지만, 이들은 모두가 특히 주목할 만한 동물이라는 데 의미가 있다. 초기 챔피언으로는 트리케라톱스, 티타노테어, 삼엽충, 엄니가 난 매머드와 돌고래, 큰뿔시슴 등을 꼽을 수 있다. 오늘날 극한 무기를 휘두르는 동물을 몇 가지만 예로 들면, 바다코끼리, 영양, 고래, 게, 새우, 딱정벌레, 집게벌레, 장님노린재, 파리 등이 있다. 무기 자체로는 뼈, 이빨, 키

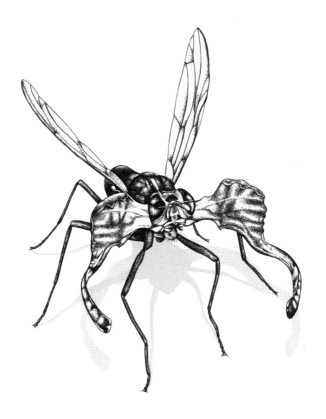

"뿔antler" 달린 뉴기니사슴뿔파리

틴질 등이 있고, 여러 가지 형태를 취한다. 예를 들어 이빨이나 다리 같은 기존 신체 구조가 과다하게 자란 경우도 있고, 새로 생긴 멍이나 혹이 너무 커져서 뚜렷한 구조를 새로 형성한 경우도 있다. 절대 크기로 보면, 뉴기니사슴뿔파리의 6밀리미터짜리 "뿔antler"부터 마스토돈의 5미터짜리 엄니에 이르기까지 아주 다양하다. 상대 크기로 보면, 이 모든 무기가 소지자의 크기에 비해 막대하게 크다.

이 책은 극한 무기에 관한 것이다. 그 구조가 너무 거대하고 이상야

릇해서 설마 이런 게 다 있나 싶은 그런 무기, 때로는 몸에 달고 다니다가는 뒤집어지거나 고꾸라지거나 어디에 걸려 꼼짝 못 하게 될 것만 같이 너무나 어색한 무기 말이다. 이 무기들은 왜 그렇게 클까? 일단 무기가 그렇게 커지면 해당 동물에게 무슨 일이 일어날까? 그리고 그런 것은 정말로 '너무' 지나치게 큰 것일까? 이런 질문에 답하기 위해 우리는 동물들이 결투를 벌이는 어두운 숲과 산등성이를 탐색하고, 여러 패턴을 확인하기 위해 그들의 삶 깊숙이 파고들 것이다. 서로 너무나 다른 이 동물 종들이 공유하는 유형들, 그리고 그런 특별한 동물의 형태 이면에 감춰진 논리를 밝혀 줄 패턴들도 살펴볼 것이다.

우리 인간 역시 동물이다. 인간의 무기고를 조사하지 않고는 극한 무기에 관한 책을 완성할 수 없을 것이다. 동물의 무기와 인간이 만든 무기는 너무나 닮았다. 두 경우 모두 대다수 무기는 비교적 작고 인상적이지도 않다. 그러나 곳곳에서 규범을 깨뜨리는 상황이 발생하면서 "무기 경쟁arms race"이라고 불리는, 무기 크기의 급격한 증가를 촉발한다. 경쟁의 일환으로 무기 진화가 이루어지려면 그 전에 먼저 아주 특수한 상황 요소들이 서로 잘 맞아떨어져야 한다. 인간도 마찬가지다. 동물의 무기 경쟁을 촉발하는 것과 동일한 특수 상황으로 인해 인간 역시 점점 더 큰 무기를 만들게 된다.

일단 이 경쟁이 시작되면, 금세 크기와 비용 면에서 막대한 극한 무기의 경쟁 형태로 이어진다. 인간과 동물 모두 이 과정이 인식 가능한 일련의 동일한 단계를 거쳐 진행된다. 비슷한 상황이라도 거대 무기가 실패하고 경쟁이 해소되면 진화가 끝난다. 궁극적으로 우리는 동물 파트너들이 인간에 대해 놀랍도록 많은 것을 가르쳐 줄 수 있다는 점을 알게 될 것이다.

***

『동물의 무기』는 진화에 관한 책일 수밖에 없다. 진화라는 것은, 시간이 지남에 따라 동물 형태의 변화로 이어지는 점진적인 교체 과정이다. 가장 밑바닥에서의 진화 과정은 단순하다. 개체는 여러 형태로 존재한다. 다시 말해 각 개체는 저마다 다르며, 그런 개체의 서로 다른 특성들이 한 세대에서 다음 세대로 전달된다. 이 정보의 전달은 효율적이지만 완벽하지는 않아서, 도중에 실수가 발생한다. 정보 전달의 오류로 인해 새로운 특성이 생기고, 이에 따라 이따금 새로운 변종이 생겨난다. 새로운 변종은 이전 형태와 나란히 공존하며, 자원과 번식을 둘러싼 경쟁을 하고, 그중 일부만 존속한다.

개체들이 자기 유형을 후대에 전파하는 성공의 정도에 차이가 벌어질 때마다 진화가 일어난다. 이는 우연—유형들의 번식 성공도의 무작위 편차—때문일 수도 있고, 아니면 선택 때문일 수도 있다. 어떤 특성을 가진 개체는 다른 특성을 가진 개체보다 성취를 더 잘하고, 그 결과 더 많은 복제가 이루어진다. 이러한 과정은 여러 세대에 걸쳐 반복되어 결과적으로 비효율적인 형태를 더 효율적인 것으로 교체하게 된다. 가장 효율이 떨어지는 유형은 도태되고 더 효율적인 유형으로 교체됨에 따라 모집단이 진화하게 된다. 또한 전달 오류로 인해 새로운 유형의 개체가 생겨나고, 새로운 형태가 모집단에 주입된다. 새로운 개체들이 나머지 개체들보다 더 나쁠 경우, 그것들은 점차 사라진다. 더 낫다면, 새로운 형태가 퍼져 나가면서 이전 형태를 교체할 수 있다. 이러한 교체 turnover가 곧 진화다.

　동물의 거대 무기는 자연선택으로 선호되기에는 그 모습이 너무 기괴해 보인다. 그런 모습을 못 알아볼 수는 없다. 큰 무기는 '정말' 볼꼴 사납고, 대부분의 개체가 그런 무기를 가지고는 잘 지낼 수 없다. 대다수 동물 종의 대다수 무기의 경우, 자연선택은 온건한 크기에 온건한 비용을 선호한다. 예를 들어 이빨의 경우, 먹이를 물거나 잡기에 충분하면서도 움직임이 둔하지 않을 정도, 곧 기동 능력을 손상시키지 않을 정도의 크기 말이다. 이는 사실상 무기 선택이 균형 있게 이루어진다는 것을 뜻한다. 더 큰 무기는 찌르기나 물기에 더 좋을 수 있지만 생산 비용이 높

개구리다리잎벌레

고 가지고 다니기도 더 어렵다. 그 결과 선택은 줄다리기처럼 팽팽한 균형을 이루게 된다. 압도적인 다수의 동물 종이 대부분 전혀 인상적이지 않은 무기를 갖고 있는 것도 바로 이 균형 때문이다.

하지만 이 균형은 자주 깨진다. 여기저기, 생명의 나무tree of life(진화 계통수-옮긴이) 도처에 온건한 비율을 무시한 동물 계통들이 산재해 있다. 그런 동물 종의 무기 진화는 거침없이 진행되었다. 균형 잡힌 선택이라는 족쇄가 사라졌고, 점점 더 큰 무기를 선호하는 선택만이 남았다. 여기서 가장 기괴한 무기, 곧 극한 무기를 가진 개체들이 더 작은 무기를 가진 상대를 이겼고, 그럼으로써 그들은 번식할 기회를 잡았다. 그들의 부모와 마찬가지로 인상적인 무기를 가진 후손은 이전의 형태를 신속하게 교체하고 모집단의 무기 크기를 또 한 단계 끌어올렸다. 새로운 혁신— 기존 디자인보다 더 크거나 더 복잡한 변형—이 일어나자마자 이 과정은 스스로 되풀이되었다. 가장 새로운 무기와 가장 큰 무기를 가진 개체들이 거듭 승리를 거두며, 이전의 더 작은 형태를 교체했고, 계속된 이 과정은 모집단을 더욱 극한의 길로 밀어붙였다. 한마디로 이들 동물 종은 무기 경쟁에 휘말린 것이다.

경쟁에 휘말린 무기도 처음에는 작게 시작하지만, 시간이 지남에 따라 점점 더 커지고, 크기의 증가가 점점 더 빨라진다. 그래서 이 책 역시 작은 것에서 시작해서, 점점 더 큰 무기로 나아가면서 단계적으로 무기 경쟁의 생물학을 엮어 낸다. 제1부 "시작은 작게"에서는 선택의 메커니즘과 시간이 지나면서 무기 디자인이 변해 가는 과정을 살펴본다. 이어 균형에 대해 간단히 논의하고, 무기가 더 작은 쪽과 큰 쪽으로 동시에 변해 가는 이유를 논의하는 한편, 이 균형이 이따금 깨지는 이유를 다룬다.

동물 무기의 극대화는 암컷에게 접근하려는 수컷들끼리의 경쟁의 결과다. 제2부 "경쟁의 촉발"에서는 그것이 왜 사실이고, 어떻게 그것이 무기 경쟁으로 이어졌는가를 살펴본다. 경쟁은 거대 무기의 진화를 가속시키지만, 그러기 위해서는 두 가지 조건이 추가로 더 필요하다. 세 가지 "요소"가 모두 충족되어야 무기 경쟁이 촉발되는 것이다. 제2부에서 이들 요소를 자세히 살펴봄으로써, 거대 무기의 필수 논리를 최초로 밝히려 한다. 왜 일부 동물 종에서는 거대 무기가 진화하고, 다른 종에서는 진화하지 않았는지, 왜 일부 종에서 믿기지 않는 파격이 이루어졌는지를 여기서 최초로 밝히게 될 것이다.

제3부 "경쟁의 경과"에서는 무기 경쟁이 촉발된 뒤 어떻게 진행되었는가를 살펴보며, 자연계 가장 큰 무기의 진화에 특유한, 예측 가능한 일련의 여러 국면을 자세히 설명한다. 압도적인 비용, 결투 억제력, 속임수 등은 모두 직관적으로 볼 때 진화 과정에 나타나는 중요 현상인데, 막대한 비용과 속임수는 거대 무기의 편익을 물거품으로 만든다. 진화 단계를 무너뜨릴 법한 방식으로 말이다. 무기 경쟁이 어떻게 전개되는가를 이해하면 무기 자체에 대해서만이 아니라, 무기 사용을 둘러싼 갈등과 다툼은 물론이고, 무기가 지나칠 정도로 크게 진화할 때 어떤 일이 일어나는가에 대해 많은 것을 알게 된다.

마지막으로 제4부 "유사성"에서는 파란만장했던 과거 우리 인간의 극한 무기의 진화를 정면으로 다룬다. 저자는 군사 역사가가 아닌 생물학자이고, 이 책이 주로 동물 무기의 다양성과 사치스러움에 관한 것이 긴 하지만, 동물 무기와 우리 인간 무기의 유사성은 너무나 뚜렷하고 흥미진진해서 무시할 수가 없다. 무기 경쟁의 모든 요소, 곧 경쟁이 시작되기 위한 필수적인 조건부터, 경쟁이 전개되며 일련의 단계를 거치기 위한 조건에 이르기까지, 그 모든 요소를 살펴보면 동물과 사람 간의 유사성이 확연해진다. 엄밀한 의미에서, 인간이 만든 무기는 유전되지 않는다. 무기 제작 지시가 DNA 안에 담겨 있는 게 아니기 때문이다. 그리고 인간의 무기는 자궁이 아니라 공장에서 조립된다. 인간이 무기 경쟁에서 승리한다 해도 짝짓기 기회를 더 많이 얻는 것 같지도 않다. 인간의 성공은 증가된 자손 수가 아니라 통화량으로 측정된다. 그럼에도 인간의 무기는 시간이 지남에 따라 모양과 성능, 크기 등이 변하고, 이 변화의 방향은 동물의 무기 진화를 이뤄 내는 힘과 놀랍도록 유사한 선택의 힘에 의해 결정된다. 인간에게든 동물에게든, 무기 경쟁은 역시 무기 경쟁이라서, 극한 무기의 자연사는 정확히 동일하다.

1부

시작은
작게

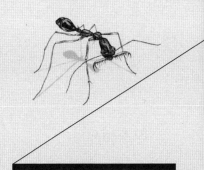

1
위장과 갑옷

    1969년 11월의 밤. 달빛이 나뭇가지에 은빛을 뿌리고, 맨땅에 가느다란 그림자를 드리운다. 작은 철문이 열리고 쥐 두 마리가 튀어나온다. 마치 검투사 둘이 로마의 원형경기장에 등장하듯이. 녀석들은 이내 몸을 숨기기 위해 어둠을 향해 돌진하지만, 여기에 어둠이라곤 없다. 오직 한 마리만 경쟁에서 살아남을 것이다. 녀석들의 위쪽 횃대에 올빼미가 한 마리 앉아 있다. 쥐가 있는 쪽으로 올빼미가 고개를 돌리고, 아무런 기척도 없이 우아하게 활강하며 발톱을 세운다. 순간 쥐들이 달아난다. 다음 순간, 둘 중 하나가 사라진다. 무슨 일이 일어났는지 증언할 핏자국만 남긴 채.

여섯 마리의 올빼미를 가둬 두기 위해 닭장 여섯 개가 나란히 설치되어 있다. 사방 3.6미터, 높이 9미터의 이 닭장이 쥐에게는 우리가 보는 축구장보다 더 넓어 보일 것이다. 그중 세 곳의 땅바닥 흙은 근처 들판에서 퍼 온 것으로, 기름지고 거무스레하다. 다른 세 곳에는 바닷가에서 퍼 온 하얀 모래가 깔렸다. 그 밖에는 모두 동일하다. 각각의 닭장에는 올빼미가 한 마리씩 참을성 있게 먹이를 기다리고 있다. 여기서 생존경쟁이 거듭 되풀이된다. 한 쌍의 쥐—갈색 한 마리, 흰색 한 마리—가 땅바닥을 가로질러 질주한다. 이 사우스캐롤라이나의 밤, 거의 600마리에 이르는 쥐가 질주하는 것은 오직 한 가지 질문에 답하기 위해서다. 어떤 색깔의 쥐가 먼저 잡아먹힐까?

올빼미는 놀랍도록 많은 쥐를 먹어 치운다. 먹이를 삼키면 털과 뼈 등 소화되지 않는 부위는 모래주머니 안에 저장했다가 나중에 고밀도의 작은 알갱이pellet로 뭉쳐서 땅에 뱉어 낸다. 부지런한 생물학자들은 이 알갱이를 수집해서, 식별 가능한 뼈를 세서 하룻밤에 무엇을 얼마나 먹었는지 그 식단을 추측할 수 있다. 한 마리의 올빼미는 하룻밤에 4~5마리, 1년에 1,000마리 이상을 거뜬히 먹어 치울 수 있다.[1] 야생에서 올빼미는 보통 1년 평균 전체 쥐의 10~20%를 잡아먹는다. 전체의 5분의 1이나 되는 쥐가 올빼미 발톱에 죽는 것이다.[2]

미국 동남부 전역의 올드필드쥐oldfield mouse는 올빼미를 비롯한 여러 육식동물에게 혹독한 통행료를 지불하고도 크게 번창하고 있다. 버려진 옥수수밭과 목화밭, 관목 울타리, 산림 개간지, 기타 온갖 들판에서 잘 살아간다. 이 쥐들은 또 해안가 잡초를 에두른 모래언덕에서도 살고, 앨라배마와 플로리다 북부 근해의 작은 섬들 다수를 장악하고 있다.

　1920년대 중반, 당시의 유명한 쥐 생물학자 프랜시스 버토디 섬너 Francis Bertody Sumner는 플로리다 해변의 이상한 흰 쥐에 대한 이야기를 들었다. 그는 여러 모집단의 쥐를 광범위하고 세밀하게 표본추출해 연구했다. 일부는 번식을 시키기 위해 실험실로 가져왔지만, 대부분은 죽여서 가죽을 펼쳐 박물관 수집품으로 보관했다. 그가 기록한 쥐 유형을 보면 눈에 띄는 점이 있다. 내륙의 쥐, 곧 앨라배마, 테네시, 사우스캐롤라이나, 미시시피, 조지아, 그리고 플로리다 등의 내륙 전역의 밭과 개간지에서 수집한 쥐는 짙은 갈색이었다. 미국의 다른 들판 지역에서 발견한 쥐와 별다를 게 없다. 그런데 해안과 모래가 많은 근해의 섬에서 수집한 쥐는 흰색이었다. 내륙에서 해안으로 일직선으로 이동하며 살펴보면, 쥐가 갈색에서 흰색으로 갑자기 바뀐다. 그렇게 전환되는 경계는 바닷가에서 내륙으로 약 60킬로미터 떨어진 지점으로, 지도상의 해안 등고선과 일치한다.[3]

　섬너는 이 전환 지역 주변에서 땅의 색깔 역시 바뀐다는 사실을 알아냈다. 내륙은 식물이 부패한 유기질 때문에 토양이 비옥하고 어두운 색인데, 바닷가 근처는 모래가 많아 흰색이었다. 하얀 모래언덕에서 사는 쥐는 색이 너무 밝아서 큼직한 설탕 덩어리처럼 보이기도 했다. 90년 후, 하버드대학의 생물학자 린 멀린 Lynne Mullen과 호피 혹스트라 Hopi Hoekstra는 섬너의 발자취를 따라 다시 모집단 쥐 표본을 수집했다. 수많은 세대의 쥐가 딱 두 가지로 분류되었고, 그 패턴은 과거와 동일했다. 땅 색깔이 갈색에서 흰색으로 갑자기 바뀌자, 쥐의 색깔 역시 땅 색깔에 맞추어 변했다.[4] 갈색 쥐는 내륙에 살았고, 흰색 쥐는 해변에 살았다.

색깔 외에는 다 비슷하다. 예를 들어, 같은 종류의 굴을 판다. 땅을 파고 들어가는 각도가 같고, 땅속 약 30센티미터 아래의 둥지 방은 지평과 수평을 이룬다. 이들 대부분이 또 둥지 방 위에 "탈출용 해치escape hatch"를 만든다. 땅 표면의 흙을 2~3센티미터만 남겨 두고 둥지 바로 위로 수직의 구멍을 내는 것이다.[5] 뱀이나 족제비가 굴 입구로 쳐들어오면, 이 수직 탈출구 위를 덮은 얇은 흙을 "박차고" 도망칠 수 있다. 내륙과 해안 쥐의 먹이는 동일하다. 곤충, 씨앗, 더러 작은 열매나 거미 따위다. 색깔을 제외한 모든 면에서 두 쥐는 동일하다. 그렇다면 왜 해안 쥐는 하얗고 내륙 쥐는 갈색일까?

도널드 카우프만Donald Kaufman은 앞서 말한 1969년 11월의 검투사 등장 식의 박사 학위논문 실험을 통해 답을 찾았다. 그는 밤이면 밤마다 거듭해서 검은 쥐와 흰 쥐를 닭장에 나란히 넣었다. 그리고 올빼미가 그중 하나를 잡아챌 때마다 사망자와 생존자를 기록했다. 그는 토양 색깔과 쥐 색깔이 둘 다 중요하다는 것을 증명했다. 쥐가 어두운색의 땅을 가로지를 때는 하얀 쥐가 가장 자주 잡혔다. 땅이 흰색이면 이 패턴이 역전되었다. 어두운색의 쥐가 잡힌 것이다. 올빼미의 행동은 상황에 따라 미묘한 차이를 보였다. 예를 들어 가장 어두운 밤 어두운 색깔의 땅에서는 흰 쥐가 특히 가혹한 통행료를 치렀다. 흰색이 주변의 어둠과 뚜렷한 대조를 이루었기 때문이다. 반면에 밝은 달밤, 밝은색의 땅에서는 어두운색의 쥐가 무엇보다 뚜렷하게 눈에 띈다. 쥐의 생존은 어느 정도 주위의 달빛과 지역 조건들에도 달려 있었지만, 전반적으로 그 패턴은

명백했다. 즉, 배경과 대조되는 색깔을 띤 쥐가 잡아먹혔다.[6]

호피 혹스트라와 동료들은 쥐의 색깔을 담당하는 유전자를 추적하고, 이들 유전자의 특정 돌연변이까지 추적함으로써 이야기를 완성했다.[7] 혹스트라 팀이 쥐 색깔의 유전 변이를 담당하는 분자 조직을 일단 알아내자, 쥐가 환경 변화에 대응하여 어떻게 진화했는가를 정확히 재구성할 수 있었다. 대부분의 올드필드쥐는 갈색이고, 서식하는 들판 전체에 걸쳐 자연선택으로 이 갈색이 선호되었다. 과거 어느 시점—아마도 몇천 년 전—에, 이 쥐들은 걸프만과 대서양 연안을 따라 퍼져 나갔고, 모래언덕과 잡초가 돋은 제방에 굴을 팠다. 해변의 쥐는 이제 내륙의 조상들과는 현저하게 다른 색깔의 땅에서 생존경쟁을 했고, 이러한 새 환경에서 어두운 색깔의 쥐가 도태되었다.

우연히, 몇몇 해변의 쥐들 가운데 어두운 색소 생산에 관여하는 두 유전자 중 하나나 둘 모두에 새로운 돌연변이가 생겼다. 이 돌연변이를 상속받은 쥐들은 다른 쥐들의 유전자 사본과는 살짝 다른, 색소에 영향을 주는 유전자 사본을 후세에 전했다(한 유전자의 다른 버전들을 대립유전자allele라고 한다). 결과적으로 이 쥐들은 색깔이 더 밝아졌다. 새로운 대립유전자를 지닌 쥐들은 조상의 유전자 버전을 물려받은 쥐보다 더 잘 살아남았고, 이 생존자들의 새끼들이 해변을 채우기 시작했다. 시간이 지남에 따라 새로운 대립유전자를 지닌 쥐의 빈도가 증가하면서, 원래의 대립유전자를 지닌 쥐는 사라졌고, 그 결과 어두운색에서 흰색으로 진화적 전환이 이루어졌다.

＊＊＊

극한 무기에 관한 이 책을 "위장camouflage"으로 시작하는 게 좀 이상해 보일지 모르겠다. 그런데 무기는 여러 형태로 나타나고, 모든 무기가 공격 기능을 갖는 건 아니다. 전쟁터의 미 육군 보병은 전투 효율을 높이는 온갖 장비를 지참한다. 유탄발사기나 분대자동화기와 같은 특수 무기를 제외한 주요 무기는 대검을 꽂을 수 있는 M4 카빈 소총이다.[8] 이와 함께 세열수류탄, 칼, 음식, 물, 그리고 응급 의료 장비를 소지한다. 또한 신체 방어구(케블라 섬유로 만든 방탄 방열판을 넣은 조끼), 헬멧, 천 군복, 곧 "카모camo"를 착용한다. 카모는 주위 풍경과 조화를 이루는 색깔 무늬를 넣은 위장복이다.

이런 물건들 대부분은 공격보다 방어 기능을 지닌 것이지만, 전투에서 승리를 거두는 데 덜 중요한 게 아니다. 이 때문에 이것들도 무기로 간주될 수 있다. 이 책은 주로 극한 무기, 곧 자연계 무기류 중에서 가장 큰 것에 관한 책이지만, 우선 그와는 다른 유형의 무기 이야기로 시작할 것이다. 인간의 카모와 갑옷에 해당하는 동물의 무기가 첫 번째 장에서 다룰 주제이고, 이어 다음 장부터는 가볍고 휴대가 간편한 소형 무기를 다룰 것이다. 예로 든 동물들 각각은 이미 아주 철저하게 연구되었으므로, 이를 통해 선택과 진화 과정을 명료하게 통찰할 수 있을 것이다. 이 모든 무기들 역시 인간이 만든 무기와 직관적인 유사점을 지니고 있다.

분명 쥐의 경우와 똑같은 이유로, 병사의 생존을 위해서는 배경과 동화되는 것이 필수다(하얀 겨울 얼룩덜룩한 카모를 입고 야간 작전을 수행한다고 상상해보라). 사실 2003년 미 육군은 카우프만의 올빼미 실험과는 다른 과정을 이용해 육군에 가장 효과적인 위장 무늬를 결정했다. 도시와 사막, 삼림 환경에 대해 12가지 이상의 색상과 무늬를 평가해 가장 눈에 안 띄는 것이 어떤 군복인가를 확인한 것이다.[9] 이러한 테스트 가운데 일부는 야간에 이루어졌는데, 카우프만의 실험에서처럼 환한 밤에 색이 너무 어두우면 치명적일 수 있다는 사실이 입증되었다. 현대의 적군은 올빼미와 비슷하다. 야시경과 기타 기술의 보급으로 현대군은 경이로운 야간 시력을 갖게 되었다. 그 결과 검은색은 대부분의 위장 무늬에서 제외되었다. 이상적으로는, 먹잇감 쥐를 선택하는 올빼미처럼 선별 과정은 한결같아야 한다. 쥐처럼 모집단—이 경우에는 육군—이 가능한 한 최선의 위장을 하는 쪽으로 진화하고 있으니 말이다. 하지만 불행하게도 대량 생산의 경제와 정치가 중간에 끼어들었다. 미 육군은 각각의 특정 상황에 가장 적합한 여러 종류의 군복을 선택하는 대신, 단 하나의 보편 위장 무늬Universal Camouflage Pattern, UCP라는 것을 채택했다.[10]

이로써 생산과 배급이라는 병참 문제를 해결했을 수는 있지만, 때로 육군이 위장을 해야 할 때 하지 못한다는 문제가 발생하게 되었다. 쥐의 경우 단 하나가 아닌 두 개의 색깔로 문제를 해결했다. 전투 환경이 다양한 현실에서, 단 하나의 무늬로 모든 장소에서 잘 대처할 수는 없다는 것은 두말할 나위가 없다.

미 육군에서 불만이 터져 나오는 데는 그리 긴 시간이 걸리지 않았다.[11] 2009년 무렵 UCP가 아프가니스탄에서 너무나 열악하다는 사실이 명백해졌다.[12] 미 육군은 아프간에 배치된 군인을 위한 "항구적 자유 작전 위장 무늬Operation Enduring Freedom Camouflage Pattern, OCP"라는 새로운 무늬 개발에 서둘러, 2010년부터 보급하기 시작했다.[13] 덧붙여 말하면, 특수부대 군인들은 대량생산 군복에 제약을 받지 않고, 임무에 따라 다양하고 효과적인 군복을 선택할 수 있다. 미국 이외의 군대도 탐지 가능성 테스트를 토대로 무늬를 선택한다.[14]

전쟁터에서의 생사가 걸린 잔인한 현실은, 군복에 대한 일종의 자연선택을 제공했다. 군복은 많은 버전이 시험되고 있는데, 다른 버전보다 더 나은 것이 있게 마련이어서, 가장 효과적인 무늬가 이후에 사용할 군복에 채택된다(대개는). 그 과정에 몇 가지 문제점은 있지만, 현대 군복이 초기 전쟁 시절의 군복에 비해 크게 개선되었다는 데는 이견이 거의 없다. 제2차 세계대전 때의 군복은 제1차 세계대전 때의 군복보다 좋았고, 오늘날의 군복은 한국전이나 베트남전 때 사용한 군복보다 좋다.

***

작은 자갈처럼 보이는 사막 딱정벌레와 도마뱀부터, 썩어 가는 잎을 닮은 커다란 열대 여치에 이르기까지, 온갖 동물의 위장은 동일한 기본 과정, 곧 시각으로 먹이를 찾는 포식자에 의한 자연선택이라는 과정을 거친 진화의 산물이다. 포식자들은 배경과 색깔이 일치하는 먹이를 쫓지 않는다. 그 대신 먹잇감으로 하여금 새로운 행동을 하도록 유도한다. 생물체가 언제 어떻게 움직이는가 하는 점이 포식자에게 얼마나 취약한가를 결정한다. 부적절한 시간에 은신처에서 나와 겁에 질려 있는 동물들, 아니면 부적절하게 걷거나 날아가는 동물은 위장이 되지 않아 치명적인 결과를 초래할 수 있다. 잎을 흉내 내는 열대 여치가 환한 대낮에 삼림 개간지를 누비고 다닌다면 쉽게 눈에 띌 것이다. 사실 열대 여치는 밤에 먹이 활동을 한다. 낮에는 나뭇가지 위에서 자기와 비슷한 잎사귀들 사이에 숨어서 쉰다. 낮에 움직일 필요가 있다면, 산들바람에 나뭇잎이 앞뒤로 흔들리듯 건들건들 걷는다. 이 여치를 노출된 평평한 테이블 위에 올려놓으면, 녀석의 걸음걸이는 아주 우스꽝스러워 보인다. 하지만 숲속 나뭇가지 위에 놓으면 이 여치는 사라진다. 모양이나 색깔과 더불어 움직임까지 주위와 동화되어 나뭇잎과 거의 구별할 수 없게 되는 것이다.

잎을 닮는 것은 상대적으로 수동적인 방어책이다. 땅 색깔과 닮은 쥐의 털처럼, 적절한 "무기"라고 하기에는 손색이 있다. 다른 동물의 방어책은 이보다 훨씬 더 강력하다. 예를 들어 많은 동물들이 포식자에 대항해 화학무기를 사용한다. 독소를 합성하거나 음식물에서 독소를 추출(때로는 가감)해서 말이다.[15] 일부 애벌레는 작은 가시가 난 바늘 같은 털의 뿌리 근처 분비선에서 독극물 방울을 흘린다. 독화살개구리는 피부에 독이 있고, 거품메뚜기는 겨드랑이에서 고약한 냄새 거품을 내뿜고, 폭탄먼지벌레는 항문에서 뜨거운 산성 독가스를 내뿜는다.

어떤 동물들은 자신을 보호하기 위해 갑옷을 사용한다. 로마 백부장과 중세 기사들이 과시하던 금속 흉갑과 방패처럼, 단단한 머리카락, 뼈 또는 키틴(곤충과 게의 외골격의 주성분)으로 된 단단한 갑옷으로 몸을 감싸는 동물이 많다. 거북과 게를 가장 친근한 예로 들 수 있지만, 아르마딜로, 천산갑, 공벌레, 남생이잎벌레 역시 갑옷으로 몸을 보호하며, 멸종된 글립토돈트(조치수)와 안킬로사우루스(배갑룡) 역시 비슷한 껍데기로 몸을

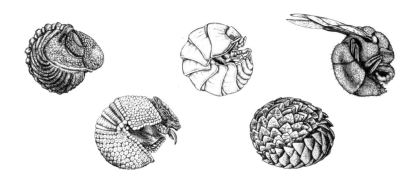

삼엽충, 공벌레, 왜알락꽃벌, 아르마딜로, 천산갑 등의
진화한 방어 자세인 "둥글게 말기"

보호했다.

자연의 방어 무기 가운데 내가 가장 좋아하는 것은, 피식 동물의 측면이나 뒤에 튀어나온 바늘이나 가시다. 맹금류의 입에 구멍을 뚫고, 소화관의 민감한 내벽을 찢을 정도로 날카로운 뼈나 키틴질의 무기 말이다. 칼 같은 가시는 고슴도치와 호저부터 가시게, 가시복, 열대 여치에 이르기까지 모든 종류 동물의 호신용으로 쓰인다.

세 개의 가시가 난 큰가시고기는 유럽과 북아메리카의 해안을 따라 얕은 물에서 산다. 손가락 크기의 이 물고기는 날카로운 가시와 갑옷을 이용해 포식자로부터 자신을 지킨다. 딱딱한 가시가 등과 골반에 튀어나와 있고, 뼈 성분의 판갑옷을 옆구리에 두르고 있다. 이 경우도 올드필드쥐와 마찬가지로, 방어적 특성의 변이를 일으키는 유전자—가시 길이, 판갑옷 크기나 수의 변이를 일으키는 유전자—가 있다는 것을 생물학자들은 잘 알고 있다.[16] 또한 자연선택 과정에서 이런 변이로 인해 어

고슴도치의 가시는 효율적인 방어 무기다.

떻게 신속한 무기 진화가 이루어지는지도 잘 알고 있다. 그러나 이 경우에는 털 색깔을 변화시키는 색소가 변한 것이 아니다. 딱딱한 뼈가 밖으로 뻗어 나온 것이다. 이 무기가 어떻게 진화하는지 이해하게 되면, 이후의 여러 장에서 살펴볼 훨씬 큰 파생물을 더 잘 살펴볼 수 있을 것이다.

모든 진화 이야기가 그렇듯, 큰가시고기 이야기 역시 변이로 시작된다. 일부 큰가시고기는 다른 물고기들보다 방어 무기에 더 많이 투자했다. 그래서 골반 대퇴골의 길이가 다르고, 신체 판갑옷의 크기와 수에 차이를 보인다. 이 무기의 크기 변화가 생존에 영향을 미친다는 점은 놀랄 것도 없는 사실이다. 큰가시고기의 가시가 길면 당연히 삼키기 어렵다

(쪼개진 닭 뼈가 개의 목구멍에 걸린 것을 생각해 보라). 포식자 물고기가 삼키려다 미처 삼키지 못했을 때 큰가시고기의 판갑옷이 생존에 도움이 된다. 큰가시고기에 대한 공격 가운데 거의 90%는 실패한다. 하지만 다시 뱉어내기 전에 포식자는 오히려 가혹하게 큰가시고기를 씹는다. 이때 큰가시고기의 판갑옷이 방패 구실을 해서, 물린 피해를 줄인다.[17]

대부분의 큰가시고기는 포식자가 즐비한 바다에 살지만, 더러는 담수호에도 산다. 민물에서는 진화 이야기가 달라진다. 해수면은 시간에 따라 크게 변동해서, 수위가 높을 때 바닷물고기가 내륙의 호수로 흘러들고, 썰물 때 호수에 갇히게 된다. 내륙 물고기는 바다의 조상과 사뭇 다른 유형을 선택하게 된다. 이후 계속 호수에서 번식하고 새로운 서식지에 적응하면서 무기가 바뀌는 것이다.

화석을 보면 이 무기 진화의 과정을 잘 알 수 있다. 실제로 호수 밑바닥의 진흙 속에 물고기 사체가 쌓이고 또 쌓이면서 너무나 많은 큰가시고기 화석이 보존되어 왔기에, 시간이 지남에 따라 무기의 크기가 어떻게 변했는가에 대한 엄청난 고생물학적 기록이 남게 되었다. 스토니브룩대학의 생물학자 마이클 벨Michael Bell과 동료들은 네바다주의 한 호수 밑바닥의 이 물고기 화석 변화를 연구하여, 250년 단위의 화석 박편들을 통해 약 10만 년 동안의 큰가시고기 진화 과정을 재구성했다.[18]

처음에는(그러니까 10만 년이라는 기간 중 앞의 8만 년 동안은), 네바다 호수 큰가시고기에게 방어 무기가 거의 없었다(등지느러미 가시 하나와 발육이 부실한 골반 가시들이 있고, 측면 판갑옷은 거의 없었다). 그런데 8만 4,000년이 흐르자, 이 유형의 큰가시고기는 무장을 한 큰가시고기로 전면 교체되었다. 곧 세

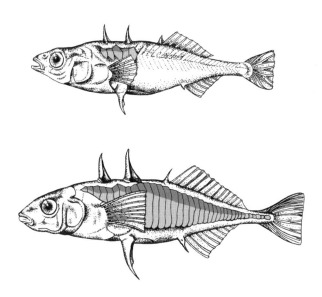

민물과 바닷물의 큰가시고기는 골질의 갑옷 판 수와 가시 길이에 차이를 보인다.

개의 긴 등 가시와 완전히 자란 골반 가시를 갖춘 것이다. 벨은 이 시기에 바닷물고기가 호수로 쏟아져 들어왔다고 본다. 왜냐하면 처음의 큰가시고기 유형이 사라지기 전 약 100년 동안, 두 유형의 물고기 화석이 함께 나타나기 때문이다. 주목할 만한 사실은, 이후 1만 3,000년 동안 새로운 이 물고기의 방어 구조가 퇴화했다는 것이다. 시간이 갈수록 점점더 가시들이 짧아져서, 이 시기가 끝날 무렵의 새 큰가시고기는 당초 교체된 초기 형태를 닮게 되었다. 호수에 갇힌 큰가시고기는 무기를 잃은 것이다.

오늘날 많은 호수의 큰가시고기에게는 방어 무기가 없다. 브리티시컬럼비아대학의 돌프 슐러터Dolph Schluter와 학생들은 호수 서식지가 바다 서식지보다 포식자가 훨씬 적다는 사실을 알아냈다. 이는 더 큰 갑옷 판과 더 긴 가시 쪽으로의 자연선택 패턴을 완화시키는 것으로 나타났 다.[19] 포식자가 적은 호수의 물고기는 바다에서보다 큰 무기를 통해 얻 는 편익이 적다. 갑옷 또한 바다보다 호수에서 더 비용이 많이 든다. 민 물의 경우 뼈 성장에 필요한 이온들의 농도가 바다보다 낮아서, 호수에 서 골질의 갑옷 판을 만드는 데 더 높은 대가를 치르는 것이다. 바다 큰 가시고기에 비해 무기가 작은 민물 큰가시고기는 어릴 때 몸이 더 크고, 번식도 더 빨리 시작한다. 민물에서는 긴 가시와 큰 갑옷 판의 비용이 그로부터 얻는 편익보다 훨씬 더 크다.

물론 예외 없는 규칙은 없지만, 큰가시고기의 경우에는 예외가 규칙 을 입증한다. 댄 볼닉Dan Bolnick은 위싱턴호에서 큰가시고기를 연구했다. 거기서는 큰가시고기의 무기가 다른 호수보다 더 컸다. 무기의 이런 변 화는 아주 최근에 일어난 것으로, 1960년대 이전에 수집한 큰가시고기 표본은 이후 표본보다 무기 크기가 작다는 것을 볼닉은 알아냈다. 호수 의 오염을 막기 위한 노력으로 물의 투명도가 극적으로 높아졌는데, 그 렇게나 맑은 물에 송어가 살게 되면서 큰가시고기를 열심히 잡아먹기 시작했던 것이다. 이렇게 더 많은 포식자는 거의 곧바로 더 큰 방어 무 기로 이어졌다.[20]

***

역사시대 초기에도 병사들이 적의 무기로부터 몸을 보호하고자 했다 는 기록이 있다. 그들의 갑옷은 큰가시고기를 비롯한 동물의 갑옷 양상을 고스란히 반영하고 있다. 진화의 이유도 서로 비슷하고, 방향도 놀랍도록 비슷하다.

초기의 신체 보호 장비는 방패와 보호복 형태였다. 처음에는 가공하지 않은 동물 가죽으로 방패를 만들었고, 나중에는 무두질한 가죽을 나무에 씌워서 만들었다. 보호복은 무두질한 가죽, 덧댄 직물, 고리버들, 또는 나무로 만들었다.[21] 시간이 지나면서 무기 기술이 변함에 따라, 신체 보호 장비의 모양이나 스타일도 변했다. 처음 제작된 무기는 불에 구워 단단하게 만든 뒤 끄트머리를 날카롭게 깎은 장대, 아니면 날카로운 뗀돌을 매단 창이었다. 뗀돌로는 맨살을 벨 수 있었지만 날이 쉽게 부서졌—이런 뗀돌 공격은 수천 년 동안 딱딱한 가죽으로 적절히 방어할

금속판을 부착한 가죽 흉갑을 입은
로마 군단 병사

수 있었다.[22] 야금술은 더 강한 무기를 낳았다. 초기의 무르고 날이 둔한 청동기와 이후의 철제 무기가 그것이다. 가죽 갑옷은 이런 무기에 효율적이지 못했다. 그래서 금속 창이나 칼에 찔리고 베이는 것을 막기 위해 가죽 갑옷 외부에 금속 고리나 비늘을 달기 시작했다. 고대 그리스 병사들은 두드려 편 청동판을 가죽 갑옷 앞뒤에 씌운 갑옷을 입었고, 로마 군단 병사들은 물고기 비늘처럼 층층이 겹치도록 금속판을 배열해서 꿰맨 가죽 갑옷을 입었다(이 병사들은 투구도 쓰고 청동 방패도 들었다).[23]

십자군 원정 시절(1100~1300년), 유럽 전쟁터에서는 사슬 갑옷—쇠사슬이 촘촘히 연결된 갑옷—이 표준 갑옷이 되었다. 사슬 갑옷은 금속제 칼 공격을 대부분 막을 수 있었지만, 충격을 심하게 받기는 마찬가지였다. 그래서 병사들은 사슬 갑옷 아래 두껍게 덧댄 직물이나 가죽옷을 껴입는 경우가 많았다. 그 위에 금속 비늘 흉갑이나 가죽 흉갑, 투구 등을 추가했다. 곧이어 팔꿈치와 어깨, 다리 같은 취약 부분에 금속판이 더해졌다. 14세기 말 무렵, 사슬 갑옷은 전신 판갑옷으로 교체되었다. "빛나는 갑옷을 입은 기사"를 생각해 보라.[24] 16세기까지는 이 판갑옷이 우세하다가, 화약과 화력 병기가 등장하자 전쟁터에서 사라졌다.[25]

인간의 보호 무기 진화는 초기부터 비용과 편익의 균형 아래 이루어졌다. 무기가 점점 더 위험해질수록 갑옷의 두께와 강도가 올라갔지만, 더불어 무게와 크기도 더해졌다. 한편으로는 갑옷이 병사를 보호할 수 있었지만, 다른 한편으로 병사의 움직임을 제약했고 속도를 떨어뜨렸다. 사슬 갑옷 한 벌은 무게가 20킬로그램을 웃돌았다. 그 아래 딸린 무거운 가죽 무게를 빼고도 말이다. 투구만 해도 9킬로그램은 족히 나갔는데, 투구를 쓰면 너무 덥고 숨이 막혀서 기사들은 최후의 순간까지, 곧 전투 직전까지 투구를 말안장 머리에 걸어 두는 게 보통이었다.[26] 판 갑옷은 거대한 짐이나 다름없어서, 기사가 쓰러지거나 낙마를 한다는 것은 바로 죽음을 의미했다. 도움을 받지 않으면 일어설 수가 없었기 때문이다.[27] 16세기 말 무렵, 석궁과 장궁이 나오자 일찌감치 갑옷의 효율성은 땅에 떨어졌다(직사한 화살은 갑옷을 뚫을 수 있었다). 뒤이어 보급된 화약은 갑옷의 운명을 봉인했다.[28] 호수에 갇힌 큰가시고기의 골질 판갑옷은, 편익이 사라지자마자 그 가치를 잃었다. 총알을 막을 정도로 판갑옷을 두껍게 만들 수도 있겠지만, 그래서는 너무 무겁고 볼꼴 사나워서 아무도 입지 않을 것이다.[29] 그래서 신체 보호 장비는 이후 400년 동안 전쟁터에서 거의 사라졌다. 새로운 발명품, 케블라Kevlar가 나올 때까지 말이다.[30]

***

갑옷만 보아도 우리는 극한 무기의 진화와 관련한 모든 중요 과정을 알 수 있다. 각 개체마다 무장의 정도가 다양한데, 무기 크기의 차이는 소지자의 능력(큰가시고기의 경우 생존, 성장, 번식, 그리고 병사의 경우에는 생존)에 영향을 미친다. 그 결과 무기의 크기와 모양은 시간이 지나면서 급속히 극적으로 진화한다. 갑옷과 같은 무기는 거저 주어지는 것이 아니다. 때로 너무 비쌀 경우, 차라리 작은 무기를 지닌 개체가 큰 무기를 지닌 것들보다 더 잘 지낸다. 사실 대다수 무기의 경우, 대부분 더 큰 것이 더 좋은 것만은 아니다.

2
이빨과 발톱

　　내가 사는 몬태나에는 아직도 퓨마가 흔하다. 퓨마 때문에 몬태나에 산다는 사람이 많을 정도다. 야생의 세계에 들어설 때면 은근히 전율을 느끼게 된다. 어떤 곳에서는 인간이 사실상 먹이사슬의 꼭대기에 있지 않다는 것을 상기하면 으스스해진다. 나는 지난 12월 뒷산을 오르며 처음으로 퓨마와 맞닥뜨렸다. 퓨마가 근처에 있는 줄은 알고 있었다. 수많은 겨울날 아침, 새로 내린 눈 위에 찍힌 퓨마 발자국을 보았고, 근처 숲에 묻힌 동물 사체에 발이 걸려 넘어진 적도 있었기 때문이다(퓨마는 나중에 돌아와 먹기 위해 사체를 솔잎과 가지로 덮어 둔다). 나는 적극적으로 퓨마를 찾고 있었기 때문에 더욱이 퓨마가 거기 있다는 것을 잘 알고 있었다. 몇 년 전 나는 우리 집 뒤 골짜기의 작은 샘물 근처에 동작에 반응하는 추적 카메라를 설치했다. 이 샘물이 있는 곳까지 매주 산에 올라 메모리 카드를 갈고, 수천 장의 까마귀와 사슴, 스컹크, 곰, 독수리, 그리고 물론 퓨마 사진까지 일일이 분류했다.

지난 12월의 그날 아침, 언덕을 오르다가 앞서가던 개가 질주하자 나도 부리나케 샘이 있는 곳으로 달려 내려갔다. 개가 추적하던 퓨마는 내가 예상한 것보다 작았다. 퓨마는 가장 가까이 있는 소나무로 뛰어가 두툼한 가지 위로 도약하더니 이내 시야에서 사라졌다. 간담이 서늘했던 그 순간, 나는 개가 용감한 것에 자못 놀랐다. 실은 산악용 개가 아니라, 털이 짧은 애완용 리트리버였는데도 그랬다. 그러고 보니 안전 점검이 필요했다. 그날은 곰 퇴치용 스프레이도, 카메라도, 심지어 개 목줄도 없었다. 기본적으로 전혀 준비가 되어 있지 않았던 것이다. 퓨마는 혼자 있다고 볼 수 없을 만큼 작아 보였다. 어미 퓨마가 등 뒤 덤불 속에서 덮칠 수도 있었다. 접근해 오는 것을 미리 발견하지 못하면 도망칠 겨를도 없을 것이다. 그래서 나는 개 목걸이를 잡고 길을 되짚어 언덕을 오른 후 다시 집으로 내려가기 시작했다. 30분 후 충분히 준비를 갖추고 다시 산을 올랐을 때는 어디에도 퓨마의 흔적이 없었다. 하지만 카메라에서 메모리 카드를 회수해 파일을 열어 보자, 그날 아침 퓨마 한 마리가 아닌 '두 마리'가 사진에 찍혀 있었다. 큰 퓨마는 인간을 사냥하는 법이 거의 없지만, 혹시라도 그럴 경우에는 결코 실패하지 않을 것이다. 내가 물러난 것은 천만다행이었다.

소리 없고, 빠르고, 치명적인 고양잇과 동물은 상대적으로 무기는 작아도 완벽한 포식자다. 이 동물들이 어떻게 행동하는가를 생각해 보면 그 이유는 자명하다. 예를 들어 캐나다스라소니는 좋아하는 먹잇감인 눈덧신토끼를 찾아 눈 내린 광대한 북부 삼림을 홀로 소리 없이 돌아다닌다. 토끼를 잡는 것은 쉬운 일이 아니다. 발견하기도 어렵다. 토끼털이 배경과 완전히 동화되기 때문이다. 겨울이 와서 눈이 쌓이면 토끼는 갈색에서 흰색으로 털갈이를 한다. 배경이 바뀌는 데 따른 위장의 문제를 그렇게 해결하는 것이다.

일단 발견된 토끼는 추적을 당한다. 하지만 뒷다리가 워낙 길어서, 가속을 하는 데는 거의 필적할 상대가 없을 정도다. 질주하는 토끼의 최고 속도는 시속 70킬로미터를 웃돌아서, 북아메리카에서는 가장 빠른 육상 포유류인 가지뿔영양에 이어 두 번째로 빠르다. 게다가 긴 뒷다리의 힘으로, 속도를 줄이지 않고도 불규칙하게 방향을 바꿀 수 있다.[1] 이솝 우화에 느림보 거북의 상대로 토끼가 나오는 것도 그럴 만한 이유가 있었던 것이다.

토끼의 속도와 민첩함을 생각하면, 스라소니가 자주 토끼를 놓친다고 해서 놀랄 것도 없다. 새로 내린 눈에 찍힌 발자국을 보면 두 동물의 조우 이야기를 읽을 수 있다. 토끼가 어디서 나와 얼마나 빨리 달렸고, 경주에서 누가 이겼는가를 발자국만 보고도 알 수 있다. 어느 연구자는 스라소니의 흔적을 5년 이상 수백 킬로미터에 걸쳐 추적했다. 스라소니는 토끼를 네 번 쫓아가서 한 번꼴로 잡았다. 비슷한 연구에 따르면 4~5일에 한 마리 토끼를 잡았다—이건 스라소니의 체질량을 가까스로 유지할 수 있는 수준이다.[2] 풍년에도 스라소니의 사냥은 대개 실패로 끝나고,

흉년에는 사정이 더욱 나빠진다.

눈덧신토끼의 개체 수는 많을 때와 적을 때가 40배 이상 차이가 날 만큼 번식률이 요동을 친다. 주기적인 개체 수 차이는 8~10년마다 스라소니가 혹독한 먹이 부족에 시달린다는 뜻이다. 흉년에는 굶어 죽는 일이 속출한다. 토끼가 많은 해에는 새끼 생존율이 75퍼센트에 이르는데, 토끼가 드문 해에는 0퍼센트로 뚝 떨어진다.[3] 스라소니의 경우 먹이 포획의 어려움에 주기적인 먹이 부족 현상까지 겹침으로써, 사냥 능력이 강력하게 개선되는 쪽으로 자연선택이 이루어진다. 기필코 사냥을 성공시키는 데 필요한 무기에 프리미엄이 붙는 것이다.

실제로 포식자들의 무기를 살펴보면 포식자들의 다양성을 상당 부분 이해할 수 있다. 더불어 그 무기의 구조가 서식지와 먹이의 여러 유형에 맞추어 어떻게 변했는가를 살펴보면 더욱 확연해진다. 육식 포유류의 역사는 그들의 무기—앞다리, 발톱, 턱, 특히 이빨—의 진화에 따른 성공과 실패로 점철된 역사다.

***

가장 초기의 육식 포유류는 약 6,300만 년 전, 공룡이 사라진 지 얼마 되지 않아 등장했다. 이 육식동물은 잡식성의 작은 반semi포식자였고, 그에 따라 이빨도 잡식용이었다. 예를 들어 여우의 조상인 불파부스는 몸통이 홀쭉하고 꼬리가 가늘고 긴 족제비 크기의 작은 동물로, 곤충과 개미, 도마뱀, 새, 뒤쥐 같은 작은 포유류를 먹은 것으로 짐작된다.[4] 이런 초기 육식 포유류의 치아 툴킷 중 주요 도구로는 송곳니, 자르고 갉기 위

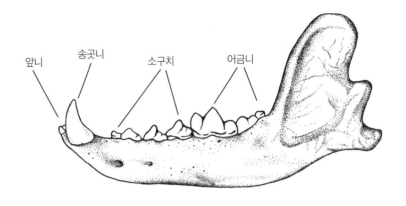

앞니 　　송곳니　　　　소구치　　　　　어금니

육식동물의 여러 종류의 이빨은 뚫기, 자르기, 으깨기와 같은
특수 기능에 맞추어 점점 특화되었다.

한 앞니, 소구치(작은어금니), 어금니가 있다. 최초의 육식동물 화석을 보
면, 이미 각종 이빨이 나서 나름의 기능을 하기 시작했다. 송곳니는 다른
이빨보다 길었고, 먹이를 물어 죽이는 데 효율적이었다. 뾰족한 소구치
로는 먹이를 포획하거나 붙잡고, 어금니로는 씹어서 먹이를 조각내거나
으깰 수 있었다.

　시간이 지나면서 각종 이빨도 진화해서 특수 쓰임새에 맞추어 점점
더 효율적이 되었다. 동시에 육식동물의 종수가 증가하면서 쓰임새의
본질이 바뀌기 시작했다. 많은 종이 점점 특화된 소수의 먹이에 맞추어
이빨도 특화되기 시작했고, 그 쓰임새는 종에 따라 아주 다양해지기 시
작했다. 육식동물의 이빨은 각 동물 종의 특수한 먹이와 사냥 습관에 따
라 새로이 다른 방향으로 진화했다. 일부 종은 상대적으로 기본적인 이
빨 모양, 곧 잡식성에 적합한 모양을 유지했다. 그러나 여우와 하이에나,

고양잇과와 검치류(劍齒類)saber-tooths를 비롯한 많은 육식성 동물은 고기로만 이루어진 식단에 특화된 효율적인 "과(過)hyper-육식성 포유류" 포식자로 다양하게 진화했다.[5]

과육식성 포유류 가운데 늑대는 "만능" 포식자다. 길고 날렵한 턱으로 놀랍도록 빠르게 먹이를 잡아채고, 단단한 송곳니로는 커다란 사냥감의 옆구리나 다리를 물어서 쓰러뜨린다. 늑대는 집단 사냥을 한다. 여러 방향에서 동시에 사냥감을 공격해서, 자기들보다 훨씬 큰 동물도 거뜬히 쓰러뜨릴 수 있다. 사냥감을 죽인 후에는 두 가지 용도의 어금니로 사체를 찢는다. 어금니는 작은 뼈를 으깰 수 있을 정도로 넓적하지만, 바깥 가장자리는 날카로워서 절단기처럼 근육과 살을 잘라 낼 수 있다.[6]

하이에나도 집단으로 사냥하지만, 턱이 늑대와는 사뭇 다르다. 하이에나의 송곳니는 상대적으로 짧고, 어금니는 조상과 달리 두 가지 기능을 하지 못한다. 하이에나의 어금니에는 고기를 잘라 낼 수 있는 가장자리가 없다. 하이에나는 주로 뼈를 으깨서 골수를 먹기 때문에, 이빨이 넓고 튼튼하며 둥근 돔 형태를 띠고 있다. 안면과 턱은 상대적으로 뭉툭해서 물리적 이점이 크다. 기본 물리학은 이렇다. 즉, 지렛대의 받침에 더 가까이 힘이 가해질수록 더 강한 힘이 전달된다. 짧은 턱에 난 이빨들은 턱관절과의 거리가 멀지 않아서, 입을 다무는 힘이 더 강해진다. 다무는 속도는 상대적으로 느리지만 말이다(늑대는 이와 반대로, 긴 턱의 끝에 위치한 송곳니가 닫히는 속도는 빠르지만 무는 힘이 상대적으로 약하다). 하이에나는 먹이를 깨무는 힘을 늘리기 위해 속도를 희생한 것으로 보인다. 하이에나는 깨무는 힘이 엄청나다. 이빨의 모양 때문에, 살코기를 자르거나 구멍을 내기보

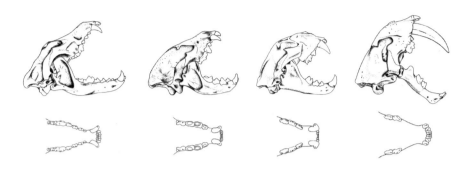

(왼쪽부터) 늑대, 하이에나, 고양잇과와 검치류는 이빨의 크기와 모양이 서로 다르다.

다는 뼈를 분쇄하는 데 그 힘을 사용한다.[7]

고양잇과 또한 턱의 속도보다는 물리적인 힘을 선호해서, 상대적으로 주둥이와 턱이 짧다. 그래서 하이에나처럼 턱이 한 가지 용도로만 특화되었다. 다만 그 용도는 으깨는 것이 아니라 써는 것이다. 고양잇과의 어금니는 좁고 날카롭다. 다리나 뼈를 부러뜨리는 데는 쓸모가 없지만, 살을 베는 데는 이상적이다. 하이에나의 주요 무기가 어금니라면, 고양잇과의 무기는 송곳니다. 고양잇과는 송곳니를 이용해서 먹이의 두꺼운 가죽을 뚫고 척수를 절단한다.[8]

고양잇과는 특화된 점이 또 있다. 앞발을 젖힐 수가 있다. 발바닥이 몸통이를 향하도록 발목을 안으로 젖힐 수 있는 것이다. 덕분에 유연한 앞발로 사냥감에게 안정적으로 매달려서, 강력하게 물어 죽일 수 있는 자세가 가능하다. 송곳니는 길고 뾰족해서 살에 구멍을 내는 데는 뛰어나지만, 송곳니가 옆으로 힘을 받으면 부러지기 쉽다. 공격에 나서서 사냥감에게 잘 매달릴 수 있으면, 긴 이빨을 똑바로 찔러서 의도한 대로 가죽

안에 깊이 박아 넣을 수 있다. 그러나 제대로 매달리지 못하고 송곳니를 찔러 넣게 되면, 송곳니가 비틀려서 부러져 버릴 수 있다.[9]

유연한 앞발 덕분에 고양잇과는 유난히 민첩하고, 높이 도약할 수 있고, 우리 집 뒤의 퓨마처럼 나무를 탈 수도 있다.[10] (떨어지는 고양이는 항상 다리로 착지한다는 옛말도 있지만, 착지 정도는 사람들이 생각하는 것보다 훨씬 쉽게 해낸다.) 고양잇과가 무서운 동물이긴 해도, 멸종된 친척인 검치류에 비하면 손색이 있다. 검치류의 송곳니는 정말 거대했다. 25센티미터에 달하는 이 대검으로 매머드의 등뼈도 절단할 수 있었다. 검치류의 그런 이빨은 턱과 두개골 형태는 물론이고 몸의 자세와도 엄밀히 조율되지 않고는 힘을 쓸 수 없었을 것이다. 시간이 지나면서 위턱이 짧아졌는데, 다른 고양잇과보다 더 짧아졌다. 송곳니가 턱관절에 훨씬 더 가까워짐으로써 엄청난 악력bite forces을 발휘하게 되었다. 검치류의 턱은 두꺼웠고, 턱관절은 활짝 젖혀져서 입을 유난히 크게 벌릴 수 있었다. 검치류는 아래턱이 빠지지 않도록 항상 당기고 있어야 했다. 커다란 이빨을 사냥감 몸에 박아 넣기 전에 스테이플러 밑판처럼 아래턱이 밑으로 툭 떨어지지 않도록 말이다. 마지막으로, 짧은 안면부와 편평한 두개골 때문에 머리가 뒤로 기울어짐으로써, 공격을 할 때 송곳니가 전방을 향했다.[11] 이렇게 바뀐 덕분에 이들 검치류는 가장 치명적인 육식 포유류가 될 수 있었지만, 자세나 머리 모양의 변화는 과다한 비용을 요구했다. 달릴 때는 물론이고 기본적인 모든 움직임이 어색하고 부자연스러워지기도 했다.

극한의 이빨 크기 덕분에 검치류는 점점 더 큰 사냥감을 잡을 수 있었다. 티타노테어(말과 코뿔소의 친족-옮긴이), 거대 나무늘보, 마스토돈이 즐비하던 시절에는 그것이 큰 장점이었을 것이다. 포식자 검치류의 형태는 적어도 4종의 포유류 계보 안에서 발생했다. 지금은 멸종된 육식 포유류인 크레오돈트(*Apataelurus sp.*)와 님라비드(*Barbourofelis fricki*)에서 먼저 그런 형태가 나타나고, 다음으로는 고양잇과에서 예컨대 언월도나 단검 형태의 이빨이 나타나고, 유대류(*Thylacosmilus atrox*)에서 또 그런 형태가 나타났다. 유대류 하면 호주가 생각나지만, 육아 주머니를 가진 포유류는 한때 지구 대다수 지역에 분포해 있었고, 유대류인 틸라코스밀루스는 사실 남아메리카에 살았다.

단검치류dirk-toothed 고양잇과 동물 스밀로돈 파탈리스*Smilodon fatalis*의 잘 보존된 표본—프랑스 라브레에 소재한 역청 광산에서 발굴된 것—을 보면, 그것은 오늘날의 사자보다 더 작았지만, 무게는 두 배(270킬로그램) 이상이었고, 꼬리는 잘려 있었다.[12] 키가 작고 뚱뚱한 이 동물은 사냥감을 추적할 수 없어서, 잠복하고 있다가 다가오면 기습 공격을 했을 것이다. 뼈 화석을 보면 검치류가 낙타나 새끼 매머드, 마스토돈같이 동작이 굼뜬 동물을 전문으로 사냥했음을 추측할 수 있다. 또 앞발 모양을 보면 나무 위에서 그런 큰 동물의 등으로 뛰어내렸음을 짐작할 수 있다.

***

지금의 육식 포유류 이빨이 작지 않다면, 그 이유는 진화하지 않았거나 할 수 없었기 때문이다. 이빨이 작다면, 유난히 이빨이 클 경우 특정 먹잇감을 잘 잡을 수 없었기 때문이다. 이빨과 다른 주요 구조는 거의 항상 타협의 산물이다. 즉, 선택한 장점과 그에 따른 단점과의 균형 말이

고양잇과 검치류는 아마 나무에서 뛰어내려
마스토돈 새끼 등을 기습 공격 했을 것이다.

다. 무기가 클수록 사냥감을 죽이기는 더 쉽더라도, 쫓아가기에는 방해
가 될 수 있다. 유난히 큰 무기를 가진 개체가 포식자 집단에 이따금 나
타나는 것은 분명한데, 사냥감을 따라잡는 것과 같은 중요 활동 능력이
떨어져서 생존하기가 어려워, 시간이 지남에 따라 그런 극한 무기 형태
는 사라지기 쉽다. 검치류가 바로 그런 경우다. 송곳니가 극한까지 진화
할 경우, 이빨의 크기 증가는 턱과 두개골 모양의 극적인 조정을 요하게
된다. 입을 충분히 크게 벌리려면 턱관절을 새로 조정할 필요가 있다.[13]
검치류는 빨리 달리지 못했다. 움직임도 너무 어색했다. 그래서 사냥을

할 때 속도에 의존하는 육식동물 중에서는 그런 큰 무기가 나타날 수 없었다.

거대한 이빨은 달리기에만 지장을 준 게 아니었다. 먹이를 먹는 것과 같은 기본 활동에도 지장을 주었다. 먹이를 삼키는 단순 행동을 할 때도 거대한 송곳니가 걸리적거렸다. 검치류가 사냥감을 먹으려면, 얼굴을 모로 돌리고 거대한 대검 같은 이빨을 피해, 주둥이 측면으로 먹이를 깨작깨작 뜯어 먹어야 했다.[14]

극한 크기에 따른 문제점 때문에, 대다수 포식자들의 무기는 작은 상태를 유지했다. 이빨, 발톱, 턱은 날카롭고 치명적이지만, 특히 크거나 거창하지 않다. 스라소니의 송곳니도 그렇다. 주위 이빨보다는 길고, 토끼의 등뼈를 꺾는 데는 효율적이면서도, 전체적인 민첩성이나 사방으로 머리를 돌리는 데 방해가 될 정도로 크지는 않다. 무엇보다도 스라소니의 생존에 필수적인 속도와 각 신체 부위의 조화로운 움직임에 방해되지 않을 정도의 크기다.

이빨의 크기만이 아니라 모양도 타협을 해야 한다. 하나의 이빨로 모든 일을 잘할 수는 없다. 길고 날카로운 송곳니는 살갗이나 근육, 내장 따위에 구멍을 내는 데에는 효율적이지만, 이런 이빨은 뼈에 부닥치면 부러질 수 있다.[15] 단단하고 칼날 같은 이빨이 특히 위아래 턱에 나란히 정렬되어 있다면, 힘줄을 끊는 데 제격이다. 하지만 뼈를 부수거나 으깨려고 하다가는 이빨이 성치 못할 것이다. 뼈와 부닥쳐 송곳니가 무뎌지면 주요 기능을 하지 못할 수도 있다. 그와 달리 넓고 단단한 돔 형태의 이빨은 뼈를 부수고 양분이 많은 척수를 취하는 데 안성맞춤이다. 하지만 썰거나 뚫거나 뜯는 데는 쓸모가 없다.

한 가지 성능을 높이면 다른 성능이 떨어질 수 있어서, 어쩔 수 없이 타협을 해야 한다. 그럴 경우, 썰거나 뚫거나 으깨는 것 중 한 가지 기능밖에 못 하는 이빨의 무력함은 포식자의 무기가 갈수록 특화되는 쪽으로 진화하는 것을 가로막는 근본적인 걸림돌이 되었다.

포유류가 성공한 것은 다분히 그런 걸림돌을 우회하는 메커니즘을 우연히 발견한 덕분일 수 있다. 그것이 성공의 전적인 이유는 아니라 해도 말이다. 포유류 육식동물들은 각종 이빨의 진화를 차별화해서, 각 이빨이 서로 전혀 다른 도구처럼 기능하도록 진화했다. 그래서 턱 하나에 서너 개의 도구(예를 들어 송곳니, 소구치, 어금니)를 갖출 수 있었고, 각각 서로 다른 기능을 맡게 되었다.

그러한 진화는 결코 호락호락한 게 아니어서, 다른 포식자들은 그걸 해내지 못했다. 예를 들어 악명 높은 살코기 전문 포식자인 수각류 공룡(알로사우루스, 카르노타우루스, 그리고 잔혹한 티라노사우루스 렉스 등처럼 두 발로 걷는 공룡)은 명백히 어금니나 소구치와 비슷한 이빨이 없었다. 절단용의 날카로운 가장자리도 없었고, 으깨기 위한 돔 형태의 이빨도 없었다. 그저 모든 이빨이 송곳니와 거의 비슷했다. 비록 신체 크기가 다양하고 먹이 종류가 다소 구분되기는 했지만, 그 결과 수각류 공룡은 육식 포유류가 보여 준 폭넓은 생태적 역할을 할 수 있을 만큼 결코 다양하지 못했다. 바꿔 말해서, 수각류 중에는 뼈를 으깨거나 절단할 수 있는 공룡이 없었다.[16]

육식 포유류는 모양과 기능이 다른 이빨들을 두루 가짐으로써 놀랍도록 성공적인 특화된 사냥꾼이 되었다. 그러나 이런 해법은 결코 완전

티라노사우루스를 비롯해 살코기만 먹는 공룡은 어금니와 소구치 같은 이빨이 없었다.

한 게 아니었다. 이 같은 타협에는 근본적인 한계가 남아 있었던 것이다. 송곳니와 소구치, 어금니 모두가 여전히 같은 턱 안에 나란히 자리 잡고 있어서, 스위스 군용 칼(맥가이버 칼-옮긴이)의 모든 도구를 한꺼번에 펼쳐 놓은 것과 같았다. 이는 아주 조심스레 씹어야만 제구실을 할 수 있다는 뜻이다. 뼈는 돔 형태의 어금니 위에 놓고 씹어야 하고, 힘줄이나 고기는 소구치로 뜯고, 그때 송곳니는 열외시켜야 한다. 야생의 상위 포식자들은 우리 인간의 사치스러운 활동, 곧 프랑스 식당에서 스테이크를 즐기면서

하는 것과 같은 섬세한 저작 행위를 할 여유가 없다. 먹이를 훔치려는 라이벌 포식자와 끊임없이 강도 높은 경쟁을 해야 하기 때문이다. 살아남으려면 재빨리 먹이를 물어뜯어 목구멍으로 욱여넣어야 한다. 현실에서 이렇게 서두르면 실수를 하게 마련이다. 칼날은 무뎌지고 이빨은 부러진다. 산 동물이든 멸종한 동물이든 육식 포유류를 모두 조사해 보면, 이빨이 자연스레 부러지는 빈도가 놀랍도록 높다는 것을 알 수 있다. 네개 중 한 개는 금이 갔거나, 이가 나갔거나, 완전히 부서진 상태다.[17]

***

크기와 사냥 능력 사이의 균형을 포식자 물고기의 이빨과 턱에서도 발견할 수 있다. 특히 다랑어와 블루피시같이 바다에서 멀리까지 돌아다니는 포식자가 그렇다. 포유류 포식자와 마찬가지로, 이들은 상위 포식자인 경우가 많은데, 아주 거대한 것도 있다. 큰 물고기는 큰 턱과 이빨이 있어서, 큰 먹이를 삼킬 수 있다.[18] 턱이 작고 몸집도 작은 물고기가 큰 먹이를 삼키지 못하는 것은 그저 물리적으로 먹이를 삼킬 만큼 입이 크지 않기 때문이다. 포식자 물고기는 빠르게 헤엄쳐서 먹이를 추적해 잡아야 한다. 스라소니와 마찬가지로 이들 포식자는 곧잘 실패한다. 사실 시도한 횟수의 반 이상은 먹이를 놓친다.[19] 그러니 더 빨리 헤엄칠 수 있는 신체 형태에 프리미엄이 붙게 된다.

원칙적으로 물고기는 몸이 전체적으로 더 커지지 않고도 턱이나 이빨의 크기를 늘릴 수 있다. 그래서 특별히 큰 신체에 요구되는 신진대사 활동을 하지 않으면서도, 어울리지 않게 큰 먹이—어쩌면 심지어 제 몸보다 더 큰 먹이—를 포획할 수 있다. 이때도 역시 선택의 장점과 단점 사이의 균형이 문제가 된다. 턱의 크기는 두 측면에서 개체의 능력에 영향을 미친다. 무엇보다 먼저 먹이를 붙잡는 것과 삼키는 것. 턱이 더 크면 더 크고 다양한 먹이를 삼키는 데 분명 더 보탬이 된다. 그러나 그런 선택은 물을 가를 때 저항을 더 많이 받는다는 단점이 있다.[20] 많은 바다 포식자 물고기의 경우, 빠른 속도를 선택한다는 것은 더 큰 먹이를 삼키고자 하는 선택과 상충한다. 물고기는 이 두 가지 과제를 달성해야 하기 때문에, 결과적으로 기능적이면서 그리 크지 않은 턱과 이빨, 그리고 적당히 균형을 맞춘 무기를 선택하게 된다.

***

소년 시절 나는 어머니와 계부가 작은 농장을 운영한 테네시 동부의 불런 크리크Bull Run Creek 흙탕물에 뛰어들곤 했다. 우리 이웃의 담배밭이 있는 건너편 언덕 위로 올라가기 위해서였다. 나는 끈적끈적한 담뱃잎에 둘러싸인 채, 내 키보다 더 높이 자란 담배들 고랑 사이로 가만가만 지나가며, 뿌리 근처에 노출된 흙무더기를 유심히 살폈다. 빗물에 새로 씻겨서 빛나는 청회색 뗀돌이나 검은 흑요석을 찾기 위해서였다. 흙 밖으로 살짝 노출된 작은 끄트머리만 보아도 그것이 걸작인지 아닌지 금세 알 수 있었다. 물론 이런 "걸작"들 대부분은 쓸모가 없는 것으로 밝혀졌지만, 이따금은 흙 속에서 아름다운 예술 작품을 뽑아내곤 했다.

2,000년 전, 이 테네시 언덕에 어떤 사냥꾼이 앉아 돌망치로 주먹만 한 흑요석 원석을 두드려, 5센티미터의 조각을 떼어냈다. 그런 다음 돌

망치로 살살 두드려 여러 조각을 내서 끝을 뽀족하게 다듬었다. 마지막으로, 사슴뿔 조각을 가장자리에 대고 누르며 문질러서 양쪽이 나란하게끔 다듬고 날카롭게 갈았다. 그 결과물이 바로 2센티미터의 화살촉이다. 치명적이고 효율적인 포식자의 무기 말이다.

우리 이웃의 담배밭에는 화살촉이 즐비했다. 버려진 뗀돌들이 사방에 널려 있어서, 언덕 위가 평평한 이곳이 한때 사냥터나 전쟁터가 아닌 마을이었다는 것을 알려 준다. 화살촉 대부분은 망가졌지만, 흙 속에서 온전한 화살촉을 발견할 때면, 눈을 감고 산들바람에 부스럭거리는 담뱃잎의 달달한 냄새를 맡으며 화살촉을 지그시 쥐고 상상하곤 했다. 이것을 마지막으로 만진 사람은 바로 이것을 만든 사람이었다. 아주 잠깐 동안 나는 과거를 만지는 느낌이 들었다. 2,000년이 기나긴 시간 같지만, 이웃의 담배밭에서 뽑아낸 화살촉은 북아메리카의 나이에 비하면 아주 어린 나이다. 돌촉과 돌창, 그리고 그와 관련된 활과 화살, 창 발사기 등은 수만 년 동안 인간의 주요 무기였다.[21] 경작지에서 출토되거나, 호수와 강둑의 흙이 쓸려 가면서 드러난 수백만 점이 발굴 수집됨으로써, 고고학자들은 시간이 지남에 따라 이들 무기의 모양과 크기가 어떻게 변했는가를 추적할 수 있었다.[22] 주목할 만한 사실은 거의 모든 무기가 작다는 것이다. 스라소니의 송곳니나 물고기의 턱처럼, 이런 무기의 크기는 살상력과 휴대성 사이의 균형을 반영하고 있다.

1만 5,000년 전, 북아메리카 사냥꾼들은 창 발사기, 곧 아틀라틀atlatl로 창을 날리기 시작했다. 그들은 날카로운 돌조각을 다듬은 뽀족한 촉을 창에 달았다.[23] 창은 촉과 자루가 균형을 이룰 경우에만 잘 날아갔다.

아울러 창 촉이 예리해서 동물 가죽을 뚫고 창 자루까지 사냥감 안으로 파고들 수 있어야 했다.[24] 이 때문에 특별한 나무 자루에 부착할 촉의 크기가 엄격히 제한되었다. 즉, 자루가 클수록 돌촉도 더 커야 했다. 큰 창은 그만큼 무겁고, 사냥감에게 더 큰 타격을 가하는 한편, 작은 창보다 더 깊이 파고든다. 창과 촉이 크면 그만큼 큰 사냥감을 쓰러뜨릴 수 있는 건 당연한 노릇이다.[25]

그러나 포유동물의 경우와 마찬가지로, 큰 무기의 편익은 큰 비용과 상쇄된다. 더 큰 창 촉을 만들려면 더 크고 희귀한 흑요석이나 뗀돌이 필요하고, 만드는 데도 시간이 더 많이 걸린다.[26] 창이 크면 가지고 다니

1,500년에 걸친 북아메리카의 무기 진화

기도 힘들어진다. 초기의 수렵과 채집은 장거리 여행을 필요로 했다. 과일이나 알뿌리를 구할 수 있는 곳이 계절에 따라 달랐고, 아마 하루에 5~10킬로미터, 1년에 300킬로미터 이상을 이동하는 큰 사냥감을 추적해야 했기 때문이다.[27] 이런 유랑민들은 무기는 물론이고 소유물 전체를 가지고 걸어서 이동해야 했다.

창 촉의 크기와 모양은 수천 년 동안 변함이 없었다. 그러다 크기가 변하기 시작했는데, 더 큰 쪽이 아니라 사실상 더 작은 쪽으로 진화했다. 이러한 점진적인 축소의 요인은 적어도 두 가지인데, 잡을 수 있는 사냥감 크기의 변화, 그리고 무기를 날릴 때 사용한 기술의 변화를 들 수 있다.

클로비스 창 촉Clovis point(고대 인디언의 전통 창 촉-옮긴이)이라고 불리는 초기 북아메리카의 창 촉은 길이가 20센티미터나 되었지만, 결국 8센티미터 이하로 짧아졌고, 이것이 매머드의 뼈와 함께 꾸준히 발견되었다.[28] 사실상 컬럼비아매머드는 거의 1만 2,000년 전까지 북아메리카 사냥꾼들의 주된 사냥감이었다. 이후 매머드가 멸종하기 시작하자, 사냥꾼들은 오늘날 역시 멸종한 커다란 고대 들소Bison antiquus를 사냥하기 시작했다. 고대 들소는 매머드의 6분의 1 크기였다(평균 무게가 1.4톤으로, 매머드는 8톤이 넘었다). 초기 사냥꾼들이 (크기가 작은) 들소를 노리게 되면서 창과 촉의 크기도 꾸준히 줄어들었다(고대 들소를 잡던 클로비스 창 촉은 길이가 평균 5센티미터였다. 동일한 들소를 사냥하던 후대 인디언의 폴섬 창 촉Folsom point은 길이가 평균 4센티미터 이하였다).[29] 이 고대 들소도 사라지자, 사냥꾼들은 더 작은 사냥감을 쫓게 되었다. 현대 들소(아메리카들소)Bison bison만이 아니라 큰뿔양, 사슴, 엘크, 영양 등인데, 그에 따라 창 촉 크기도 작아졌다.[30]

그와 동시에 무기 기술에 여러 핵심적인 혁신이 일어났다. 7,600년 전, 날리는 창에 깃을 달자 속도와 정확도가 크게 개선되었다. 창 자루가 더 작고 가벼워지고 창 촉도 더 작아짐으로써 이러한 진보는 최고조에 달했다.[31] 그러다 2,000~1,300년 전 무렵 훨씬 더 작은 무기를 선호하게 됨으로써 아틀라틀로 던지는 창은 활과 화살로 교체되었다.[32] 사냥꾼들이 아틀라틀로 창을 날리는 것보다, 활로 훨씬 더 멀리 더 빠르게 화살을 날릴 수 있게 되자 사냥 성공률이 높아졌고, 온갖 종류의 새로운 사냥감을 잡을 수 있게 되었다.[33] 화살촉은 원조인 클로비스 촉보다 훨씬 작아져서 쉽게 구할 수 있는 재료로 빠르게 만들 수 있었고, 활과 화살은 창보다 휴대성이 훨씬 더 뛰어났다.[34]

육식 포유류의 이빨과 마찬가지로, 선택의 장점과 단점 사이의 균형을 이루기 위해 초기 인류의 석기는 작은 크기를 유지했다. 포식자들에게는 무기 크기에 대한 이런 타협이 거의 언제나 필요하다. 방대한 다수의 동물 무기가 작은 것도 그 때문이다. 하지만 이런 규칙에는 명백한 예외가 있다. 어떤 특수 상황에서는 균형 잡힌 선택이라는 족쇄가 깨진다. 그러면 무기가 엄청나게 커지기 시작한다.

3
조이기, 잡아채기, 커다란 턱

1992년 가을, 나는 대학의 다른 친구와 함께 열흘 동안 남아메리카로 여행을 갔다. 마추픽추에 들를 겨를은 없었다. 그래서 3년 전 장수풍뎅이를 찾아 탐사했던 에콰도르의 아름다운 섬에 자리를 잡았다. 당초 계획은 산에 올라 열대우림의 호숫가에서 며칠 동안 쉬는 것이었다. 이후 6년 뒤 폭발하게 될 통구라우아 화산은 높이가 5,000미터가 넘는데, 정상에서 바라본 풍경은 정말 장관이었다. 벌써 볕에 타서 피부가 쓰린 우리는 혼잡한 버스를 타고 12시간을 달려 코카라는 마을에 가서 두 명의 여행 가이드, 클레버와 셀포를 만났다. 우림으로 보트 여행을 하기 위해서였다. 우리는 모터 달린 카누에 짐을 잘 챙겨 넣고, 픽업

트럭 짐칸에 올라타서 마지막 보급품을 가지러 갔다. 내 친구 크리스는 스페인어를 하지 못했다. 나는 떠듬떠듬 몇 마디 하는 정도였다. 알고 보니 클레버와 셀포는 영어를 하지 못했다. 하지만 걱정하진 않았다. 그들이 길가에 차를 대고 차에 치어 죽은 목도리페커리javelina(아메리카 대륙에 널리 분포하는 멧돼지와 친척뻘인 동물–옮긴이)를 길에서 끌어내 뒷다리를 썰 때까지는 말이다. 그들은 뒷다리를 비닐로 싸서 트럭 뒤 쿨러와 음식물 상자 옆에 곱게 내려놓았다. 크리스와 나는 눈길을 교환했다. 나는 트럭 운전석 쪽으로 열린 작은 창으로 몸을 숙이고 스페인어를 더듬거리며, 그돼지로 뭘 할 거냐고 물었다. "세나Cena"라는 답이 들려왔다. 나는 그게 "저녁 식사"라는 뜻일 거라고 굳게 믿었다. 그건 우리가 기대한 답이 아니었다. 나는 다시 물었지만, 역시 "세나"라는 답밖에는 알아들을 수 없었다.

우리는 나포강Napo River까지 차로 120킬로미터를 달리고 다시 파나코차 지류까지 20킬로미터를 달려, 마침내 8시간 만에 야영지에 접어들었다. 사방 20킬로미터 이내에 다른 사람은 한 명도 없었다. 우리가 텐트를 칠 버드나무 좌대와 요리용 불판이 딸린 테이블 하나 외에는 모든 것이 자연 그대로였다. 페커리 뒷다리는 어느덧 숙성되었을 것이다. 두 가이드가 그것을 옆에 부려 놓고 저녁 식사용 그릇을 챙기기 시작하자, 우리는 다시 뜨악하게 지켜보았다. 클레버는 파리 떼를 휘휘 쫓아내며 생기 잃은 뒷다리 가죽을 벗기고 각설탕 크기로 썰어서 큰 접시에 수북이 쓸어 담더니, 날것 그대로 우리에게 건네주었다. 그런 다음 자기 주머니에서 얼개에 감긴 낚싯줄을 꺼내더니, 우리에게 낚싯바늘을 주고 호수를 가리켰다. 그 돼지는 저녁 식사용이 맞았다. 우리가 예상한 방식과는 전혀 달랐지만 말이다!

피라냐 낚시는 터무니없이 쉬웠다. 낚싯바늘에 고깃덩이를 꿰서 호수에 퐁당 던져 넣자마자 푸다닥 물고기가 튀면 바로 건져 내면 된다. 우리는 계속 낚시를 했고, 매번 던질 때마다 바로바로 피라냐를 건져 냈다. 순식간에 20여 마리가 불판 위의 버터 속에서 지글거렸다. 이날까지 나는 피라냐가 맛있을 거라는 생각을 해 본 적이 없었는데, 그날 밤 우림에서 우리는 왕이 부럽지 않게 포식을 했다. (이튿날 아침에는 호수에서 신나게 수영까지 했다. 육식 물고기에 둘러싸인 것을 빤히 알면서도 말이다. 말이 난 김에 말하자면, 그 요령은 물가에서부터 걸어 들어가지 않고, 배에서 깊은 물로 곧장 뛰어드는 것이다.)[1]

***

모든 포식자의 무기가 다 작은 것은 아니다. 피라냐의 이빨이 바로 그런 예외다. 피라냐의 턱은 거창한 삼각형의 날선 이빨로 꽉 차 있다. 먹이를 물 때, 심지어 턱을 다물고 있을 때도 주둥이 밖으로 이빨이 사납게 튀어나온다. 피라냐는 다른 물고기처럼 먹이를 먹지 않는다. 먹이를 통째로 삼키기도 하지만, 한 번에 한 입씩 살을 뜯어 먹기도 한다. 사냥 행동의 이런 간단한 변화 덕분에 피라냐는 먹잇감보다 자기 덩치가 더 커야 한다는 굴레를 벗어던질 수 있었다. 그래서 이제 작은 물고기를 삼킬 수 있을 뿐만 아니라 자기보다 더 큰 물고기를 뜯어 먹을 수도 있다. 비늘과 지느러미는 물론이고 살코기를 한입 가득 베어 먹을 수 있는 것이다.[2]

큰 동물의 살코기를 한입 떼어 먹으려면 근거리에서 재빨리 덮칠 필요가 있다. 원거리를 추적하는 게 아니라 말이다. 피라냐는 청소부이기도 하다. 인간의 시체조차도 뼈만 남겨 놓는다.[3] 청소하는 것 역시 덮치는 것처럼 큰 턱이 안성맞춤이다. 피라냐는 먹이를 쫓아가 잡을 속도를 필요로 하지 않기 때문에, 더 굵은 턱에 점점 더 큰 이빨을 선호하는 쪽으로 선택이 이루어졌다. 덧붙여 말하면, 꼬치고기라는 물고기 역시 정확히 같은 이유로 피라냐와 비슷한 이빨을 갖고 있다.[4]

앉아서 기다리는, 곧 매복하는 포식자는 더 큰 극한 무기 쪽으로 진화한다. 검치류는 몰래 매복하고 있다가 나뭇가지 위에서 뛰어내려 먹잇감의 목에 대검을 찔러 넣었다. 피라냐처럼, 매복 포식자들은 사냥을 하기 위해 추격을 하는 법이 없다. 사실 그들 대부분이 달리기나 수영에는 젬병이다. 그 대신 꼼짝하지 않고 잠복하길 잘하고, 사냥감이 다가오기를 기다리며 숨어 있는 사냥꾼답게 종종 배경과 놀랍도록 동화된다. 불운한 먹잇감이 우연히 다가오면, 이 포식자들은 숨은 곳에서 불쑥 뛰쳐나와 물어뜯거나, 다리로 후려쳐서 사냥감을 무력화시킨다. 달아날 수 있기는커녕 무슨 일이 일어나고 있는지 알아차리기도 전에 말이다.

심해의 매복 포식자는 종종 미끼를 쓴다. 극한 깊이의 막막한 어둠 속에서 등대처럼 빛나는 살덩이를 흔들며 유인하기도 한다. 이런 포식자들에게는 먹잇감이 스스로 다가오기 때문에 빠르게 움직일 필요가 없다. 움직임의 지연으로 인한 단점은 미미하고, 턱 크기 증가로 인한 편익은 크다. 바이퍼피시viperfish(일명 독사고기-옮긴이), 귀신고기, 혹등아귀 같은 뜨악한 이름을 지닌 물고기들 대다수는 커다란 입에, 길고 날카로운 이

(왼쪽 위부터 시계 방향으로)
귀신고기, 풍선장어, 아귀 등은
거대한 턱과 이빨이 있다.

빨이 촘촘히 박혀 있다. 입이 우산처럼 벌어지는 심해 "풍선장어gulper"
의 턱은 너무나 커서 말 그대로 몸뚱이가 거대한 입과 꼬리로만 되어 있
다. 벌린 입의 지름이 몸길이와 맞먹는다. 그런 장어가 거대한 입을 벌리
고 커다란 물 풍선처럼 물을 빨아들이면, 자기 몸보다 훨씬 더 큰 먹잇
감도 한입에 삼킬 수 있다.[5]

대부분의 사마귀는 매복 포식자다. 길게 휘어진 가시가 딸린 초대형
앞다리만 봐도 짐작이 간다. 먹잇감을 포획하는 이 긴 다리는 반동력을
지닌 용수철과 같다. 그런 점에서 이 다리는 자동 권총의 공이치기에 비

먹이를 포획하기 좋은 긴 앞다리를 지닌 사마귀는
매복하고 있다가 앞다리로 먹잇감을 잡아챈다.

유할 수 있다. 가시가 돋은 다리가 몸에서 뻗어 나가, 실수로 "위험 지역
kill zone"을 배회하던 먹이를 잡아챈다.

　초기 형태의 사마귀는 여윈 몸에 특화되지 않은 사냥꾼으로, 땅바닥
이나 풀잎 사이를 은밀히 돌아다녔다. 앞다리가 살짝 더 길어서, 우연히
마주친 거미나 곤충을 재빨리 쉽게 잡아챌 수 있었다. 이런 조상으로부
터 점점 진화한 사마귀는 앉아서 기다리는 사냥꾼으로 특화되었다.[6] 일
단 효율적인 이동을 위한 균형 잡힌 선택을 저버리자, 앞다리가 점점 커
져서, 더 먼 거리의 먹잇감을 포획할 수 있게 되었다.[7]

　사마귀새우(갯가재)mantis shrimp는 잡아채기 전문가의 수중 버전이다.
사마귀새우는 사마귀도 아니고 새우도 아닌데, 그 둘을 너무나 닮아서

그런 이름을 얻게 되었다. 사마귀새우는 몸이 새우를 확대한 것 같고, 먹이를 잡아챌 수 있는 다리가 사마귀의 앞다리를 닮았다. 엄지 크기의 이 갑각류는 해저의 바위나 산호 굴 속에 숨어 있다가, 달팽이나 다른 갑각류, 아니면 쌍각류 조개를 잡아챈다. 이들은 일명 "분쇄자"라고도 하는데, 늘어난 앞다리를 이용해서 아주 효율적으로 먹잇감을 잡아채서 깨뜨린다. 그들의 무기에 일격만 당해도 치명적일 수 있다. 사마귀새우는 놀랍도록 빠른 속도로 다리를 뻗어 일격을 가한다. 수중이라는 것을 감안하면 그런 속도는 결코 범상한 게 아니다. 실라 퍼텍Sheila Patek과 로이 콜드웰Roy Caldwell은 공작사마귀새우의 앞다리 공격 방식을 연구했는데, "걸쇠click" 메커니즘을 이용해서 그런 사냥을 해낸다는 사실을 알아냈다. 즉, 용수철로 장전된 앞다리에 걸쇠가 걸려 있어서, 걸쇠가 풀리면 용수철이 앞다리를 튕겨 내는 것과 같은 방식이다. 또는 힘껏 활시위를 당기고 있다가 놓는 것과 같다. 걸쇠가 풀리면 날선 앞다리가 시속 약 100킬로미터의 속도로 물을 가르고 나아가 사냥감을 타격한다. 이 사마귀새우를 "새우shrimp" 크기로 환산해서 계산하면, 사냥감을 타격하는 데 걸리는 시간은 1,000분의 2초에 불과한 셈이다.[8] 동물의 왕국에서 가장 빠른 공격 무기를 가진 것은 바로 이런 작은 포식자들이다.

사마귀새우(그리고 친족인 "딱총새우pistol shrimp")의 다리는 너무나 빨라서, 물을 가르고 지나간 자리에 폭발적인 진공을 만들어 낸다. 이 진공은 물을 기화시켜 공동 기포cavitation bubble를 만드는데, 이 기포가 터지면 추가로 에너지가 방출된다. 펑 하는 그 터지는 소리는 그저 크기만 한 게 아니라 치명적이다. 크기가 최고 220데시벨에 이르고, 순간적으로 태양에 육박하는 온도(4,700℃)의 섬광이 발생한다.[9] 진공 폭탄으로 인한 섬광이 비록 너무 작아서 눈에 보이진 않지만, 그로 인한 충격파는 근처의 물고기를 기절시킬 수 있을 정도다. 놀라운 속도의 타격에 이어 공동 기포 파열로 인한 에너지 폭발력으로 먹잇감의 외골격, 곧 껍데기가 부서지기도 한다.

극한 무기를 지닌 또 다른 포식자로 은밀히 기어가서 기습하는 물고기가 있다. 이런 방식은 빠른 추격이나 효율적인 이동보다는 근거리에서 재빨리 치명적인 타격을 가한다는 점에서, 앉아서 기다리는 매복 사냥과 닮았다. 은밀히 접근하는 물고기는 유난히 입이 크다. 예를 들어 앨리게이터가아alligator gar는 길고 가는 턱에 면도날 같은 이빨이 촘촘히 나 있다. 이것을 이용해 갑자기 입을 옆으로 휘둘러 먹잇감을 잡아챌 수 있다. 카이만 악어와 크로커다일 악어의 턱 모양이 그와 비슷한 것 역시

앨리게이터가아는 긴 턱을 옆으로 휘둘러
사냥감을 후려친다.

정확히 그런 용도를 위해서다.

***

매복하거나 은밀히 접근하는 이런 모든 포식자들의 성공 여부는 얼마나 빠르게 일격을 가하느냐에 달렸다. 빠른 일격으로 먹잇감을 즉각 무력화시켜야 성공하는 것이다. 속도가 중요하지만, 이런 사냥의 성패를 결정하는 것은 온몸으로 질주하는 속도가 아니다. 중요한 것은 신체 일부의 속도, 곧 부속기관이 얼마나 빨리 작동하는가이다. 이 경우에는 거의 언제나 무기가 크면 클수록 좋다. 턱이 더 길면 그만큼 더 멀리 미칠 수 있다. 부속기관이 더 크면 그만큼 강하고 두꺼운 골격에 크고 빠른 근육이 붙어 더 큰 탄력을 발휘할 수 있다. 이 부속기관의 끝에 발톱이나 갈고리를 달아 관절에서 더 멀리 더 빠르게 무기를 쏘아 보낼 수도 있다. 육상에서든 수중에서든 더 긴 부속기관이 짧은 것보다 빠르게 움직일 수 있다.

이와 관련된 물리학은 바로 "지레의 원리"다. 시소를 생각해 보면 이를 쉽게 이해할 수 있다. 받침점이 시소의 중간에 있으면, 오르락내리락하는 양쪽 끝까지의 거리가 동일해서, 양쪽 끝은 공중에서 같은 속도로 움직인다(같은 시간 동안 같은 거리를 이동한다). 그러나 받침점이 어느 한쪽으로 치우치면, 두 가지가 달라진다. 우선 양쪽 끝의 이동 거리가 달라진다. 받침점에서 먼 쪽이 가까운 쪽보다 더 큰 호를 그리며 더 많이 움직이는 것이다. 속도 역시 달라진다. 시소의 양 끝은 각각 호를 그리며 같은 시간 움직이는데, 받침점에서 먼 쪽이 가까운 쪽보다 많이 움직이게 된다. 이는 긴 것이 짧은 것보다 더 빨리 움직인다는 뜻이 된다. 이빨과 같은 물체도 축을 중심으로 회전할 경우 축에서 더 멀수록 더 빨리 움직이게 된다.

육식 포유류의 턱은 이 원리의 한 부분을 예증한다. 고양잇과와 하이에나는 강한 턱을 위해 속도를 희생해서, 얼굴이 뭉툭하고 송곳니가 상대적으로 턱관절에 더 가깝게 자리 잡고 있다. 호두까기나 집게를 생각해 보면 도움이 될 것이다. 조이는 힘은 회전축에 가까울수록 더 강하게 작용한다. 한편 늑대는 고양잇과나 하이에나보다 턱이 더 길다. 그래서 송곳니가 깨무는 힘은 상대적으로 약하지만, 힘을 잃은 대신 속도를 더 얻는다. 늑대의 송곳니는 턱관절에서 멀리 자리 잡고 있어서, 턱을 다무는 속도가 더 빠르다.

매복하거나 은밀히 접근하는 포식자들은 이런 원리를 훨씬 더 극한으로 추구한 셈이다. 보통의 경우라면 큰 무기의 진화가 제한되었을 텐데, 특별한 생태 상황 때문에 선택의 단점이 완화됨으로써, 잡아채는 능력을 선호하는 선택이 우세를 보이게 된 것이다.

***

고도로 사회적인 곤충들, 특히 개미는 무기의 크기와 이동속도 간의 타협을 색다른 방식으로 회피했다. 분업이라는 방식으로. 이런 곤충의 콜로니colony(같이 살아가는 동종 유기체 집단, 군체-옮긴이)가 막대하게 큰 경우도 있는데, 종종 수백만 개체가 하나의 효율적인 전체로 잘 기능한다. 콜로니가 효율적일 수 있는 이유는 신체 형태가 특화된 일꾼들이 각각 특화된 일을 맡기 때문이다. 육식 포유류의 턱에 여러 종류의 이빨이 있는 것과 다르지 않은 이치다.

분화 발전 능력은 육식 포유류 이빨들의 독자적인 진화를 가능케 했다. 덕분에 어금니에서 소구치가 분화 발전하고, 소구치에서 송곳니가 분화 발전했다. 사회적인 곤충의 경우에도 이와 유사한 분화가 일어나 병사와 일꾼이 따로 진화했고, 형태가 상당히 달라졌다. 병사는 효율적으로 달리거나, 날거나, 콜로니 유지나 번식 행위도 할 필요가 없었다. 병사 일만 하면 되었다. 다른 일로부터의 해방은 무기가 커지는 데 따른 부작용이 최소화된다는 뜻이다. 예를 들어 혹개미속(큰머리개미)*Pheidole* 콜로니에서는, 각 개체가 여러 "계급caste"[10] 중 하나에 속해 있다. 번식을 담당하는 날개 달린 수컷과 암컷(이들은 콜로니에서 흩어져, 동시 다발적이고 거대한 짝짓기 무리를 이룬다), 작은 일꾼, 큰 일꾼, 병사 등의 계급이 그것이다. 이들 중 병정개미는 잘 싸우기 위해 머리와 턱과 이빨이 커다랗게 진화했다.

덫턱개미trap-jaw ant의 경우 병사의 턱은 길게 휘어졌고 이빨이 날카롭다. 이런 병정개미는 사마귀새우의 앞다리 일격과 아주 비슷한 메커니즘으로 턱을 여닫는다. 턱이 닫히는 속도는 최고 시속 230킬로미터로, 완전히 열렸다가 닫히기까지 1,000분의 1초도 걸리지 않는다.[11] 속도가 너무나 빨라서 얼굴을 땅으로 향하고 턱을 여닫으면, 그 반동으로 몸길이의 20배만큼 공중으로 도약할 수 있다. 이는 아주 효율적인 도피 기술인 것으로 밝혀졌다.

군대개미의 병사는 턱이 크고, 머리 역시 크다. 한마디로, 가공할 이 작은 전사는 전갈과 도마뱀에 새까지 쓰러뜨릴 수 있다. 또한 인간에게 도움이 되기도 한다는 것을 열대 생물학자 몇 명이 입증하기도 했다. 대학원생 시절 나는 생물학도들과 같이 중미의 벨리즈에서 3주를 보냈다. 우리는 진흙투성이 숲속에서 야영을 하며 현장 실험 하는 방법을 배웠다. 싸구려 플라스틱 칼집에 만도machete(열대우림에서 주로 사용하는 날이 넓은 칼로 마체테라고 함-옮긴이)를 찔러 넣어 허리띠에 매달고 있었는데, 어느 날 오후 수영을 하려고 옷을 벗을 때, 만도 손잡이가 바지에 걸렸다. 나는 잡담을 하고 있었거나 딴 데 정신이 팔려 있었던 모양이다. 칼날에 엄지가 베이는 줄도 몰랐던 것이다. 뒤늦게 정신을 차렸을 때는 이미 뼈가 드러날 정도로 베인 뒤였다. 우리는 문명 세계와 수 킬로미터 떨어진 곳에 있어서, 바로 병원에 갈 수가 없었다. 그래서 럼주로 상처를 소독하고 개미로 상처를 꿰맸다. 한 사람이 개미 옆구리를 쥐고 있으면, 다른 사람이 개미를 상처 위치에 잘 조준했다. 성난 개미 병사는 커다란 턱을 쩍 벌리고 버둥거리지만, 상처에 턱을 대는 순간 턱을 꽉 다문다. 이때 머리만 남기고 얼른 몸통을 떼어 내면, 놀랍도록 효율적으로 상처가 봉합된다. 대여섯 마리의 개미만 있으면 거뜬하다. 이런 개념에 익숙해지기만 하면 말이다.

흰개미 역시 특화된 병사 계급이 있는 분업 사회를 보여 준다. 흰개미 전사들은 공격보다 콜로니 방어에 주력한다는 차이가 있긴 하다. 인키시테르메스속Incisitermes 흰개미 병사는 턱이 크고 두꺼운 머리에는 근육이 가득하다. 나수티테르메스속Nasutitermes 흰개미 병사는 전혀 다르게 적응했다. 그들은 침략자 개미들에게 끈적끈적한 실 같은 줄을 내뿜는다.

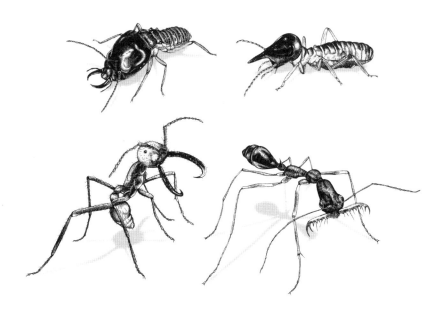

네 병사: (윗줄 왼쪽부터) 깨무는 흰개미, 분사하는 흰개미, 군대개미, 덫턱개미

끈적끈적한 줄이 적의 발에 붙으면 적군은 바로 무력화된다. 포병이랄 수 있는 이 병정개미는 눈이나 입이 없다. 머리 전체가 커다란 구근 모양에 분사구 같은 주둥이가 달려 있다. 걸어 다니는 분사 총이랄까.[12]

분업은 인간의 군대에도 항상 없어서는 안 되는 것이었다. 이것 역시 다른 동물과 마찬가지로 휴대성과 크기 사이의 타협을 회피한 결과다. 보병은 포병보다 훨씬 더 빨리 움직일 수 있다. 거대한 대포로는 신속한 전략 기동을 하기 어렵다. 이런 한계를 극복하기 위한 여러 시도가 있긴 했다. 투석기나 대포를 바퀴 달린 수레에 얹기도 하고, 훨씬 더 나중에는 커다란 대포를 열차나 궤도차에 싣고 다니기도 했다. 하지만 다루기 힘든 대포 때문에 항상 한계가 있었다.[13] 해법은 보병대와 포병대의 기능

을 분리하는 것이었다. 속도에 특화된 보병과 화력에 특화된 포병으로 말이다.

제1, 2차 세계대전 중 해군도 같은 한계에 맞닥뜨렸는데, 비슷한 해법을 채택했다. 전함이 점점 커져서 더 큰 대포를 많이 싣게 되었지만, 화력이 증가한 만큼 속도와 기동성을 희생했다. 그래서 더 작고 더 빠른 배, 이를테면 순양함과 구축함을 전위에 배치해 전함들을 보호하고 정찰을 시켰다.[14]

***

동물의 세계에서 극한 무기는 드물고 특수한 상황에 한해서 발생하는 것이 일반적이다. 예를 들어 앉아서 기다리는 사냥 전술을 쓰거나, 콜로니의 특수 계급들이 분업을 하는 상황에서 말이다. 그러나 과장된 크기의 무기 진화로 이어질 수 있는 또 다른 놀라운 잠재 현상이 있다. 바로 경쟁competition이다. 자연계에서 번식할 기회를 두고 다투는 전투에서는 무기의 크기가 승부를 좌우한다. 비길 데 없이 큰 무기는 무엇보다 소중한 필수품이 아닐 수 없다.

2부

경쟁의
촉발

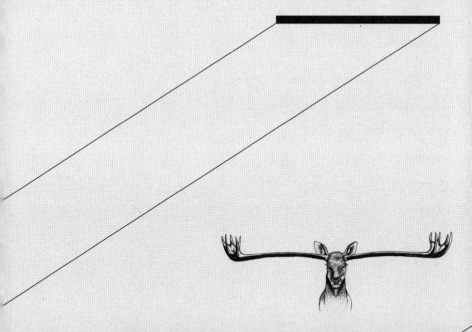

특수 상황은 무기 경쟁이 시작되기 전에 이미 전개되었을 것이다. 그런 특수 상황의 "요소ingredients"를 살펴보면 자연계의 가장 사치스러운 무기들의 기능과 다양성에 대해 많은 것이 밝혀진다. 대다수의 다른 동물 종이 갖지 못한 것을 왜 일부 동물 종만 가졌는가를 비롯해서 말이다.

4
경쟁

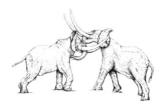

자카나는 이상야릇한 새다. 특히 무기를 볼 때 그렇다. 검고 날렵한 몸체는 신체의 다른 부위와 뚜렷하게 대비되는데, 노란 부리, 길고 노란 날개며느리발톱wing spur, 그리고 주름진 벼슬―새빨간 체리색 풍선껌을 씹다가 이마에 철썩 붙여 놓은 것처럼 보이는 깃털 없는 빨간 살가죽―따위가 그렇다. 내가 지켜본 암컷은 팔꿈치 관절에 하나씩 붙은 며느리발톱이 유난히 크고, 아주 긴 발로 이리저리 조심스레 돌아다녔다. 12센티미터가 넘는 가녀린 발가락들은 활짝 벌어져 있고, 경중경중한 걸음걸이는 사육제에서 죽마를 타고 걷는 사람을 연상시킨다.

이 암컷 우적청백red-over-blue-and-white right(오른쪽 다리에 빨강, 파랑, 하양 줄

무늬 인식표 띠가 달린 데 따른 이름)은 자기 영역을 순환하며, 네 마리 배우자의 둥지를 점검하고 있었다. 녀석의 영역에 접근하기는 어려워서, 우리는 멀리 카누에서 지켜보아야 했다. 자카나는 널따란 열대 강 수면에 떠 있는 식생이 분포한 지역을 터전으로 삼는다. 파나마 사람들은 이들을 "예수Jesus" 새라고 부른다. 예수처럼 물 위를 걷는 것 같기 때문이다. 어느 면에서는 그게 사실이다. 걸음을 내디딜 때마다 섬세한 발가락에 체중을 분산시키고, 물 위에 떠 있는 매트 위를 거니는 것이다. 건들거리는 장미 모양의 물상추나 히아신스 위를 말이다. 대다수 포식자들은 자카나 둥지에 이르지 못한다. 얇은 매트가 포식자들을 받쳐 주지 못하기 때문이다. 그러나 크로커다일 악어나 카이만 악어는 매트 아래로 헤엄을 쳐 물상추 사이로 불쑥 떠올라 자카나를 잡아챌 수 있다.

아침 햇살이 파나마 운하의 수원인 차그레스강의 짙은 안개를 가르고, 인근 열대 숲에서는 김이 피어오른다. 견딜 수 없을 만큼 습한 데다, 발목과 발바닥을 쇠파리가 물어뜯는다. 우리는 카누에서 다소 편하게 몸을 숙이고 자카나 뒤를 따른다. 쌍안경으로 관찰을 하는데, 카누의 뜨거운 알루미늄 가장자리에 팔꿈치를 얹은 채 쌍안경을 든 팔에서 벌써부터 땀이 뚝뚝 떨어진다. 아버지는 내 뒤에 앉아 망원경으로 살펴보는 중이다. 우리 사이에 불안정하게 놓은 삼각대 위의 망원경은 수컷들 가운데 하나를 향하고 있다. 이 수컷은 이날 아침 새끼 네 마리를 막 부화시켰다. 아버지는 새들의 행동을 연구하는 조류학자로, 1987년 이날 아침 파나마에서 자카나의 짝짓기 행동을 관찰하는 장기 연구를 막 시작한 참이었다. 모험에 매료된 대학 2년생이었던 나는 한 달 동안 아버지를 돕기 위해 감보아에 찾아왔다.

우리는 아침마다 낡은 노스럽그러먼 카누를 나무에 사슬로 매 놓은 강변까지 차를 타고 갔다. 물과 점심, 판초, 필기 판, 쌍안경 따위를 카누에 싣고 상류로 2킬로미터 가까이 노를 저어 올라가서, 널따란 수로를 가로질러, 수많은 매트가 커다란 소용돌이 꼴로 마치 강물 위의 고요한 섬처럼 떠 있는 곳으로 갔다. 여기서 아버지는 대부분의 텃새—소중한 이 식물성 부동산에서 계속 살아갈 새들—발목에 인식표를 달았고, 우리는 떠 있는 이 수상 무대에서 살아가는 조류 배우들을 날마다 염탐했다.[1]

이날 아침, 우적청백은 여느 날처럼 또 싸우고 있었다. 인식표가 없는 암컷이 인근 물가에서 쏜살같이 날아와 한 수컷 뒤쪽의 히아신스 잎사귀들 사이에 숨지만, 우리의 텃새 암컷은 바로 눈치채고 다가간다. 이제 얼굴을 마주한 두 마리 새는 서로 크기를 견준다. 낮게 웅크리고 팔꿈치의 며느리발톱을 양쪽으로 활짝 펼쳐 과시하며, 서로 옆걸음으로 천천히 원을 그린다. 그러다 우적청백이 공중으로 펄쩍 뛰어올라, 발을 아래로 하고 내려오면서 침입자를 발로 가격하고 며느리발톱을 휘두른다. 두 마리 새가 도약하며 서로를 거듭 덮치는 어지러운 난투극이 벌어진다. 떠 있는 물상추 매트 위에 서서 도리깨질을 하며 서로 치고 박고 하다가, 갑자기 싸움이 끝난다. 침입자가 달아나고, 우리의 암컷이 근처 새들에게 승리를 선언하는 외침이 '까-까-까-까' 하고 까칠하고 굵게 대기에 울려 퍼진다.

수백 마리의 떠돌이 암컷들은 근처 강가에서 먹이 활동을 한다. 이들은 자기만의 섬 영역을 확보하지 못해서 끊임없이 텃새 암컷에게 도전을 하며, 압박을 가하고 시험하고 약점을 찾는다. 떠돌이들은 "죽기 살기로" 이런 결투를 한다. 영역을 확보하지 못한다는 것은 곧 진화의 끝장이자 막장이기 때문이다. 기존 영주를 밀어내지 못하는 한 번식 가능성은 전혀 없다.

암컷 자카나는 수컷을 훨씬 능가하는 싸움꾼이다. 수컷보다 더 강하고, 훨씬 더 공격적이고, 무기도 더 크다. 노란 며느리발톱이 각 팔꿈치에 칼날처럼 날카롭게 돌출해 있다. 암컷은 덩치가 클수록 격렬한 싸움

자카나는 특이하게도 암컷이 수컷보다 더 큰 무기,
곧 한 쌍의 노란 날개며느리발톱을 지녔다.

을 더 잘한다. 대체로 상태가 좋고 우세한 암컷이 오랫동안 영역을 지키며 새끼를 낳아 번식할 수 있다.

수컷들도 떠 있는 매트 위의 영역을 지키기 위해 싸운다. 다만 수컷들의 싸움은 덜 치열하고, 암컷들이 벌이는 전쟁과는 별개다. 수컷들은 경쟁자 수컷들과 싸우고, 승리를 거둔 수컷은 새끼들을 기를 수 있을 만큼의 초록 세상을 지키게 된다. 떠 있는 섬들은 마치 모자이크 타일처럼 다닥다닥 붙어 있는데, 그것이 모여 암컷의 영역이 된다. 일부 암컷은 단 한 마리 수컷의 영역만 지킬 수도 있지만, 최고로 큰 최고의 암컷들은 서너 마리의 수컷을 입주시킬 만큼 큰 섬을 소유한다.

하늘이 갈라지며 우레가 울리고 따뜻한 비가 쏟아지기 시작한다(파나마에서는 흔한 일이다). 억수 같은 비를 맞으며 우리는 허둥지둥 망원경과 노트를 판초와 비닐로 덮는다. 새들은 큰비를 피해 오도카니 앉아 있다. 우리 역시 오도카니 앉아 기다린다. 번개가 작은 금속 카누 주위를 때릴 때마다 덜덜 떠는 우리 모습이 드러난다. 10분 후 폭우가 지나가고, 우리와 새들은 원래대로 돌아간다. 카누 바닥에는 그새 8센티미터쯤 물이 고여서, 플라스틱 우유 궤짝을 뒤집어 놓고, 장비가 젖지 않도록 탁자 대용으로 쓴다. 우리의 암컷은 또 다른 결투에 뛰어든다. 이날 아침에만 네 번째다. 나는 아버지에게 횟수를 재확인한다. 아버지가 살펴보고 있는 수컷은 갓 태어난 새끼들을 보살피고 있다. 새끼들은 초록 매트에서 매트로 아장아장 돌아다니고 있다. 모두가 물상추 주위의 수면에 꼼지락거리는 작은 곤충들로 배를 채운다.

우적청백의 영역 안에 둥지를 튼 다른 수컷은 은밀한 둥지에 앉아 아직 알을 품고 있다. 세 번째 수컷의 새끼들은 거의 다 자랐고, 마지막 수컷은 다 자란 새끼들 사이에 서 있는데, 다시 알을 품을 준비를 하고 있다. 우리의 암컷은 영역을 지키기 위해 싸울 때가 아니라면, 자유로이 수컷들 사이로 돌아다니며 이따금 짝짓기를 한다. 수컷들 가운데 하나가 준비가 되면, 그 수컷 둥지에 네 개의 알을 낳는다. 하지만 알을 낳은 뒤에는 수컷에게 맡기고 자리를 뜬다. 그리고 몇 주 후 다른 수컷의 둥지에 다음번 알을 낳는다. 수컷 자카나는 번식기마다 새끼를 돌보며 여러 달을 보낸다. 먼저 둥지를 마련하고, 알을 품어 부화시키고, 어린것들이 커서 독립할 때까지 보살핀다. 암컷들은 필요할 때 알을 낳아 주기 위해 나타나지만, 어린것들을 보살피는 일은 수컷들에게 맡긴다.

***

이 책의 주제와 관련해서, 자카나의 암수가 모든 면에서 반대라는 것은 중요한 사실이다. 암컷이 수컷보다 더 공격적이고, 수컷보다 더 크며, 수컷보다 더 사납게 더 자주 싸우고, 더 큰 무기를 지니고 있다. 보통은 암수가 이와는 반대다. 파리, 딱정벌레, 마스토돈, 게, 엘크 등은 암컷이 아니라 수컷이 무장을 한다. 이들은 암수 한쪽, 곧 수컷만 무기를 지니는데, 자카나는 예외로 암수가 모두 무기를 지니고 있다. 일반적으로 암수 가운데 한쪽만 무기를 갖는 이유는 무엇일까? 그 한쪽이 거의 언제나 수컷인 이유는 무엇일까?

그 답을 찾기 위해서는 처음으로 돌아가야 한다. 난자와 정자로 말이다. 양성 모두는 아기에게 유전자 사본을 제공하지만, 사본이 매번 다르다. 알은 단백질과 탄수화물, 지질 등 영양이 풍부하고 보호막이 있는 껍질에 싸여 있다. 정자는 꿈틀거리며 스스로 나아가는 DNA 꾸러미에 불과하다. 정자와 난자가 결합해서 새로운 생명을 출범시킬 때, 맨 처음 먹이로 쓰이는 것은 어미가 마련한 자원들이다. 수많은 세포가 세포 대 세포 상호작용이라는 정확한 단계를 거쳐, 조직이 되고, 기관이 되고, 뼈가 자라게 된다. 이 모든 과정은 연료를 필요로 한다. 새로운 세포와 조직을 구성하기 위한 단백질과, 말 그대로 수조 회에 걸친 화학반응을 일으킬 양분과 에너지가 필요하다. 신체 발달은 비용이 많이 드는데, 난자가 바로 그 과정을 지속시키는 에너지와 양분을 제공한다. 모든 동물 종의 암컷은 수컷보다 더 큰 "생식세포gamete"를 만든다. 난자는 정자보다 더 크다. 이런 물질 투자의 차이는 우리가 얼핏 생각하는 것보다 훨씬 더 중요하다. 인간은 그런 면에서 꽤 평범하지만, 예로 들기에는 안성맞춤이다. 인체에서 가장 큰 세포는 난자다. 지름은 약 0.2밀리미터로, 이 책의 마침표 크기쯤 되니까 맨눈에도 보인다. 정자는 인체에서 가장 작은 세포로, 10만 개는 모여야 난자 하나의 부피가 된다.[2]

많은 동물의 경우, 난자와 정자 크기의 차이가 훨씬 더 크게 벌어진다. 금화조 어미는 내 손으로 감쌀 수 있을 정도의 크기로, 부리에서 꼬리까지 길이가 10센티미터쯤 된다. 그런데 알의 지름이 약 1.3센티미터에 이른다. 알 하나의 무게는 어미 몸무게의 7.5퍼센트나 된다.[3] 이것을 65킬로그램의 인간 산모 비율로 환산하면, 약 5킬로그램의 알을 낳는 셈이다. 신체 크기와 비교해서 가장 거대한 것은 키위의 생식세포다. 갈색 키위의 어미는 몸무게의 5분의 1에 달하는 알을 낳는다.[4] 인간 산모 비율로 환산하면 13킬로그램에 해당하는데, 이는 지름 45센티미터 수박의 무게와 같다.

생식세포 크기의 비대칭은 동물 종 전체에 나타나는 현상이다. 암컷이 수컷만큼 많은 생식세포를 만들어 낼 수 없는 것도 그 때문이다. 같은 양의 자원으로 수컷은 수조 개의 정자를 만든다. 게다가 정자 수는 빠르게 누적된다. 수컷들이 저마다 엄청난 양을 생산하기 때문이다. 인간 여성은 평생에 걸쳐 생육 가능한 난자를 400개쯤 만든다. 반면에 남성은 매일 1억 개의 정자를 척척 만들어 내고, 평생 4조 개 정도는 거뜬히 만든다.[5] 인구가 1,000명이라면, 정자가 난자 수보다 줄잡아 1,000조 개(1 뒤에 0이 15개)는 많다. 현재 인구를 그대로 계산하면 정자가 난자보다 1,000해 개(1 뒤에 0이 24개나 된다) 이상 많다. 그런데 인간 암수의 이런 차이는 다른 동물에 비하면 약과다. 그러니 두말할 나위 없이, 사실상 모든 동물 종의 경우 짝짓기를 할 난자가 정자에 비해 터무니없이 모자랄 수밖에 없다. 결국 경쟁만이 답이다.

여성 생식세포의 크기는 또 다른 이유에서 중요하다. 크고 영양이 풍부한 난자는 만드는 데 시간과 비용이 많이 든다. 새로운 생식세포를 만드는 데는 종에 따라 며칠에서 몇 주까지 걸린다. 반면에 수컷은 대체로 몇 분이면 된다. 이 같은 생식세포의 주기 때문에, 암컷은 일반적으로 수컷보다 번식을 위한 "소요 시간turnaround time"이 더 길 수밖에 없다.

또 암컷은 번식이 실패할 경우 수컷보다 더 많은 것을 잃기 쉽다. 암수 모두가 생식세포를 만드는 데 영양과 에너지, 시간을 투자하긴 마찬가지지만, 그 양이 다르다. 매번 암컷이 수컷보다 훨씬 더 많이 투자한다. 이 때문에 번식에 실패할 경우 수컷보다 암컷이 훨씬 더 타격을 받는다. 그 결과 새끼를 돌봐야 할 필요가 있을 경우, 일반적으로 암컷이 떠맡게 된다.[6]

암컷은 단순히 난자를 만드는 것에 그치지 않고 온갖 흥미로운 방식으로 새끼에게 투자를 한다. 바퀴벌레 암컷은 새끼들이 부화할 준비가 될 때까지 수정된 알을 몸 안에 보관한다. 그리고 포유류가 임신했을 때처럼 새끼를 보호하며 영양을 공급하기까지 한다.[7] 전갈은 새끼들이 부화한 후에도 몇 주 동안 등에 업고 다닌다.[8] 쇠똥구리 암컷은 땅굴을 파서, 둥글게 뭉친 똥을 새끼의 먹이로 넣어 둔다. 심지어 어떤 종은 새끼가 자랄 때까지 보호하기 위해 1년 동안 스스로 토굴에 갇히기도 한다.[9]

둥지를 장만하고, 알을 낳아서 품고, 부화한 새끼를 먹이고 보호하는 데는 시간이 걸린다. 이런 형태의 모계 양육 때문에 새로운 번식까지의 유예 기간은 더 늘어나게 되고, 양성 사이의 투자의 차이가 더 크게 벌어진다. 자카나와 인간이 분명 그러듯이, 수컷 역시 새끼에게 투자를 할 수 있지만, 동물의 세계에서 그런 경우는 놀랍도록 희귀하다. 대다수 동물 종의 경우, 수컷은 거의 정자 이상을 투자하지 않는다. 이는 수컷이 암컷보다 번식 가능 주기가 끔찍하게 빠르다는 뜻이다.

번식을 위한 "소요 시간"은 동물 무기를 설명하는 데 매우 중요한 개념이다. 암수의 소요 시간이 다를 경우, 그 결과가 항상 경쟁으로 나타나기 때문이다. 임의의 동물 종 모집단으로 들어가서 바로 지금 생리적으로 번식 가능한 성별 개체 수를 세어 보면, 모든 수컷은 번식 가능하고 그럴 의지도 있지만, 암컷은 그렇지 않다. 물론 일부 암컷은 생리적으로 번식 가능 연령을 넘어서, 말하자면 은퇴한 상태일 것이다. 임신 중인 암 컷 얼룩말은 망아지를 또 임신하지 못한다. 암컷 엘크는 출산을 했어도 새끼를 수유 중일 때는 임신하지 못한다. 번식 도중에 있는 암컷은 새로 임신을 할 수 없기 때문에 열외가 된다. 모든 수컷이 번식 가능하다 해 도 암컷은 일부만 가능해서, 교미할 암컷이 충분치 않게 된다.[10]

자연계에 가장 널리 퍼진 강력한 경쟁 형태, 곧 다윈이 말한 "성선택 sexual selection"이라는 것을 살펴보자.[11] 한쪽 성의 개체들은 다른 성에게 접근하기 위해 경쟁을 한다. 원칙적으로 성선택은 양방향에서 이루어질 수 있다. 수컷이 경쟁하거나 암컷이 경쟁하거나 말이다. 그러나 자카나 와 같은 드문 사례를 제외하면, 실제로는 거의 항상 수컷이 암컷에게 접 근하기 위해 경쟁을 한다.

암컷 자카나도 더 큰 생식세포(정자보다 더 큰 난자)를 만들기는 하지만, 산 란 후 회복을 하는 데 3주쯤 걸린다. 하지만 암컷은 거기서 투자를 멈춘다. 수컷 자카나는 알과 새끼를 돌보며 세 달씩 투자한다. 그 결과 자카나 수 컷의 소요 시간은 암컷보다 더 길다(평균적으로 암컷은 24일, 수컷은 78일이다).[12] 임의의 한 시점에서 한 모집단의 자카나 수컷 가운데 약 절반은 알이나 새끼에게 매달려 있고, 소수만 새로운 번식을 할 수 있는 반면, 암컷 대 부분은 짝짓기를 하고 산란을 할 준비가 되어 있다. 암컷들은 영역 내에 번식 준비를 마친 수컷만 있으면 바로 산란을 할 수 있다. 자카나의 경 우에는 짝짓기를 할 수컷이 충분치 않아서, 암컷들은 번식할 기회를 얻 기 위해 싸워 이겨야 한다. 자카나 암컷의 날카로운 노란 며느리발톱의 진화를 촉진한 것은 성선택인 것이다. 사냥이나 방어를 위한 선택이 아

니라 말이다.[13]

***

자카나 부모의 육아(그렇다. 오늘날 많은 바쁜 커플들이 고민하는 것과 동일한 문제다) 비중을 저울질해 보면, 수컷의 총 투자 시간이 암컷의 투자 시간을 초과해서, 그 결과 암컷들 간의 경쟁이 촉발된다. 각종 조류를 비롯한 다른 종의 경우, 암수의 시간 투자 비중이 비슷하다. 암컷은 정자에 비해 훨씬 더 큰 알을 낳지만, 암수가 교대로 알을 품고, 암수 모두가 새끼들을 먹이기 위해 둥지로 먹이를 나른다. 이런 경우의 저울은 거의 균형을 이루고, 성선택은 상대적으로 약화된다. 하지만 이런 종들 역시 상대적으로 드물다.

대다수 동물의 경우, 부모의 투자 비중은 암컷이 심하게 높다. 저울의 한쪽 접시에는 작은 정자가, 다른 쪽 접시에는 커다란 알이 놓인다. 이것에 더해, 암컷은 둥지를 장만하고, 알을 품고 보호하며 내내 시간을 보낸다. 젖이나 먹이를 먹이고, 어떤 경우에는 새끼를 가르치기까지 한다. 이 모든 것이 생식세포에서 비롯한 초기 투자의 불일치 상황을 더욱 악화시킨다. 그런 종들의 경우, 저울은 한쪽으로 급격히 기울고, 그 결과 수컷들 간의 경쟁이 야기된다. 크게 기울면 기울수록 그로 인한 경쟁도 더 치열해지고, 극한 무기를 발견할 가능성도 높아진다.

아프리카코끼리는 그에 대한 완벽한 본보기다. 투자와 관련해서 코끼리는 다방면에서 자카나와 정반대되는 모습을 보여 준다. 새끼가 태어난 후 수컷은 아무런 투자도 하지 않는다. 오로지 정자를 제공할 뿐이다. 반면에 암컷 코끼리는 2년의 임신 기간을 보낸 후 새끼를 낳고, 또 2년 동안 젖을 먹이며 보호한다. 암컷은 5일이라는 너무나 짧은 기간에만 수정이 가능하다.[14] 그러니까 1,460일, 곧 4년에 5일 동안만 수정이 가능하다. 이는 수정 가능 기간이 수명의 0.5퍼센트도 되지 않는다는 뜻이다. 그 결과 임의의 시간에 번식을 할 수 있는 암컷은 극소수인 반면, 수컷은 너무나 많다.

수정 가능한 암컷의 이런 희귀성 때문에, 수컷들은 짝짓기를 위해 위험한 엄니로 맹렬한 결투를 벌인다. 아프리카코끼리 수컷들 사이의 경쟁은 자카나 암컷들 사이의 경쟁을 훨씬 뛰어넘을 만큼 아주 치열하다. 자카나의 경우 암컷의 번식 가능 주기는 수컷보다 약 3배 빠르다(24일 대 78일). 이는 번식 준비가 된 암컷의 수가, 영역 내 수컷의 수보다 3배는 많다는 뜻이다.

아프리카코끼리의 경우, 수컷이 암컷보다 번식 가능 주기가 300배 가까이 빠르다(1,460일 대 5일). 그러니 임신 가능한 암컷 한 마리를 두고 수십 마리의 수컷이 경쟁하는 것도 드문 일이 아니다. 인간 수컷이라면 최악의 "싱글" 바(혼자 가서 술을 마시며 다른 싱글을 만나기 위한 술집)에서도 그 정도로 치열한 경쟁을 하지는 않는다. 아마 19세기 미국 서부의 광산촌 술집이나 남극대륙의 맥머도 연구 기지의 볼링장이라면 얘기가 다르겠지만 말이다.

수컷 코끼리는 발정기 암컷의 부름을 들을 수 있다. 이 부름은 10킬로미터가 넘는 거리에서도 땅의 진동을 통해 아음속(음속보다 약간 느린 속도-옮긴이)으로 전달되고, 수톤에 달하는 원기 왕성한 경쟁자들이 결투를

결투 중인 수컷 코끼리

벌이게 된다. 수컷은 암컷을 짧은 발정기 동안 보호를 해 주지만, 그러려면 맹렬한 도전을 계속 물리쳐야 한다. 그래서 가장 크고 가장 무장이 잘된 수컷만이 기회를 잡을 수 있다. 코끼리는 나이를 먹으면서 계속 성장한다. 코끼리 연구자 조이스 풀Joyce Poole과 동료들은 수컷이 처음으로 짝짓기를 하려면 적어도 30년은 살아야 한다는 사실을 알아냈다. 그때서야 모든 대결에서 승리할 가능성이 생길 만큼 덩치가 커지는 것이다. 보통은 45세가 넘은 수컷만이 겨우 짝짓기를 했다.[15] (일반적으로 13세만 되면 새끼를 갖는 암컷과 자못 대조된다.) 케냐의 암보셀리국립공원에서 이루어진 코끼리 장기 연구 결과를 보면, 수컷 89마리 중 53마리가 새끼를 한 마리도 탄생시키지 못했고, 고작 세 마리의 수컷이 압도적 다수의 새끼를 탄생시켰다.[16] 승리를 거두는 수컷은 엄니가 가장 길고, 덩치도 더 크고, 두 다리로 서면 작은 수컷들보다 두 배는 키가 크다. 전리품은 승리자에게 돌아간다. 코끼리의 경우 이 말은 가장 나이 많고, 가장 크고, 무장이 가장 잘된 수컷이 새끼를 친다는 뜻이다.

이제는 아프리카와 아시아에 2종의 코끼리만 남아 있지만, 수많은 종이 아프리카와 유럽, 아시아, 아메리카의 대초원과 평원을 배회하던 게 그리 오래전의 일이 아니다. 기록에 나타나는 것만 해도 170종 이상이었는데, 가장 초기를 제외하고는 모두가 인상적인 무기를 지니고 있었다.[17] 컬럼비아매머드의 엄니는 5미터까지 자랐고, 하나의 무게가 90킬로그램이 넘었다. 아난쿠스는 "더 작은" 매머드 사촌으로, 두 다리로 선 키가 3미터밖에 되지 않았지만, 한 쌍의 엄니 길이는 하나가 4미터에 달했다. 아프리카코끼리도 왕년에는 거구였다. 최근 몇십 년 동안, 밀렵과 불법 상아 거래로 엄니의 크기가 급격히 줄어들어, 완전히 다 자란 무기를 지닌 수컷을 보기가 힘들어졌다. 그러나 박물관에 가면 2.4미터 길이에 450킬로그램이 넘는 엄니를 볼 수 있다. 그런 엄니는 수컷들의 경쟁으로 인한 성선택이 얼마나 치열했나를 섬뜩하게 보여 준다.

***

물론 인간 사회에서도 수많은 호전적인 젊은 수컷들이 암컷의 주의를 끌려고 경쟁한다. (이 때문에 여성보다 청년 남성의 자동차 보험료가 더 높다.) 이 경쟁이 11~12세기 유럽 기사들보다 더 명백했던 경우는 없다.[18] 번식 준비가 된 적격의 여성은 심하게 부족하고, 전투적인 경쟁자 수컷은 과다

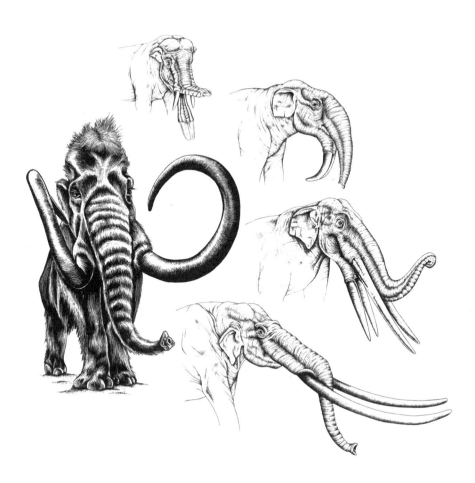

아프리카 코끼리 친족의 다양한 무기

했던 중세 유럽 말이다.

11~12세기 유럽은 땅과 권력에 집요하게 매달린 지역의 강력한 귀족 가문을 중심으로 돌아갔다. 다수의 소작농과 농노가 이들 가문을 둘러싸고 있었다.[19] 이때는 가문의 재산이 해체되는 것을 막기 위해, 모든 땅과 돈을 전부 장남에게 물려주었다. 귀족 가문은 대가족이고 아들도

예닐곱 명은 되었는데, 어떤 형태로든 재산을 분배하면 가문의 힘이 줄어들 것이라고 믿었다.[20]

결혼 역시 오로지 부와 권력의 강화를 위한 것이었다. 귀족이 귀족 아닌 계급과 결혼을 한다는 것은 생각도 할 수 없었다. 계급 내부의 결혼은 반드시 가주(家主)가 결정했다.[21] 장남은 종종 아버지가 권력을 이양할 만큼 늙을 때까지 하염없이 기다린 뒤에야 비로소 결혼을 하고 자기 가정을 꾸릴 수 있었다. 하지만 최소한 선택권은 있었다. 장남은 가문의 부를 상속받게 마련이어서, 다른 귀족 가문의 딸들에게는 매력적인 혼처였기 때문이다.

귀족 가문의 나머지 아들들은 그 수가 적지 않았는데, 결혼 상황이 아주 열악했다. 주장할 상속권도 없어서 매력적인 배우자감으로 여겨지지 않았다. 자기 딸에게 그런 남자와의 결혼을 허락해 준 아버지라면 재산도 좀 떼어 줄 필요가 있었다.[22] 그런데 임신 가능한 연령의 딸이 놀랍도록 드물었다. 당시의 실정으로는 가혹하게도 출산 도중 사망하는 일이 너무나 흔했던 것이다. 그래서 가문의 수장들은 잇달아 서너 번 결혼을 하는 경우가 많았다.[23] 다른 가문의 혼기에 이른 딸들에게 가장 먼저 접근할 수 있는 우선권을 지닌 것은 기존 가주였고, 그다음이 장남이었다. 정말이지 아내를 얻기 위해 "줄 서서 기다려야" 한다는 것은, 장남들의 결혼이 너무 오래 지연되는 주된 이유였다(다른 이유는, 기존 가주의 권력을 위협할 수 있는 상속자를 낳지 못하도록 한다는 것이었다).[24] 가주와 장남들이 결혼을 한 뒤에는 "싱글 레이디"가 거의 남아 있지 않았다.

사실 귀족 가문의 장남 아닌 아들이 선택할 만한 유일한 길은 상속녀와 결혼을 하는 것이었다. 가문의 재산을 물려받게 될 여성 말이다. 당시의 가혹한 사망률 때문에 이따금 남자 상속자가 모두 사망하기도 했다. 그럴 경우 딸이 재산을 상속할 수 있었다.[25] 그런 여성이 마음만 먹으면 재산이 없는 남자와 결혼해서, 남자에게 새로운 왕조를 일굴 기회를 줄수 있었다. 하지만 귀족 상속녀는 발정기의 암컷 코끼리만큼이나 드물어서, 상속녀와 결혼하기 위한 경쟁은 그야말로 치열했다.

귀족 아들들은 일곱 살이면 다른 기사의 종자가 되어 전투 훈련을 받기 시작했다. 그들은 끊임없이 훈련을 받았고, 그림자처럼 기사를 따라 참전했고, 무장을 한 상태로 달리고 말을 타는 요령을 익혔다. 그리고 열네 살 무렵이면 기사가 될 수 있었다. 그때부터는 자신의 용맹을 선보일 기회를 찾아, 무리를 지어 온 왕국을 떠돌았다.[26] 이들의 주된 목적이 아 냇감에게 호감을 사는 것임은 의문의 여지가 없다. 그들이 하는 모든 행위는 경쟁자 수컷을 쓰러뜨리고, 귀족가의 여성에게 구애를 하기 위한 것이었다. 안타깝게도 이 남자들은 대부분 실패했다. 상속녀의 사랑을 얻는 데 성공한 소수는, 경쟁자들과 싸우며 줄잡아 30~40년씩 보내고 최고의 자리에 올라선 후에야 비로소 기회를 잡을 수 있었다.[27]

기사의 용맹을 시험하는 최고의 무대는 실제 전투였지만, 그것은 여성들의 주의를 끌지 못했다. 그건 단순히 실제 전투가 많지 않아서이기도 했다.[28] 그래서 관심의 초점은 마상 창 경기에 맞춰졌다. 기사들에게 마상 창 경기는 귀족 여성들 앞에서 자신의 힘과 용맹을 선보일 기회였고, 이와 관련된 모든 볼거리는 성선택의 성격이 짙었다.[29] 남자들의 결투는 의식화된 힘겨루기여서, 흔히 말을 타고 창을 수평으로 든 채 서로를 향해 최고 속도로 돌진해서 상대를 낙마시키거나 나무창을 부러뜨리면 승리하는 방식으로 이루어졌다.

심판관과 서기가 결과를 꼼꼼히 기록하고, 각지의 경기 결과를 취합해서 기사들의 순위를 매겼고, 귀족 여성들은 이 순위표를 살폈다.[30] 기사들은 자신의 갑옷에 여러 색깔의 깃털과 장식 술을 달고, 방패와 흉갑에 가문의 문장을 그렸다(이 문장은 부수적으로 남성의 유전적 특질, 곧 혈통에 대한 정보를 제공했다. 공작의 다채로운 꼬리처럼).[31] 여성들은 사전에 경기자들을 저울질해 보고, 좌석 앞줄에 앉아 경기를 지켜보고 상을 수여했다. 마상 경기에서 자신의 가치를 증명한 기사는 때로 상속녀와 결혼할 수도 있었다.[32]

***

성선택은 유전 형질을 극한까지 발현하는 데 초점을 맞추고 있다는 점에서 자연선택의 대부분의 형태와 다르다. 무엇보다도 성선택은 자연선택보다 훨씬 더 효과가 강하다. 소수의 수컷이 다수 암컷에의 접근을 독점할 경우, 수컷들의 번식은 불균형이 심화된다. 소수의 승리자 수컷은 수십, 혹은 수백 마리의 새끼를 낳는 데 반해, 압도적인 다수의 수컷은 한 마리도 낳지 못한다. 성공의 대가가 충분히 크면, 무기는 크기가 증가하는 쪽으로 진화하게 된다.

또한 성선택은 다른 선택보다 더 일관성이 있어서, 이 점 역시 유전 형질을 극한까지 밀어붙이게 된다. 어두운 색깔의 쥐가 해변에 이주하면, 색깔이 어울리지 않는 쥐가 도태되면서, 자연선택은 어두운 색깔에서 밝은 색깔로 변하는 쪽을 택한다. 어두운 색깔의 쥐가 이주한 지 얼마 되지 않았을 때 표본을 추출한다면, 한쪽으로, 곧 점점 더 밝은 색깔 쪽으로 강력한 선택이 이루어지고 있음을 측정할 수 있을 것이다.

그러나 이런 진화의 파동은 아주 짧았다. 즉, 해변 모집단의 털색이 밝아지자마자 지향하던 변화는 멈추었다. 이제 쥐들의 색깔이 환경과 일치했기 때문이다. 거기서 더 밝으면 오히려 너무 하얗게 되고, 더 어두우면 이전처럼 쉽게 눈에 띌 것이다. 털색의 자연선택은 그렇게 고착되었다. 마침내 환경과의 조화를 이룬 해변 모집단은 이제 새로운 유전 형질을 고수했다.

대다수 자연선택의 본질이 바로 그러하다. 최적화될 때까지 주위 환경에 적응한다. 환경은 언제든 변할 수 있어서, 환경이 변하면 또다시 새로운 환경에 더 잘 어울리는 새로운 크기와 색깔의 유전 형질을 발현시키게 된다. 그러나 이런 변화 역시 언젠가는 고착된다. 바다의 큰가시고기는 수십만 년 동안 세 개의 긴 가시와 52장의 갑옷 판을 착용했다. 그 중 일부가 민물 서식지에 갇히자, 새로운 환경에서 재빠른 자연선택이 일어났다. 세 개의 가시가 한 개로, 다수의 갑옷 판이 소수(14개)로 줄어든 것이다.[33] 그러나 이들이 일단 최적화 상태에 이르자, 무기의 변화는 멈추었다.

자연선택이 방향성을 지니고 있더라도 그 효과가 종종 취소되는 경우가 있다. 전체 효과가 균형을 이루도록 말이다. 물리적 환경이 변할 때, 그 환경은 오락가락하는 경향이 있다. 겨울이 여름으로 바뀌지만, 해마다 다시 겨울이 돌아온다. 장마가 들었다가 나중에는 가뭄이 든다. 빙하조차도 주기적으로 늘었다 줄었다 하고, 바다의 수위도 오르락내리락한다. 동물 모집단이 이런 변화에 대응해 진화할 때는 진동 방식의 진화를 한다. 쥐의 털색이 밝아졌다가 어두워지고, 다시 밝아지는 식으로 말이다. 많은 모집단에서 바로 이렇게 계속 패턴이 변하는 방식의 자연선택을 택한다. 하지만 장기 추세가 안정되면 진동 방식의 변화도 중지된다.[34]

성선택은 그렇게 기능하지 않는다. 번식을 위한 전투에서 수컷은 라이벌 수컷과 경쟁한다. 이 환경에서 중요한 것은 사회적 기능이다. 온도나 바다의 수위, 육상의 다른 물리적 특성 따위로 인한 변화가 아니라, 다른 수컷들과의 싸움을 위해 변화가 필요한 것이다. 이런 사회적 환경은 무기와 더불어 진화한다. 뿔은 점점 커지고, 그에 따라 기본 크기도 커진다. 순응률sliding scale(세금이나 임금 따위를 수입이나 물가 수준에 따라 올리고 내리는 방식-옮긴이)과 마찬가지로, 무기 크기의 증가는 모집단 무기 크기의 기준선을 끌어올리고, 이어 선택의 기준선을 끌어올리게 된다.

장수풍뎅이 모집단에서 수컷 뿔의 평균 길이가 1.3센티미터라 치고, 이런 사회 환경에서 소수의 수컷만 뿔이 더 크다고 해 보자. 이 소수는 돌연변이로 인해 뿔이 2센티미터까지 자랐다. 대부분의 결투에서 이 수컷들이 이긴다. 이들은 가장 많은 암컷 장수풍뎅이와 교미를 하고, 2센티미터의 뿔을 가진 아들을 비롯한 후세를 과다하게 번식시킨다. 다음 몇십 세대가 지나면 모집단이 변한다. 성선택에 따른 진화로, 이제 평균 뿔 크기가 2센티미터가 되는 것이다.

2센티미터짜리 뿔의 편익은 이제 더 이상 크지 않다. 모두의 뿔이 그만큼 크기 때문이다. 진화로 인한 뿔 크기의 증가는 수컷들의 경쟁 기준

을 변화시킨다. 이 새로운 환경에 또 다른 돌연변이가 발생하고, 이번에
는 뿔이 2.5센티미터로 길어진다. 새로운 대립유전자를 가진 수컷은 이
제 경쟁자들보다 뿔이 더 길어서, 결투에서 승리를 거두게 된다. 더 큰 뿔
을 가진 수컷이 예전의 2센티미터의 뿔을 가진 경쟁자를 무찌르면서 새
로운 대립유전자가 모집단에 확산된다. 거의 모든 수컷이 새로운 2.5센
티미터의 무기를 갖게 될 때까지 말이다. 기준은 또다시 바뀐다. 무기 크

장수풍뎅이 뿔

기의 기준선이 그만큼 높아지고, 이 기준이 안정화된 채, 또다시 무기 크기의 증가를 이끌 새로운 돌연변이를 기다린다.

사회 환경이 무기 크기의 증가와 더불어 진화하기 때문에, 성선택은 끝없는 변화 지향의 길로 모집단을 내몰 수 있다.[35] 이런 사회적 맥락에서의 선택은 두 지점을 오가는 진동 방식일 수 없을 것이다. 현재의 장수풍뎅이 모집단의 선택을 평가하고, 10년 후 다시 평가하고, 1,000년 후 다시 평가한다면, 한 가지 동일한 사실을 발견하게 될 것이다. 더 큰 뿔을 가진 수컷이 이긴다는 것 말이다.

어떤 크기의 뿔이 최강인가는 변할 것이다(1.3센티미터에서 2센티미터로, 다시 2.5센티미터로). 그러나 선택의 방향만큼은 일정하게 유지된다. 다른 것도 마찬가지지만, 이런 형태의 선택은 앞뒤로 오가는 진동 방식의 선택보다 더 많은 변화를 낳게 될 것이다.

동물의 세계에서 진정한 거대 무기의 대부분은 이런 형태의 과잉 경쟁의 산물이다. 진화적 의미에서 번식은 성공의 "다른 반쪽"이다(우리는 나머지 반쪽인 생존에 대해 이미 살펴보았다). 그런데 진정 중요한 것은 바로 이 반쪽이다. 솔직히 삶의 본질을 까발리면, 생존의 유일한 이유는 새끼를 치기 위한 것이다. 삶의 마지막 날, 진화의 무대에서 삶의 성패를 결정하는 것은 얼마나 많은 새끼를 쳤는가이다. 가장 많은 새끼를 낳은 개체가 승리자인 것은 두말할 나위가 없다. 승리자들은 다른 개체들보다 더 많은 자기 유전자 사본을 후대에 전한다. 승자의 대립유전자는 살아남고, 다른 대립유전자는 점차 사라진다.

한쪽 성의 개체들 간에 번식 성공률이 다를 때마다 성선택이 이루어

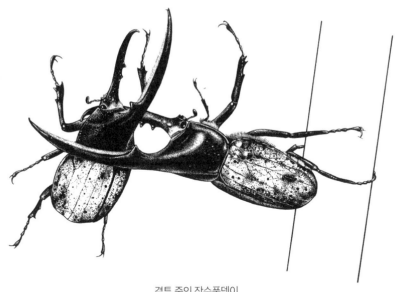

결투 중인 장수풍뎅이

진다. 어떤 수컷은 새끼 셋을 낳은 반면 다른 수컷은 넷을 낳았다면, 이 것은 넷을 낳는 데 도움이 된 유전 형질을 선택한 것이다. 그러나 이런 경우의 선택은 상대적으로 효과가 약하다. 승자와 패자의 차이가 작기 때문이다. 번식 성공의 차이가 더 크면, 그만큼 선택의 강도도 증가한다. 성선택이 매우 강력한 극한의 모집단에서는, 이 성선택이 이들 동물에게 작용하는 다른 모든 형태의 선택을 무색케 한다. 성선택 이외의 선택은 중요하지 않게 되는 것이다.[36] 기생충이나 질병에 대한 면역, 생리, 먹이, 그 어떤 것도 중요하지 않다. 수컷들은 오로지 번식 경쟁에서 이길 기회를 위해 모든 것을 희생한다.

5
경제적인 방어 가능성

성선택의 구조는 놀랍도록 사치스럽다. 그런데 선택되는 유전 형질은 무기가 전부가 아니다. 때로 암컷들이 보호를 필요로 하지 않는다면, 수컷들의 무기는 쓸모가 없어서 싸움을 통해 암컷에게 접근할 수가 없다. 그런 동물 종은 수컷들이 간접적으로 경쟁한다. 춤이나 노래, 화려하게 반짝이는 장식물 따위로 구애를 함으로써 암컷들의 주의를 끄는 식이다. 퉁가라개구리 수컷은 끊임없이 섬뜩한 울음소리를 내서 자기 위치를 알린다. 이는 너무나 힘들고 위험한 행동이다. 수컷들은 몇 시간씩 계속, 밤이면 밤마다 울고, 울음소리가 포식자 박쥐를 불러들여도 끝없이 운다.[1] 개구리가 잡아먹힐 확률은 낮지 않다. 그런데 암컷을 끌어들이는 데 실패하면 그 대가는 훨씬 더 크다. 그러니 수컷들은 번식 기회를 잡기 위해 죽음을 무릅쓴다.

수컷 극락조는 길고 화려한 꼬리 깃털을 길러, 암컷들 앞에서 활짝 펼쳐 매력을 과시한다.[2] 그들 역시 죽음을 무릅쓴다. 공들여 기른 꼬리 깃털이 비행에 방해가 되고, 깃털을 펼칠 때면 배경과 어울리지 않아 쉽게 포식자의 눈에 띄기 때문이다. 그런데도 생물학적으로 깜박이는 네온사인처럼 화려한 깃털을 까딱거리면서 무모하게 춤을 추며 날카로운 소리를 질러 댄다. 막대한 위험을 무릅쓰고 이웃 수컷들보다 더 빛나 보이려고 필사적으로 혼신의 노력을 다한다. 여기서 중요한 것은 오로지 번식이다. 자신의 유전적 유산이 역사의 심연으로 사라지는 것을 막기 위해 수컷들이 할 수 있는 유일한 시도는 바로 암컷에게 뽑히기 위해 용을 쓰는 것이다.

이런 형태의 성선택을 "암컷 선택female choice"이라고 하는 것은, 수컷이 선보이는 매력을 기초로 암컷이 특정 수컷을 적극적으로 선택하기 때문이다.[3] 이 선택은 수컷들의 경쟁을 통한 선택 못지않게 강렬하고 지속적일 수 있다. 암컷의 선택은 또한 사회적 배경의 진화를 불러온다. 더 크거나 더 밝거나 더 화려하다는 것은, 곧 다른 모든 수컷들의 경우와 견주어 평가된 것이기 때문이다. 유전 형질의 새로운 크기 증가는 사회 맥락을 변화시키고 암컷이 매력을 느끼는 기준을 변화시키는데, 여기서도 역시 기준선의 상향이 이루어진다. 여기서 다른 점은, 극한의 유전 형질이 무기가 아니라 치장이라는 점이다.

어느 면에서, 수컷들은 성선택이 암컷의 선택으로 진행되는지, 수컷의 경쟁으로 진행되는지와 무관하게 라이벌 수컷들과 경쟁을 하는데, 그 과정—선택의 강도, 일관성, 사회적 성격 등—은 동일하다. 그럼 왜 일부 종은 무기 진화로 이어지는 명백한 경쟁을 하는 반면, 다른 종은 왜 춤을 추거나 노래하며 자기를 과시하는 것에서 그치는 것일까? 이는 무기 경쟁을 야기하는 요소의 작용 여부에 달린 것으로, 성선택이 극한 무기의 진화를 촉발한다고 보면 모든 것이 쉽게 이해된다. (무기 진화의) 첫 번째 요소는 바로 경쟁인데, 경쟁은 모든 성선택의 핵심이다. 두 번째 요소는 경제적 방어 가능성이다.

***

장수풍뎅이의 뿔은 아주 인상적이다. 이 뿔은 변태 과정에서 형성되는데, 신체 외벽의 일부가 단단한 돌출부로 성장한 것이다. 종에 따라 뿔은 휠 수도, 곧을 수도, 널따랄 수도 있고, 가지를 칠 수도 있다. 여러 면에서 보면 엘크나 사슴의 뿔을 닮았다. 사슴뿔처럼 장수풍뎅이 뿔은 전형적으로 수컷의 특징이다. 그리고 역시 사슴뿔처럼 엄청난 비율로 자랄 수 있다. 때로 이 뿔은 수컷 체중의 30퍼센트에 이른다. 이것을 사람 크기로 환산하면, 한 쌍의 팔이나 다리 하나를 머리에 이고 다니는 것과 같다.

뿔은 모든 종류의 딱정벌레에 생겨났다. 혹버섯벌레knobby fungus beetles 와 바구미부터, 꽃무지, 앞장다리하늘소, 장수풍뎅이, 쇠똥구리에 이르기까지 말이다. 특히 쇠똥구리는 주목할 가치가 있다. 이 생물 종은 반만 뿔이 나서, 왜 일부만 무기를 갖는지 의문이 제기되기 때문이다. 전체 쇠똥구리 가운데 수백 종은 전혀 뿔이 없고, 나머지는 모두 뿔이 있다. 내가 특히 소똥풍뎅이속Onthophagus을 좋아하는 것은 두 가지를 다 포함하고 있기 때문이다. 소똥풍뎅이속은 어디서든 살아가는 종이 가장 풍부한 속 가운데 하나로, 거의 2,000종이 등록되어 있고 등록을 기다리는 종도 1,000종에 이른다. 가장 주목할 만한 것은, 이들이 만들어 내는 뿔이 다양하다는 점이다. 소똥풍뎅이속에는 아주 가까운 친족 종끼리도, 어느 종은 뿔이 있는데 다른 종은 뿔이 없을 만큼 큰 차이를 보인다.[4]

쇠똥구리의 다양성의 진수는 아프리카에서 찾아볼 수 있는데, 토종으로 등록된 쇠똥구리만 800종에 이른다.[5] 동아프리카 대지구대Great Rift Valle에는 가젤, 물영양, 버펄로, 기린, 코끼리는 물론이고 대규모로 이주하는 누와 얼룩말 모두가 막대한 양의 똥을 생산한다. 이 지역의 쇠똥구리 수가 많아도 너무 많다고 해서 놀랄 것도 없다.

필요한 허가를 받느라 몇 주를 보낸 후, 2002년 마침내 나는 몬태나 대학 현장 실습 협력 교수로 탄자니아에서 쇠똥구리를 연구할 기회를 갖게 되었다. 차량 지붕에 무장 경호원들이 서서 사자나 성난 아프리카 물소가 다가오는지 망을 보는 동안, 나는 장갑과 삽을 들고 트럭에서 뛰쳐나가, 최대한 빨리 분변을 파헤쳤다. 그런 식으로 나는 버펄로와 가젤, 기린 등의 똥에서 쇠똥구리 표본을 구할 수 있었다. 하지만 그날의 진정한 발견물은 길 한복판에 떨어진 신선한 코끼리 똥 한 무더기였다. 코끼리가 방금 떠난 게 분명했다. 타이어 바퀴 자국 사이의 무더기에서 김이 나고 있었던 것이다. 나는 현장 생물학자라면 누구나 할 일을 즉각 해치웠다. 비닐봉지에 쓸어 담아 야영지로 가져간 것이다. 그날 저녁 내 텐트에서 좀 떨어진 촉촉한 땅에 이것을 부려 놓고, 뒤로 물러나 학생들과 함께 둥글게 둘러앉아서, 헤드램프를 켠 채 무슨 일이 벌어지는지 지켜보았다.

쇠똥구리를 찾아 지난 20년 동안 세계 여행을 했지만 이날 밤처럼 많은 쇠똥구리를 본 적이 없었다. 먼저 도착한 쇠똥구리들을 잡아 수를 세고, 별도의 유리병에 담으려고 했지만 녀석들은 너무나 빠르게 밀려들었다. 내 옆에서 돕는 다섯 명의 학생과 함께 잡아서 기록을 하려고 했지만 도저히 감당할 수 없었다. 쇠똥구리들은 헤드램프 불빛 속에서 맴을 돌고, 우리의 무릎 위로, 필기 판 위로, 마치 굵은 빗방울처럼 하늘에서 떨어져 내렸다. 그것도 한 번에 수십 마리씩 떨어져 내리기 시작했다. 우리 머리칼 위를 구르고 목덜미 뒤로 떨어지고, 내 메모장 위로도 수북이 내려앉아, 뭔가를 기록하려면 옆으로 쓸어 내야 했다. 우리 머리와 코끼리 똥 위로 누군가 쇠똥구리를 양동이로 퍼붓는 것만 같았다. 최선을 다해(불가피하게 대충) 추산한 결과, 그날 밤 하나의 똥 덩어리에 모인 쇠똥구리의 수는 10만 마리가 넘었다.

관광객들은 사자나 코끼리, 아니면 가젤을 보러 세렝게티를 즐겨 찾지만, 아프리카에서 가장 눈부신 무기를 지닌 것은 바로 이 작은 쇠똥구리다. 한 가지 쇠똥구리만 보아도, 온갖 인상적인 무기를 다 구경할 수 있다. 머리에서 휘어지며 가지를 친 뿔, 두 눈 사이에 치솟아 꽁무니 뒤 너머까지 활처럼 휘어진 외뿔, 흉부에서 돌출해 외투의 후크처럼 끝이 구부러진 긴 원통형의 뿔, 하나, 둘, 다섯, 심지어 일곱 개의 다른 뿔을 동시에 달고 있는 녀석까지 말이다.

또한 전혀 무기가 없는 종도 많다. 같은 계절, 같은 서식지, 심지어 같은 똥 무더기에서도 커다란 무기에 투자를 하는 종이 있고, 투자를 하지 않는 종이 있다. 같은 쇠똥구리라도 왜 소수의 종만 화려한 무기를 만들고, 다른 많은 종은 왜 그러지 않을까? 본질적으로 수컷이 극한 무기를 가진 모든 동물 종의 경우 그 이유는 한결같다. 그것은 다름 아닌 경제 논리에 따른 것이다.

＊＊＊

자연은 지독한 절약가다. 자연은 자원을 제대로 활용하지 못하는 개체들을 무자비하게 추려 내 도태시킨다. 모집단은 시간이 지나면 자원을 점점 더 효율적으로 사용하게끔 진화하는 양상을 보인다. 무기와 같은 더 큰 구조의 성장에 투자를 하더라도 들어가는 비용을 초과하는 편익이 있을 때, 곧 가성비가 좋을 때만 그렇게 한다. 어느 모로 보나 무기는 비싸다. 생산 비용이 많이 들고, 사용 비용도 많이 든다. 수컷이 위험에 처하는 것은 싸울 때다. 싸움은 먹이나 다른 생존 활동을 하는 데 쓸 수 있는 시간과 에너지를 소모한다. 그러나 가장 큰 무기를 가진 수컷은 번식이라는 뜻깊은 편익을 누릴 수 있다. 경쟁자 수컷을 물리치고 암컷에게 접근하는 데 무기가 도움이 된다면 말이다. 번식이라는 보상을 넉넉히 받을 수만 있다면 사치스러운 무기도 가성비가 좋을 수 있다.

그런데 무기류의 편익이 투자 비용을 초월하는 경우는 어떤 상황일까? 그리고 무기의 순이익(편익 빼기 비용)이 최대가 되는 것은 언제일까? 많은 동물의 경우 그 답은 그들이 활용하는 자원의 종류에 따라 다르고,

그 자원을 지키기가 얼마나 쉬운가에 따라 다르다.

당신이 초식동물 수컷인데, 시야에 들어오는 초원 전체에 먹이 자원이 즐비하게 널려 있다고 하자. 수컷으로서 당신은 어디를 지키고 서 있겠는가? 암컷이 먹음직한 풀이 자라는 곳을 찾아왔고, 우연히 그곳에 있는 당신과 기꺼이 짝짓기를 할 의지가 있다 하더라도, 우연한 그 위치가 대체 어디겠는가? 광활한 곳에 먹이 자원이 흩어져 있을 경우 명백히 더 좋은 위치라는 것은 존재하지 않는다. 어디서든 먹이를 찾을 수 있으니 암컷이 어디서 풀을 뜯을지는 예측할 수가 없다. 수컷이 무기 생산에 투자를 할 수 있고, 그 무기로 경쟁자들을 일부 지역에서 쫓아낼 수 있다 하더라도, 모든 지역에 똑같이 먹이가 풍부하다면 구태여 특정 지역을 지킬 이유가 뭐가 있겠는가? 무기를 만들고 싸우는 비용을 지불할 이유가 뭐가 있겠는가? 무기도 영역도 없는 다른 수컷들 이상으로 얻는 게 없다면 말이다. 경제학자의 어법으로, 그런 행동은 투자 효과가 없는 셈이다.

그와 달리, 음식 자원이 부족하다면, 그리고 특히 집중적으로 한데 모여 있다면, 그 영역을 지키려는 수컷은 여러 가지 대가를 치르게 될 것이다. 일단 무기를 만들기 위한 비용을 지불해야 하고, 경쟁자 수컷들을 몰아내기 위해 에너지와 시간을 소모해야 할 것이다. 그러나 이제는 영역이 중요하다. 영역을 지킴으로써 얻을 수 있는 편익이 적지 않을 것이다. 필요한 자원이 드물기 때문에 암컷들이 이 영역으로 찾아올 가능성이 높고, 이 영역 안에서 수컷은 암컷에게 접근할 수 있다. 실제로 많은 암컷이 그의 영역에 찾아올 텐데, 경쟁자 수컷들로부터 기꺼이 방어

할 만큼 자원이 한데 쏠려 있다면, 영역을 지킬 수 없는 다른 수컷들보다 훨씬 더 많은 암컷들과 짝짓기를 할 수 있을 것이다. 그의 영역이 다른 수컷들의 영역보다 더 크고 더 좋고, 한정된 자원도 더 많이 지니고 있을 경우에도 역시 그럴 것이다.

이러한 경제 논리에 따르면, 동물 행동 분야에서 이제까지 믿어 왔던 핵심 이론의 정당성이 여실히 밝혀진다. 즉, 동물들은 가치 있고 한정된 자원을 간직한 영역을 지키기 위해 싸우는 데서 가장 큰 편익을 얻는다. 자원이 한정될수록, 그리고 경제적인 방어가 가능할수록, 성공적인 방어 행동의 대가는 더 크다.[6] 그러나 여기서부터 상황은 더욱 재미있어진다. 특별한 자원이 정말 가치가 있는지 없는지, 또는 방어를 하는 게 투자 효과가 있을 만큼 자원이 국지화되어 있는지 없는지, 그것은 전적으로 각 동물의 관점에 달려 있기 때문이다. 어느 종에게는 방어 가치가 있지만, 다른 종에게는 없을 수 있다. 그러니 각 종에게 가치 있는 것이 정작 무엇인가를 아는 일이야말로 그들의 기괴한 극한 무기의 미스터리를 푸는 비결이다.

***

나는 앞장다리하늘소harlequin beetle가 세상에서 가장 얄궂은 동물이라는 데 한 표 던진다. 앞장다리하늘소의 영어 이름 harlequin(광대)은 날개 덮개와 몸체의 노랑, 갈색, 검정의 현란한 줄무늬에서 비롯된 것이지만, 무엇보다 눈에 띄는 특징은 바로 무기다. 한 쌍의 커다란 젓가락 같은 긴 앞다리 말이다. 가장 큰 수컷은 그 길이가 거의 40센티미터에 이

싸우고 있는 앞장다리하늘소

른다. 이런 수컷은 날아가는 모습이 여간 기괴하지 않다. 앞다리가 걸리적거리지 않도록 머리 너머로 넘기고, 몸통을 수직으로 세운 채 느릿느릿 날아간다. 게가 날 수 있다면 바로 그런 모습으로 날 것이다.

앞장다리하늘소는 중미와 남미의 저지대 열대 숲에서 우기에 번식을 한다. 데이비드 제David Zeh와 진 제Jeanne Zeh 부부는 프랑스령 기아나와 파나마에서 이를 연구했는데, 앞장다리하늘소의 일생은 이곳 현지에서 이게론Higuerón이라고 부르는 무화과나무의 일생과 맞물려 있다. 이 무화과나무는 신열대구(新熱帶區) 숲의 거대한 나무로, 40미터 이상 높이 자란다. 하얀 이 나무는 끈적끈적한 유액과, 밑동에 열 개 이상의 뿌리 지지대가 뻗어 나온 것만으로도 쉽게 알아볼 수 있다.

암컷 앞장다리하늘소는 갓 쓰러진 무화과나무에 구멍을 뚫어 알을 낳고, 애벌레는 썩은 나무를 먹으며 자란다. 문제는 애벌레의 성장 기간이 길다는 것이다. 1년 이상 성장을 하는데, 이는 아주 크고 굵은 나무가 아니면 곤란하다는 뜻이다. 갓 쓰러진 이게론 거목이라면 애벌레가 충분히 자랄 때까지 숲 바닥에 남아 있을 것이다. 하지만 그런 나무가 날마다 쓰러지진 않는다.

만약 거목이 쓰러지면, 앞장다리하늘소가 재빨리 떼로 날아든다. 나무 둥치가 뿌리에서 꺾이면서 땅에 쓰러질 때 부러진 부분에서 풍기는 알싸한 유액 냄새에 이끌려 수 킬로미터 떨어진 곳에서도 날아온다. 이렇게 거목이 쓰러지면 숲에 큰 구멍이 나서 직사광선이 쏟아지게 된다. 나무에 도착한 앞장다리하늘소는 볕바른 곳을 피해 줄기 아래 그늘진 곳에서 북적거리게 된다. 쓰러진 나무는 아직 가지가 떠받치고 있어서 자기 키만큼 땅에 그늘을 드리운다. 땅으로 향한 시원한 그늘 쪽에서, 그리고 쓰러질 때 부러지고 갈라진 자리에서 수액이 흘러내린다. 앞장다리하늘소는 이 수액을 먹는데, 더욱 중요한 사실은 암컷들이 줄기 아래 나무가 갈라진 곳 안에 알을 낳는다는 것이다.

수컷들은 이 소중한 장소를 차지하기 위해 결투를 벌인다. 나무마다 좋은 영역은 대개 한두 군데밖에 없고, 쓰러진 다른 나무는 아무리 가까워도 몇 킬로미터는 떨어져 있다. 수컷의 입장에서 쓰러진 무화과나무는 희귀하고 방어 가치가 있어서, 싸워서 얻을 가치가 있는 완벽한 부동산인 셈이다. 수컷들은 이것을 차지해서 짝짓기를 할 기회를 잡기 위해

서로 격렬하게 싸운다. 그들은 박치기를 하고, 앞다리를 활짝 벌려 맞잡고 싸운다. 적을 붙잡아 나무줄기에서 떼어 내 패대기치기 위해서다. 그들은 뒷다리로 버티며 서로 몸을 들이받고, 우스꽝스러운 앞다리로 씨름을 하듯이 상대를 비틀고, 들어올리고, 다리와 촉수를 도리깨처럼 휘두른다. 30분은 족히 싸운 후, 결국 패자가 땅으로 떨어진다. 난투 중에 다리나 촉수 하나쯤은 예사로 잃는다.

수컷의 앞다리가 그렇게 길어진 이유를 알아내기 위해 제 부부는 어떤 수컷이 싸움에서 이기는지, 그리고 이긴 수컷이 정말 짝짓기할 기회를 잡는지 관찰할 필요가 있었다. 문제는 싸움과 짝짓기가 대부분 밤중에 일어난다는 것이었다. 관찰을 하기 위해서는 우림의 어둠 속으로 들어가야만 했다.

우림에서는 갑자기 날이 저문다. 어둠이 닥친 후 등불도 없으면 여간 난감하지 않다. 한낮에도 나무 그늘 아래는 어둡다. 밤중에는 어둠이 너무나 짙다. 자기 손가락조차 보이지 않는 어둠 속은 으스스하고, 방향감각을 유지할 수가 없다. 등불 하나 없이 어둠에 붙들려 길에서 밤을 보내야 했던 사람을 알고 있는데, 더욱 난감한 것은, 밤새 서 있어야만 한다는 것이다. 앉거나 누울 수 없는 이유는 땅에 떨어진 나뭇잎들 속에서 총알개미와 전갈, 타란툴라, 부시마스터(중남미에 사는 뱀목 살무사과의 독사-옮긴이), 큰삼각머리독사fer-de-lance snake 따위가 밤에 깨어나기 때문이다. 총알개미는 쏘이면 마치 총에 맞은 것처럼 아파서 그런 이름이 붙었는데, 나무줄기를 타고 올라가 나무 우듬지에서 먹이 활동을 하기 때문에 나무에 기대어도 안 된다. 어둠 속에서는 눈으로 위아래를 구분할 수도 없어서 신체 균형을 잡기도 어렵다. 다이버라면 숨을 쉰 공기 방울로라도 방향을 잡을 수 있지만, 어둠 속에서는 자세가 바른지 기울었는지도 헤아리기 어렵다. 몇 시간 후 환각이 일어나 빛이 보이기 시작한다(보인다고 생각한다). 그런데 그건 사실상 간신히 눈에 보이는 발광 버섯의 빛이거나 이따금 지나가는 방아벌레의 빛이다.

그러나 적당한 조명 장비만 갖추면, 밤 숲은 소리와 경이로 가득한 유쾌한 야생의 세계가 된다. 제 부부는 앞장다리하늘소를 관찰하기 위해 해 질 녘에 쓰러진 나무를 찾아가서, 헤드램프에 빨간 아세테이트 필터를 붙이고 관찰했다. 하늘소의 눈은 빨간 빛을 보지 못하기 때문에, 필터를 붙인 램프는 하늘소에게 해가 되지 않았고, 제 부부는 그런 빛으로도 뒤집어진 무대에서 벌어지는 일들을 제대로 관찰할 수 있었다. 그들은 하늘소의 등에 숫자를 칠해서, 각 개체를 추적하며 다른 개체들과의 만남을 관찰할 수 있었다. 물론 수컷들 간의 싸움도 관찰했다. 제 부부는 가장 긴 앞다리를 가진 수컷이 거의 언제나 승리하는 것을 관찰했고, 암컷과 짝짓기를 한 것은 승리한 수컷임을 확인했다.[7] 이는 성선택이 더 큰 무기와 결투 능력 신장 쪽의 진화를 선호한다는 사실에 비추어 우리가 정확히 예상한 대로였다. 한마디로, 알을 낳기 좋은 장소가 매우 부족하다는 사실이, 영역 크기가 한정되고 방어가 용이하다는 사실과 맞물릴 경우, 거대 무기를 소유하고 싸우는 것이 막대한 편익을 주는 생태 상황을 만들어 내게 된다.

***

앞장다리하늘소 이야기에서 가장 재미난 대목은 사실 이 하늘소 이야기가 아니다. 이 하늘소에게 슬쩍 편승하는 훨씬 더 기묘한 동물이 있다. 제 부부는 "가짜 전갈false scorpion" 또는 "의갈pseudoscorpion"이라고 불리는 아주 작은 절지동물이 이 하늘소의 날개 덮개 아래에 끼어들거나, 복부에 둥지를 튼 채 매달려 있다는 사실을 알아냈다. 별난 이 의갈 종은 쓰러진 무화과나무를 먹고, 썩은 무화과나무 안에서 애벌레가 자란다. 앞장다리하늘소와 마찬가지로, 수컷 의갈한테도 무기가 있다. "다리수염(더듬이다리)pedipalp"이라고 하는 한 쌍의 커다란 집게 같은 부속지인데, 암컷과 짝짓기할 기회를 놓고 경쟁자 수컷과 싸울 때 이 집게를 쓴다. 이 무기 역시 크기 비율이 아주 인상적이다. 암컷보다 수컷이 훨씬 더 길고, 가장 큰 수컷의 다리수염은 극단적으로 크다. 하지만 절대 크기로 보면 이 동물은 매우 작아서, 이들의 전투 양상은 사뭇 다르다.

40센티미터의 앞다리를 가진 거대 하늘소에게는 쓰러진 무화과나무 등치의 벌어진 틈이 작은 편이라서 열정적으로 방어해 볼 만한 크기다. 그러나 가장 클 때의 무기 길이가 고작 6밀리미터쯤인 수컷 의갈에게는 똑같은 틈서리가 너무 광활하다. 공격적인 수컷이라면 경쟁자 수컷들을 물리칠 수 있겠지만, 싸움을 하는 동안 여러 마리의 다른 수컷들이 또 다른 쪽에서 암컷에게 접근할 수 있다. 그건 마치 호숫가의 한 지점에서 호수를 지키려는 것처럼 부질없는 짓이다. 그런 싸움을 위해 무기에 투자하는 일은 낭비인 것이다.

그러나 암컷 의갈들은 무화과나무의 틈만이 아닌 또 다른 자원에 의

의갈은 앞장다리하늘소의 등에서 결투를 한다.

지한다. 이 자원에 접근하는 길은 효과적인 병목현상을 일으켜서, 수컷
이 훨씬 더 수월하게 방어할 수 있다. 쓰러진 무화과나무는 수 킬로미터
떨어져 있을 수도 있는데, 이 작은 절지동물들에게는 날개가 없다. 한 나
무에서 다른 나무로 이동하기 위해 이들은 앞장다리하늘소의 등에 기어
오른다. 하늘소 아닌 다른 곤충의 발을 집게로 붙들고 매달려 이동하는
의갈도 많다. 하지만 앞장다리하늘소 등에 타고 이동하는 편이 상대적
으로 더 편하다. 좁은 다리에 매달리는 게 아니라 넓은 등 전체를 이용

할 수 있기 때문이다. 의갈은 발톱으로 하늘소의 꽁무니를 깨물고, 하늘소가 꿈틀 반응을 하면, 그 반동으로 훌쩍 등에 올라탄다. 하늘소가 비행하는 동안 떨어지지 않도록 비단 그물을 치기도 한다.

의갈의 경우, 앞장다리하늘소의 등은 완벽한 이동 짝짓기 영역인 것으로 밝혀졌다. 의갈 수컷들은 이 자원을 지키기 위해 서로 싸운다. 싸움에서 수컷들은 발톱처럼 생긴 무기를 사용한다. 앞장다리하늘소와 마찬가지로 의갈도 가장 큰 무기를 가진 수컷이 승리한다. 이들의 싸움을 제 부부도 관찰하기가 어려웠다는 것은 충분히 이해할 만하다. 그래서 제 부부는 DNA 지문 분석 방식을 이용해서, 하늘소 등에 탄 의갈 암컷들이 낳은 새끼들의 아버지가 어느 수컷인가를 확인했다. 제 부부는 가장 큰 무기를 가진 수컷이 해당 하늘소 등에 탔을 가능성이 가장 높다는 것을 알아냈다. 그들은 또 하늘소 등이 모두 똑같지 않다는 사실도 증명했다. 가장 큰 하늘소 등에 더 많은 암컷이 올라탈 수 있어서, 가장 큰 무기를 지닌 의갈 수컷이 가장 큰 하늘소를 지켰다. 성공적인 수컷은 하늘소가 착륙하기 전에 20마리 이상의 암컷과 짝짓기를 할 수 있었다. 더욱 좋은 것은, 착륙을 하고 짝짓기를 마친 암컷들이 뛰어내린 후, 새로운 라운드의 암컷들이 탑승한다는 점이다.[8]

***

앞장다리하늘소와 의갈은 암컷들에게 매우 중요한, 희귀하면서도 국지적인 자원이 있다. 따라서 경제적인 방어가 가능하다. 특별한 자원이 서로 다르기는 하지만 말이다. 자원을 지키는 데 성공한 두 동물 종의

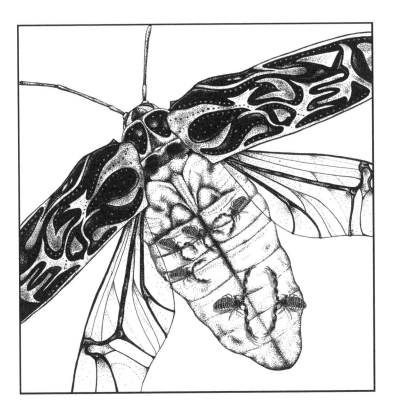

앞장다리하늘소를 탄 의갈들의 하렘(한 마리의 수정 가능한 수컷이 지키는
다수 암컷 집단-옮긴이)

수컷은 여러 암컷들과 짝짓기를 할 수 있다. 다시 말해서, 싸움의 성공은
곧 번식의 성공이다. 그리고 두 경우 모두, 여러 생태 환경이 맞물림으로
써 더 큰 무기를 선호하는 강한 성선택의 역사가 이루어졌다.

이런 통찰로 무장을 하고, 다시 쇠똥구리 뿔 유무의 문제로 돌아가
보자. 어떤 종은 뿔을 만드는 반면, 다른 종은 같은 서식지에서 같은 자

원을 먹으면서도 왜 뿔을 만들지 않을까? 그 답은 똥과 아무런 관계가 없을 것이라고 나는 추리했다. 쇠똥구리가 똥에 도착한 후 무엇을 하는가와 관계있지 않을까? 쇠똥구리의 세계는 강렬한 경쟁으로 가득한 세계다(한 덩이의 코끼리 똥을 향해 날아든 쇠똥구리의 수를 생각해 보라). 똥은 사실 아주 값진 자원이다. 쇠똥구리나 파리에게는 말이다. 질소를 비롯한 영양분이 풍부해서 애벌레에겐 하늘이 내린 음식이다. 그래서 부모 곤충들은 새끼를 위해 이것을 얻고자 치열하게 경쟁한다. 쇠똥구리는 똥을 빨리 발견해야만 하고, 마찬가지로 빨리 발견해서 차지하려고 하는 다른 떼거리와 경쟁을 해야 한다.

대부분의 쇠똥구리는 똥공dung ball "굴리기" 아니면 "굴 파기"를 한다. 굴리기는 쇠똥구리 하면 모두가 생각하는 바로 그것이다. 눈길을 끄는 이들 쇠똥구리는 공 모양으로 뭉친 똥을 굴려 가며, 도중에 서로 쟁탈전을 벌인다. 단단하고 깔끔한 땅에서는 놀랍도록 빠르게 굴릴 수 있어서, 몇십 미터 정도는 쉬지 않고 굴려 간다.

굴리기는 경쟁자들을 따돌리고 먹이를 지키는 뛰어난 전략이다. 똥무더기에서 한 덩이 떼어 내어 둥글게 빚어서 다른 쇠똥구리가 없는 곳으로 굴려 간다. 이런 일은 몇 분 만에 해치울 수 있다. 공 모양으로 뭉친 똥을 10미터 가까이만 굴려 가면 대부분의 쟁탈전을 피할 수 있다. 굴리기는 대개 수컷들이 하지만, 암컷들도 큰 무더기에서 떠날 때 수컷과 합류해서, 똥공을 굴리는 동안 공에 매달려 재주넘기를 하거나, 촉촉하고 부드러운 안성맞춤의 땅에 도착할 때까지 수컷을 그냥 따라가기만 하기도 한다. 적당한 곳에 멈추면 서로 도와서 공을 땅속에 파묻는다. 알을 공

위에 낳는지, 옆에 낳는지는 종에 따라 다르다.[9]

공을 멀리 굴려 갈 때 암컷만 수컷을 따라가는 것이 아니다. 경쟁자 수컷들도 공을 두고 계속 도전을 해서, 곧잘 치열한 싸움이 벌어진다. 이 싸움은 흙이 노출된 지표에서 벌어진다. 싸움의 목적인 똥공은 저절로 굴러갈 수도 있고 부서질 수도 있다. 더욱이 수컷들이 공에 매달리거나 주위를 빙빙 돌거나 구르는 공에 올라타며 난투를 벌일 때는 공이 이리저리 밀리고 반으로 쪼개지기도 한다. (우연히 이런 싸움을 지켜보면 여간 재미있는 게 아니다. 콜로라도 현장 연구소에서 우리는 경쟁자 수컷들 등에 숫자를 칠해서, 다트보드 점수 판 중앙에 놓은 똥 더미 위에 얹어 놓고, 누가 이길지 내기를 걸고 응원전을 펼치기도 했다. 쇠똥구리들은 유리구슬 크기로 똥을 뭉쳐서 링 밖으로 굴려 가며 싸웠다.) 공을 굴리는 쇠똥구리 종은 아주 호전적인데도, 뿔이 난 것은 1,000마리 가운데 한 마리 꼴도 되지 않는다.

다수의 쇠똥구리가 채택하는 두 번째 전략은 굴 파기다. 이런 종의 암컷들은 똥이 있는 곳으로 날아가 곧바로 똥 아래 흙을 파고 굴을 만들기 시작한다. 굴을 일단 충분히 깊이—30센티미터에서 1미터 사이까지—판 후에 똥 조각을 굴속으로 끌어당겨서, 위에 있는 경쟁자들 몰래 먹이를 따로 챙긴다. 암컷은 알 하나의 식량을 마련하기 위해 50번 이상 오르락내리락하며 먹이를 모은다. 그리고 다시 새 알을 낳고 이런 과정을 되풀이한다. 암컷이 이렇게 고된 일을 하는 동안, 수컷은 굴 소유권을 두고 싸움을 벌인다. 승리를 거둔 수컷은 굴 입구를 지킨다. 먹이를 다른 종에게서 떼어 놓기 위해서만이 아니라, 같은 종의 경쟁자 수컷을 암컷에게서 떼어 놓기 위해서 말이다. 굴에서 수컷은 암컷과 여러 차례 짝짓

똥공을 굴리는 쇠똥구리는 1 대 1 대결보다 혼란스러운 쟁탈전을 벌인다.

기를 하는데, 더 큰 침입자 수컷에게 쫓겨나기도 할 것이다. 굴 파기 종
의 수컷은 대개 뿔이 있다.[10]

굴은 국지적이고 한정적이다. 이것은 정확히 경제적인 방어가 가능
한 종류의 자원이기 때문에, 큰 무기의 편익을 기대할 수 있다. 수컷은
굴 벽 옆에 뿔을 찔러 넣은 채 다른 수컷의 침입을 막거나, 적에게 번쩍
들려 굴 밖으로 쫓겨나기 전에 적을 밀치거나 들어 올리는 데 뿔을 사용
한다. 싸울 때 수컷은 다리에 난 굵은 가시나 이빨 등을 굴벽에 박아 자
세를 고정시킬 수 있는데, 그렇게 자세를 잡으면 무기의 지렛대 효과를
최대한 발휘할 수 있다. 따라서 이런 다툼에서도 더 긴 뿔을 가진 수컷
이 승리한다.[11] 짝짓기는 항상 굴 안에서 이루어지기 때문에, 번식을 하

기 위해서는 반드시 싸움에서 이겨야 한다.

굴리기를 하는 쇠똥구리에게는 그런 지렛대가 없다. 그들의 싸움은 움직이는 자원을 두고 노천에서 이루어진다. 수컷들이 텀블링을 하고 밀치고 엎치락뒤치락하며 활발하게 싸우긴 하지만, 굴 파기 종들처럼 자세를 고정시킬 수 없다. 그러니 지레도 없고, 큰 무기의 편익도 없는 것으로 보인다. 쓸모가 없는 무기는 투자 효과도 없다. 쇠똥구리들이 먹이 자원을 숨기는 방식의 단순한 차이가 이렇게 무기 진화와 깊은 관련이 있었다.

우리는 무기 경쟁의 필수 요소 세 가지 가운데 두 가지를 확인했다. 첫째는 치열한 경쟁이다. 이는 일반적으로 수컷들이 암컷에게 접근하기 위해 서로 싸움을 벌이는 모습으로 나타난다. 둘째는 생태 환경이다. 자원이 국지적으로 존재해서 경제적 방어가 가능한 환경 말이다. 그리고 마지막 한 가지 요소가 더 있는데, 이는 싸움의 모습, 곧 수컷들이 어떤 식으로 싸우는가와 관련이 있다. 무기가 투자 효과가 있으려면, 여럿이 무질서한 쟁탈전을 벌이기보다는 1 대 1로 마주 보고 싸워야 한다. 더 큰 무기가 작은 무기보다 효과가 크려면, 서로 비교가 되는 무장을 갖추고서 얼굴을 맞대고 대결하는 경쟁자가 알맞은 상대이고, 전투가 "대칭 symmetry"을 이루어야 한다. 이상하게도 생물학자들은 이 마지막 요소를 거의 전적으로 간과해 왔다. 그 의미를 이해하기 위해서는, 군대의 소모 전 모형과, 어느 비범한 자동차 항공기 기술자의 한 세기 남짓 전의 통찰을 돌아볼 필요가 있다.

6
1 대 1 대결

19세기 말 무렵 뛰어난 자동차 설계자 겸 제작자인 프레데릭 윌리엄 란체스터Frederick William Lanchester가 등장했다. 그는 가솔린 엔진용 자동 시동 장치 중 하나를 최초로 개발했고, 초창기 카뷰레터(내연기관의 기화기-옮긴이)를 개발한 사람들 가운데 하나다. 1895년 무렵 자신의 대형 차를 처음으로 제작했고, 1899년에는 그들 형제가 란체스터 엔진 회사를 차렸다. 이는 잉글랜드에서 처음으로 대중에게 차를 만들어 판 공장 가운데 하나였다. 그의 회사가 몇 년 후 운영진의 무능으로 파산했을 때, 그의 관심사는 항공기로 바뀌었다. 그는 다양한 항공기 날개 디자인을 위한 양력과 항력 모델을 만들었고, 그의 "양력 순환 이론circulation theory of lift"은 현대 항공기 날개 이론의 토대가 되었다.[1]

제1차 세계대전 때 란체스터는 수학을 이용해 전투 결과를 예측하고자 했다. 항공기에 매료돼 있던 그는 항공기가 전장에서 결정적인 역할을 할 수 있을 것이라고 확신했다. 그리고『전시 항공기: 제4의 무기의 여명Aircraft in Warfare: The Dawn of the Fourth Arm』(1916)이라는 저서를 집필하면서, 일반적 전투 상황에서 병력의 상실을 묘사하는 간단한 방정식을 만들었다.[2] "란체스터의 법칙Lanchester's laws"이라고 불리는 간결한 이 방정식은 군대 교전의 역학에 대한 연구에 불을 붙였다. 이 방정식의 영향에 대한 책도 많이 나왔고,[3] 전투에 적용 가능한가를 두고 토론하기 위한 국제회의도 여러 차례 개최되었다.[4] 현대의 전시 병력 소모 모형은 원래의 란체스터 방정식보다 훨씬 더 복잡하지만, 그의 모형은 말 그대로 수백 가지 후속 이론의 골격이 되었고, 결국 작전 연구operations research 분야를 태동시킨 공로를 인정받게 되었는데, 이 분야 연구에만도 수십억 달러가 투자되었다.[5]

란체스터 방정식 이면의 논리는, 한쪽의 군사력이 다른 쪽의 화력에 의해 얼마나 빨리 소모될 것인가를 계산하는 명료한 방식을 찾아내기 위한 것이었다. 전장에서는 각 군대의 군사력과 이용 가능한 병력 수, 군대의 효율성이 정해진다. 이때 한쪽에서 발사된 탄환은 다른 쪽 병력의 상실로 해석되었다. 효율성은 교전의 성격과 무기 유형에 따라 다른 의미를 띨 수 있지만, 이는 근본적으로 한 군대의 각 인원이 지닌 전투력을 나타낸다.

양 군대가 전장에서 격돌할 때, 한쪽 군대의 상실은 곧 상대 병사의 수 곱하기 각 병사의 효율성으로 계산될 수 있다. 효율성의 예를 들면, 발사된 탄환의 수에 각 탄환이 적군 병사를 맞힐 가능성을 곱하면 그 값이 나온다. 병사가 많다는 것은 총이 많다는 뜻이고, 따라서 발사된 탄환도 많다는 뜻이 된다(따라서 군사력이 강하다). 훈련이 더 잘돼 있고, 더 강한 화력을 지니고 있다는 것은 각 탄환이 상대를 무력화시킬 가능성이 더 높다는 뜻이다(군사 효율성이 더 높다). 이 모형의 목적은 일제사격을 모의실험하는 것이었다. 1 대 1 대결 방정식으로 양 군대의 상실을 동시에 계산하고, 이어서 이 상실을 토대로 군사력을 조정하고, 다시 추가 일제사격을 가하는 과정을 되풀이한다. 이렇게 되풀이함으로써 란체스터 모형은 군사력 소모율(고갈율)을 우아하게 밝혀내고, 전투 기간과 궁극적인 승자를 예측할 수 있었다. 변경된 온갖 조건을 대입해서 이런 모의실험을 해 보면, 각 경우 승리로 이끄는 조건들을 알아낼 수 있다.

자신의 모형으로 실험을 해 본 란체스터는 인간의 전쟁사에 한 획을 그은 각각의 무기 유형과 양식과 크기의 무수한 진보로부터 다음과 같은 사실을 알아낼 수 있었다. 즉, 한 가지의 변화—새로 등장한 소총과 대포와 같은 장거리 무기—가 다른 무엇보다 훨씬 더 극적으로 교전 수칙을 변화시켰다는 사실이다.

병사들이 1 대 1로 마주하고 육박전을 벌이던 과거의 군대가 적을 죽이는 방식은, 화력 병기가 나온 이후 적을 죽이는 방식과 근본적으로 달랐다. 그 차이를 그의 방정식에 도입하기 위해 란체스터는 두 가지 유형의 모형을 만들었다.

하나는 옛날의 전투를 염두에 두고 만든 것이다. 과거 병사들이 창이나 칼, 철퇴와 같은 근거리 무기로 싸울 때는 집중 공격을 할 기회가 거의 없다는 것을 란체스터는 알고 있었다.[6] 한 명의 병사가 전투 중에 열 명과 마주할 수는 있겠지만, 육박전을 한다는 것은 본래 모든 적들과 동시에 마주할 수는 없다는 뜻이다. 적들이 동시에 그에게 접근할 공간이 충분치 않아서이기도 하지만, 접근한다 해도 옆의 아군들이 휘두른 무기가 서로에게 방해가 된다. 실상은 1 대 1 대결이 잇달아 일어나는 식으로 교전이 벌어진다. 우리의 외톨이 병사는 적들을 한 명씩 차례로 상대하는 것이다.

이 시대의 군대는 길게 늘어서서 서로 마주하고 1 대 1로, 개별적으로 격돌을 했다. 지원병은 그 줄에 끼어들 공간이 없었기 때문에, 뒤에 대기하고 있다가 앞에 있는 병사가 쓰러져 자리가 비면 비로소 앞으로 나섰다. 예를 들어 아쟁쿠르 전투(1415년)에서 1,500명의 영국군 병사와 기사, 그리고 갑옷을 입고 창과 칼을 든 중장기병이 프랑스군 8,000명과 격돌했다.[7] 양쪽 군대는 초원 전체를 가로질러 각자 어깨를 맞대고 정렬했고, 지원병은 최전선 뒤에 줄을 서서 대기했다. 프랑스군이 영국군보다 5배 이상 많았는데, 이것은 전선이 영국군이 4줄인 데 비해 프랑스군은 20줄이라는 뜻이었다. 실제 전투는 1 대 1로 벌어졌다.

이런 전투에서의 승리는 병사들의 수와 효율성에 달려 있다는 것을 란체스터는 알게 되었다. 이때 병력 상실의 수는 병사의 수 곱하기 각 병사의 효율성과 같다. 전투는 육박전이기 때문에, 각 병사의 힘과 훈련 정도뿐만 아니라 무기의 질과 크기가 무척 중요하다. 각각의 개별 교전에서는 가장 잘 무장한 병사가 이길 가능성이 가장 높다. 무기의 질이

나쁜 군대가 더 빠르게 병력을 잃는다. 물론 병사의 수도 중요하다. 수적으로 우위에 있으면 줄을 선 병사들을 교체하면서 장기 교전을 벌일 수 있기 때문이다. 그러나 병사 개인의 전투 능력이 균형을 깨뜨릴 수도 있다.

과거의 전쟁을 다룬 이 모형을 란체스터의 "선형 법칙linear laws"이라고 한다. 이 첫 번째 모형을 만든 이유는, 현대에 중요하다고 그가 확신한 두 번째 모형과 대비시키기 위해서였다. 란체스터는 장거리 무기가 육박전의 "이용 가능한 공간available space"의 한계를 완화시킨다는 점을 인식했다. 소총은 원거리에서 발사될 수 있었고, 이는 다수의 병사가 동일한 과녁에 화력을 집중시킬 수 있다는 뜻이다. 한쪽 군대가 다른 쪽보다 군사력이 더 크다면, 이제 남는 군사력을 뒤로 빼서 놀릴 필요가 없었다. 적에게 전 화력을 한꺼번에 쏟아부을 수 있기 때문에 효율성을 즉각적으로 최대한 발휘할 수 있었던 것이다. 적군의 소모율을 계산해 본 그는, 오늘날 군사력, 곧 병사의 수가 지닌 효과가 과거보다 훨씬 더 중요하다는 것을 알게 되었다. 군대의 소모율은 각 병사의 효율성 곱하기 병사 수의 제곱이다(이 모형은 당연하게도 란체스터의 "제곱의 법칙square laws"이라고 불린다).[8] 이 제곱의 차이는 크다. 아쟁쿠르 전투에서처럼, 한쪽 군대가 다른 쪽보다 5배 컸다면, 과거에는 5배만큼만 강한 것이었다. 이제는 병사 수를 제곱하기 때문에, 현대에는 그게 적보다 25배만큼 강한 셈이 된다.[9]

란체스터 모형의 천재성은 바로 그의 깨달음에서 비롯한 것인데, 화력을 집중시키는 능력—동시에 적과 대면하는 병사 수를 늘리는 것—이 승리의 공식을 대폭 변화시킨다는 것이다. 그의 모형을 토대로, 군사 전략가들은 재빨리 알아차렸다. 훈련과 장비에 막대한 투자를 하는 것은 투자 효과가 없다는 것을 말이다. 전투의 결과를 결정짓는 것은 각 병사의 전투 효율성이라기보다 병사의 수였기 때문이다. 적군보다 무장이 더 빈약하면 효율성이 떨어지기 때문에 장비와 훈련도 필요한 것은 분명하다. 그러나 자원을 무기와 훈련에 할당할 것인가, 아니면 더 많은 병사 수에 할당할 것인가를 두고 양자택일을 할 경우, 승리 전략은 명백하다. 더 많은 병사가 답이다.

란체스터의 선구적 연구 이래, 그의 제곱의 법칙은 이후 수많은 전투 분석에 적용되었고, 군사력 할당, 군사전략, 그리고 군비 지출 등의 수많은 모형을 만드는 데 영감을 주었고, 그 토대가 되었다.[10] 란체스터 모형의 교훈들, 예컨대 전장에서 병력을 분할하지 말라는 거의 신성시된 격언 등은 오늘날에도 여전히 군사적 마인드에 고스란히 배어 있다.[11]

* * *

란체스터는 현대 전쟁을 염두에 두고 제곱의 법칙을 만들었고, 두말할 나위 없이 이 방정식에 엄청난 관심이 쏟아졌다. 그러나 극한 무기의 진화와 가장 관련이 깊은 것은 그의 선형 법칙이다. 과거와 현대의 전쟁을 대조함으로써 란체스터는 특정 상황에서 큰 무기가 투자 효과가 있는지 없는지를 결정하는 데 도움을 주었다. 여러 명의 적이 화력을 집중할 수 있을 때, 그러니까 하나의 상대에게 떼로 달려들 수 있을 때, 큰 무기에 투자하는 것은 실수가 될 것이다. 다른 한편으로, 병사들이 근거리에서 1 대 1 육박전을 벌인다면, 더 나은 전사가 이길 것이다. 그의 전투 능력은 종종 무기 크기에 좌우되기 때문에, 1 대 1 대결은 점점 더 큰 무기가 보편화되는 상황으로 이어질 수 있다.[12]

1 대 1 대결 상황은 동물 무기의 경우에도 중요하다. 본질적으로 그 이유는 동일하다. 동물의 싸움은 온갖 장소에서 벌어진다. 가파른 바위 벼랑부터 열대우림의 나무 위까지, 해저의 열수 분출공에 이르기까지 말이다. 이 경쟁의 모습은 너무나 다양하다. 물론 이들 전투 가운데 일부는 무기를 사용한다.

개미와 같은 사회적 곤충을 제외한 대다수 동물은 군대 단위로 싸우지 않는다.[13] 짝짓기할 기회를 노리는 수컷들은 개인적으로 싸우고, 자기 자신을 위해 싸운다. 그러나 이것은 모든 수컷이 서로 1 대 1로 맞붙는다는 뜻이 아니다. 경쟁자들이 떼거리로 달려드는 혼란스러운 쟁탈전을 비롯해서, 실제로 많은 충돌이 1 대 1 대결보다 훨씬 더 거칠다. 란체스터가 과거와 현대의 병사를 대비했듯이, 우리 역시 동물들의 무질서한 쟁탈전과 1 대 1 대결을 대비해 볼 수 있다.

수컷들이 얼굴을 맞대고 서로 공격을 하는 전투는 전형적이고 반복적인 경향이 있다. 동물 종에 따라 무기를 교차하기도 하고, 서로 용을 쓰면서 상대를 밀고 당기고 비트는 방식으로 싸운다. 전투는 상대적인 힘의 크기를 시험하는 믿을 만한 방식이고, 일반적으로 가장 힘이 센 수컷이 이긴다. 혼란스럽게 엎치락뒤치락하며 여럿이 쟁탈전을 벌일 때는 싸움의 결과를 예측하기가 더 어렵고, 그럴 때 무기의 가치는 감소한다.

매미잡이벌 수컷들은 서로 달려들어 사납게 비틀고 꺾고 깨물며 공중전을 벌인다. 그러다 땅에 떨어지는 경우도 흔하다.[14] 이 싸움은 아직 등장하지 않은 미성숙한 암컷이 있는 단단한 땅 위의 공중에서 벌어지는데, 동시에 3~4마리의 수컷이 얽혀 싸우는 일도 드물지 않다. 암컷들은 비교적 안전한 땅속에서 성장해서 애벌레에서 번데기가 되고, 이어성체가 된다. 땅속에 무리를 지어 있다가, 번식기가 되면 땅 위로 올라온다. 수컷들은 숨어 있는 이 암컷들 냄새를 맡을 수 있어서, 수십 마리가 몰려들어 암컷들이 숨어 있는 소중한 부동산 소유권을 노리고 싸움을 벌인다. 승리한 수컷은 암컷이 나타나자마자 붙들고 짝짓기를 하는데, 때로는 암컷들이 땅 밖으로 나오기 위해 땅을 파는 것을 돕기도 한다. 매미잡이벌은 국지적인 자원(땅속의 암컷)을 두고 강렬한 경쟁을 벌이지만, 무기는 가지고 있지 않다.[15]

투구게는 보름과 초하루에 만조를 이룬 바닷가에 우글우글 모여든다. 수컷들 수십만 마리가 달빛 아래 해변에서 짝짓기를 하기 위해 물밖으로 나와, 하얀 거품이 이는 정자를 두꺼운 양탄자처럼 해변에 깐다. 여기서도 다른 많은 동물의 경우와 마찬가지로, 번식기에 이른 암컷은 적고 서로 멀리 떨어져 있다. 알이 가득한 암컷이 해변에 이를 무렵이면 어느새 등에 수컷이 달라붙는다. 다른 수컷들이 사방에서 달려들기 때문에 암컷에게 수정을 시키려면 단단히 달라붙어야 한다.[16] 암컷의 등에 네댓 마리의 수컷이 층층이 올라타서 자리다툼을 하며 쟁탈전을 벌이는 경우도 드물지 않다. 그런데 이 수컷들 역시 딱히 무기를 가지고 있지 않다. 매미잡이벌과 투구게 모두 방어 가능한 암컷을 두고 맹렬히 경쟁을 벌이는데, 이는 곧 무기 경쟁을 위한 처음의 두 가지 조건을 갖춘 상황이다. 그러나 이 싸움은 1 대 1이 아닌 다수의 무질서한 쟁탈전으로 펼쳐진다. 이들은 란체스터의 선형 법칙 조건을 충족하지 못해서, 커다란 무기는 투자 효과가 없다.

"공정한fair" 싸움이라는 개념은 인간이 만든 것이지만, 어느 면에서 이 개념은 결과의 예측 가능성과 일관성을 반영한다. 공정한 싸움에서는 가장 잘 싸우는 자가 승리한다(이 결과가 뒤집히면 사기로 인식될 것이다). 그리고 가장 공정한 싸움은 항상 1 대 1 대결이다. 인류 역사 이래 호머의 고대 그리스 전사부터 중세 기사, 사무라이, 미국 서부의 총잡이에 이르기까지 모든 군사적 전통에서, 명예나 지위, 또는 서열의 근거로서 받아들여진 유일한 형태의 싸움은 1 대 1 대결뿐이었다.[17]

동물의 1 대 1 대결에서도 가장 잘 싸우는 수컷이 대개 승리를 거두는 반면, 무질서한 쟁탈전에서는 그렇지 않을 수 있다. 1 대 1의 정면 대결은 당연히 상대적으로 예측 가능하고 복잡하지 않다. 그런 싸움에서 열등한 수컷이 더 크고 우수한 수컷을 물리치기는 어렵다. 과거 전사들처럼 힘과 체력, 무기 크기가 승리를 좌우하는 것이다.

***

다른 모든 조건이 동일하다면, 수컷끼리 1 대 1 대결을 하는 종이 그러지 않는 종보다 극한 무기를 진화시킬 가능성이 더 높을 것으로 예상된다. 그런데 어떤 서식지가 동물의 1 대 1 대결을 유도하는 걸까? 대부분 경제적인 방어가 가능한 자원을 지닌 생태 상황이 1 대 1 대결을 유도하거나 강요하는 것으로 밝혀졌다. 특별한 이 상황들은 극한 무기 진화의 용광로가 된다.

극한 무기의 진화를 이끄는 가장 보편적인 생태 상황은 아마도 굴일 것이다. 굴은 국지화된 공간이며 쉽게 방어가 가능하다. 수컷은 암컷이 거주하는 굴 입구를 지키면 된다. 그럼으로써 경쟁자들이 암컷에게 접근하는 것을 차단할 수 있다. 그러나 굴은 또한 적들끼리의 상호작용을 유도한다는 점에서 적의 접근을 제한하는 구실을 한다. 경쟁자 수컷 쇠똥구리가 보초를 서고 있는 수컷에게 도전하려면 먼저 굴에 진입해야 한다. 굴에서는 열 마리의 수컷이 동시에 공격을 할 수 없다. 진입로가 좁아서 한 번에 한 마리밖에 들어갈 수가 없기 때문이다. 굴이라는 제약 때문에 쇠똥구리들은 불가피하게 1 대 1 대결을 연속해서 벌여야 한다. 이와 달리 굴리기를 하는 쇠똥구리 종은 그런 접근의 제약이 없다. 수컷들이 사방에서 동시에 도전할 수 있어서, 서너 마리의 수컷이 혼란스러운 쟁탈전을 벌이는 일이 아주 흔하다. 1 대 1 대결을 벌이는 쇠똥구리 종은 대개 뿔이 있지만, 혼란스러운 쟁탈전을 벌이는 종은 뿔이 없다.

커다란 집게발이 있는 새우나 게는 굴을 두고 싸운다.[18] 긴 엄니가 난 말벌은 나뭇잎 밑에 붙인 흙 항아리 둥지의 대롱 모양 입구, 곧 굴을 두고 싸운다.[19] 다수의 장수풍뎅이 종은 굴을 두고 싸운다. 이 굴은 땅이나 사탕수수 같은 식물의 속이 빈 줄기에 있다.[20] 희귀한 아시아 개구리 몇 종도 굴을 두고 싸우는데, 개구리치고는 독특하게도 수컷에게 엄니나 가시가 있다.[21] 멸종된 대형 뿔뒤쥐horned gopher가 굴을 두고 싸웠다는 증거가 있다.[22] 반드시 무기 진화를 보장하는 것은 아니지만, 굴 파기 행동은 무기 경쟁의 전제 요건 세 가지 가운데 두 가지를 충족시킨다. 이것이 세대를 거치며 결정적인 영향을 미친 것으로 보인다.

나뭇가지도 같은 식의 기능을 한다. 기본적으로 나뭇가지는 굴의 반대로 보면 된다. 굴처럼 나뭇가지도 차단이 가능한 선형 통로라서, 경쟁자는 이 통로를 거쳐야만 한다. 동화에 나오는, 다리를 지키는 트롤처럼 수컷은 문지기처럼 자리를 지키기만 하면 된다. 다른 수컷이 암컷에게 가기 위해서는 문지기 수컷에게 도전을 해야 하고, 가지는 길고 좁기 때문에 한 번에 수컷 한 마리만 도전할 수 있다. 장수풍뎅이,[23] 허리노린재,[24] 뿔이 난 잭슨카멜레온[25] 등 다양한 동물이 암컷에게 접근할 수 있는 나뭇가지를 방어하며 다른 수컷의 통행을 막는다. 다수의 이런 종들 수컷은 무기를 만드는 데 투자한다.

사방으로 열린 지역이라 해도 수컷들이 1 대 1 대결을 하는 경우가 있다. 필수 자원이 움직이지 않고 충분히 작아서 수컷이 감시하며 지킬 수만 있다면 말이다. 수컷은 얼어붙은 호수에 뚫은 구멍을 지키며 얼음낚시를 하는 사람처럼 자원을 지키고 서서, 필요하면 자원 주위를 빙빙 돌며 공격자를 막는다. 사슴벌레는 앞장다리하늘소와 비슷하게, 서 있는 나무의 옆에 패인 홈에서 새어 나오는 수액을 두고 싸운다. 수컷들은 커다란 아래턱mandible으로 서로 붙잡고 다리와 몸으로 적을 들어 올려 나무에서 떼어 땅바닥 아래로 패대기치려고 한다. 암컷은 이 수액이 흐르는 곳에 찾아와 배를 채우고 알을 낳으러 날아간다. 승리한 수컷은 암컷이 먹이를 먹는 동안 짝짓기를 한다.[26]

뉴기니의 사슴뿔파리antlered fly는 쓰러진 나무의 껍질 속 구멍을 두고 싸운다. 암컷이 알을 낳으려면 껍질 속으로 들어가야만 하는데, 그러려면 기존의 구멍을 이용해야 한다(사슴뿔파리는 자기 구멍을 팔 만큼 강하지 못하다). 수컷은 이 구멍을 선점해 암컷을 끌기 위해 촉촉하게 구멍을 유지하고, 무단 침입한 수컷들과 싸운다.[27] 수컷은 이 자원 위에 서 있을 수 있기 때문에, 어느 방향으로든 몸을 돌려 경쟁자와 정면으로 맞붙어 싸울 수 있다.

이런 모든 사례에서 수컷은 암컷을 얻기 위해 싸우는데, 경제적으로 방어 가능한 자원을 지키기 위해 싸움으로써 암컷에의 접근을 통제한다. 이 경우, 자원이 방어 가능하다는 서식지 특성으로 인해 수컷들은 무질서한 쟁탈전보다 1 대 1 대결을 통한 경쟁을 한다.

***

대눈파리 수컷의 두 눈은 머리 양옆에 막대사탕처럼 돌출해서, 기묘한 두 눈이 마치 미니어처 바벨처럼 보인다. 어떤 종의 수컷은 눈자루가 터무니없이 긴 반면, 아주 가까운 다른 친족 대눈파리는 그렇지 않다. 쇠똥구리의 경우처럼, 각각의 대눈파리 종의 자연사를 면밀히 살펴보면 그런 변이를 잘 이해할 수 있다.

잉그리드 데 라 모트Ingrid de la Motte와 디트리히 부르크하르트Dietrich Burkhardt는 눈자루가 긴 5종과 그렇지 않은 여러 종의 모집단을 연구했다.[28] 그들이 알아낸 것은 우리가 예측한 것과 정확히 맞아떨어진다. 텔레옵시스 휘테이Teleopsis whitei(흰대눈파리)와 텔레옵시스 달마니T. dalmanni(말레이시아 대눈파리)와 같은 종은 수컷의 눈자루가 크고 긴데, 낮에는 개울이 흐르는 숲속 키 작은 식물 주위나 땅 위를 걸어 다니며, 죽은 동물이나 썩은 낙엽에서 자란 효모나 버섯, 곰팡이 따위를 먹는다. 낮에 홀로 먹이

대눈파리 수컷

활동을 하며, 자신에게 접근하는 다른 대눈파리를 암수 가리지 않고 공격한다.

그런데 밤이 되면, 이들은 대롱거리는 수직의 잔뿌리에 한데 빽빽이 모여 잠을 이룬다. 작은 개울의 허물어진 둑 아래 움푹 들어간 은신처에는 실처럼 가는 식물의 잔뿌리가 드러나 있다. 어떤 잔뿌리는 다른 잔뿌리보다 긴데, 긴 잔뿌리에는 작은 잔뿌리보다 더 많은 대눈파리가 모여 있을 수 있다. 암컷들은 흔히 20~30마리씩 떼 지어 이 잔뿌리에 다닥다닥 붙어 하렘을 이룬다.

대눈파리 수컷이 보기에 잔뿌리는 암컷이 일상적으로 이용하는 중요한 자원이다. 수컷이 잔뿌리를 지킨다는 것은, 잔뿌리에 붙어 있는 많은 암컷에게 접근할 수 있다는 뜻이고, 이는 곧 엄청난 번식이 가능하다는 뜻이다. 현재까지 많은 생물학자들이 아프리카와 아시아의 열대 숲 개울을 찾아가 이 야간 숙소의 대눈파리를 연구했다. 중요한 두 연구 팀,

곧 존 스월로John Swallow와 패트릭 로치Patrick Lorch를 포함한 제럴드 윌킨슨Gerald Wilkinson[29]의 연구 팀과, 앤드루 포미안코프스키Andrew Pomiankowski와 케빈 파울러Kevin Fowler와 샘 코튼Sam Cotton[30]의 연구 팀은 오랫동안 긴 밤을 지새우며 헤드램프를 켜고, 공중에 매달린 영역을 지키기 위해 수컷들이 싸우는 것을 관찰했다.

지배자 수컷은 잔뿌리 꼭대기 근처에 자리를 잡고, 눈자루를 앞뒤로 흔들며 잔뿌리를 부드럽게 물결치듯 흔든다. 대눈파리들은 이 파동의 크기를 관찰함으로써 수컷의 상대적 크기를 평가할 수 있다. 접근해 온 경쟁자 수컷은 지배자 수컷의 앞에서 눈을 마주하고 공중 비행을 한다. 침입자가 더 작으면 아무런 사건 없이 떠나는 게 일반적이다. 하지만 크기가 같거나 더 크면 싸움이 벌어진다.

침입자 수컷은 잔뿌리에 내려앉아 수컷을 향해 걸어 올라간다. 수컷들은 앞다리를 쭉 뻗고 머리를 들이받으며 잔뿌리를 장악하기 위해 격투를 벌인다. 사실상 모든 경우, 눈자루가 더 긴 수컷이 승리한다. 승자는 밤에 잠자리에 든 암컷들과 짝짓기를 한다. 이런 종들에게는 영역 방어의 편익이 무기 생산과 휴대 비용보다 월등히 높은 것으로 보인다. 무기가 아무리 크고 망측하게 생겼더라도 말이다.

대눈파리 친족들을 비교 연구한 사람들은 주목할 만한 차이를 알아낼 수 있었다. 눈자루가 크지 않은 대눈파리는 밤에 한데 모여 자지 않았다. 텔레옵시스 퀸케구타타Teleopsis quinqueguttata 같은 대눈파리는 암수 모두 눈자루가 발육 부진인데, 방어 가능한 무리를 이루지 않았다. 다른 친족처럼 낮에 홀로 버섯이나 곰팡이를 먹었는데, 밤마저도 각자 흩어

하렘을 지키는 대눈파리 수컷

져서 홀로 잠을 잤다. 모든 짝짓기가 낮에, 우연히 잠깐 만나 이루어졌다. 물론 1 대 1 대결도 없고, 무기도 없다.

***

란체스터가 과거의 전투를 1 대 1 대결 모형으로 만들어 모의실험을 했을 때, 이것은 병사 대 병사의 싸움을 상정한 것이었다. 하지만 그의 논리는 더 큰 실체들의 대결에도 적용할 수 있다. 함선들끼리의 공격, 전투기들끼리의 공격, 국가들 간의 공격에도 적용되는 것이다. 이런 공격 역시 어떻게 상호작용을 하는가가 중요하다. 적들이 1 대 1로 정렬한 경우라면 무기 경쟁이 불붙을 수 있다. 예를 들어 거의 1,500년 동안 노를 젓는 갤리선이 지중해 바다를 누비고 다닐 때, 고대 그리스와 이집트, 페니키아, 카르타고가 전투를 벌였다.[31] 이 시기(기원전 1800~750년)의 대부분은 선박 설계에 큰 변화가 없었다. 긴 카누 모양의 배로 이루어진 함대가 병사들을 전쟁터로 실어 날랐는데, 바람이 좋을 때는 돛을 동력으로 쓰고, 그렇지 않으면 땀과 근력으로 배를 몰았다. 노 젓는 사람들이 배 양쪽으로 길게 줄지어 앉아 일제히 긴 노를 당겨 배를 추진한 것이다. 그러나 기원전 750~700년 무렵 모든 것이 달라졌다. 갤리선에 새로운 무기, 곧 공성추battering ram가 추가되면서부터였다.

당시 최고의 가마에서 주조된 양질의 청동 공성추는 적의 배 선체를 부수어 적병들과 함께 배를 수장시켰다. 공성추 덕분에 해군의 배는 단순한 선박 이상의 기능을 할 수 있었다. 무기 기능 말이다. 배는 갑자기 하나의 단위, 곧 개인처럼 행동했고, 근접해서 1 대 1로 격돌했다. 해상 전투는 과거 보병의 격돌과 비슷해지기 시작했다. 나란히 줄지어 정렬한 배들이 마찬가지로 정렬한 다른 적선들과 격돌한 것이다.[32] 공성추로 인해 해상 전투는 란체스터의 선형 법칙 조건을 충족하게 되었다. 이제 전투선들은 근거리에서 1 대 1로 싸웠다. 이때부터 더 큰 것이 더 좋은 것이 되었고, 가장 큰 배를 가진 해군이 승리했다.[33]

결국 시대를 통틀어 가장 치열한 해상 무기 경쟁이 벌어졌다. 조선공들은 배의 속도와 동력을 높이기 위해 전력을 다했고, 한쪽 군대의 새로운 혁신은 즉각 복제되어 다른 쪽 군대의 혁신을 불러일으켰다. 초기의 긴 갤리선 펜테콘토로스는 한쪽에 25개씩 모두 50개의 노를 장착했는데, 속도와 동력을 높이려는 첫 시도로 선체의 길이를 늘이고 더 많은 노를 장착했다. 그러나 대략 40미터에 이르자 한계에 달해서, 그 이상 길어지면 거친 바다에서 선체가 비틀어졌다.[34] 기원전 600년경 선체를 개량하여 훨씬 더 배가 높아지자, 노를 2단으로 장착해 동력이 두 배로 늘어났다. 새로운 이 배는 동력을 더 짧은 선체 안에 집중시킬 수 있어서, 선체가 긴 배보다 더 강하고 기동성이 더 좋아졌다.[35] 2단 갤리선 바이림은 나무 선체의 길이가 24미터에 폭은 3미터에 불과했지만, 한쪽에 50개, 모두 100개의 노를 장착했다. 3단 갤리선 트라이림에서 한계에 이르렀는데, 배 길이의 증가는 뒤틀림을, 배 높이의 증가(단의 추가)는 전복을 뜻했기 때문이다.

거의 200년 동안 해상의 주력 전함은 트라이림이었다. 하지만 선체를 또다시 개량함으로써 더욱 크기를 늘릴 수 있는 길이 열렸다. 이전까지 각 갤리선은 노 하나를 한 명이 저었다. 양쪽에 잇달아 다리가 달린 지네 몸통 형태의 고대 갤리선은 좌현과 우현에 노가 한 줄로 자리를 잡았다. 펜테콘토로스를 "하나one"라고 부른 것은 한 줄의 노를 한 사람이 하나씩 맡았기 때문이다. 바이림을 "둘two"이라고 부른 것은 각 현에 두 사람이 위아래로 앉아 위아래 두 개의 노를 하나씩 맡았기 때문이다. 트라이림이 "셋three"인 이유도 그와 같다. 그러나 기원전 4세기에 조선공들은 제한된 공간에 추가로 선원을 더 넣음으로써 동력과 함께 속도를 높일 수 있음을 알아냈다.[36]

트라이림에서 3개의 노 가운데 2개에 노 젓는 사람이 한 명씩 추가됨으로써 "다섯five"이 탄생했다. "다섯"은 한쪽의 노가 여전히 90개(30개씩 3단)였지만, 이제는 180명이 아니라 300명이 노를 저었다. 실제로 더 큰 것이 더 좋아서, 공정한 전투에서 다섯이 셋을 이겼다. 기원전 387년에 "여섯six"이 전선에 추가되었다. 그리고 10년이 지나지 않아서 "일곱seven", "여덟eight", "아홉nine"까지 등장했다("아홉"은 3단 3개의 노를 각각 3명씩 모두 9명이 저었다). 기원전 315년에는 "열ten"이, 14년쯤 후에는 "열하나eleven", "열셋thirteen", "열다섯fifteen", "열여섯sixteen"을 실험했다. 그러나 이 무렵 배가 너무 거대해져서, 열 이상의 배는 막강한 동력을 선보이긴 했지만 다루기 힘들고 느린 것으로 간주되었다. 해상 무기 경쟁의 정점을 찍은 것은 프톨레마이오스 5세(기원전 205~180년 재위)가 계약한 거함 "마흔forty"이다. 이 괴물 같은 배는 두 척의 배를 평행으로 배치하고 그 위에 갑판을 얹어 쌍동선 스타일로 연결한 것이다(각 선체마다 좌현과 우현에 노를 설치함으로써 노를 두 배로 늘릴 수 있었다). 길이 126미터가 넘고 4,000명이 노를 저은 프톨레마이오스 5세의 "마흔"은 고대에 건조한 가장 큰 배였다.[37] 극한의

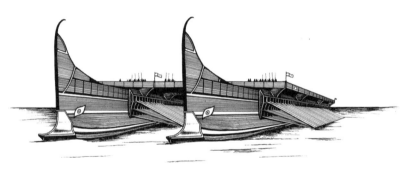

최초의 해상 무기 경쟁 전과 후: 아래 펜테콘토로스와
프톨레마이오스 5세의 "마흔" 비교

크기라서 항해술 관점에서는 무가치했다고 해도 놀랄 것이 없다.

＊

무기 경쟁의 세 가지 요소, 곧 경쟁과 경제적 방어 가능성, 1 대 1 대
결은 극한 무기를 선호하는 쪽으로 진화하는 데 결정적인 영향을 끼쳤
다. 이런 간단한 통찰은 대단한 설명력을 지녔다. 어떤 종은 왜 극한 무
기를 지녔고, 가까운 친족인데도 어떤 종은 왜 극한 무기가 없는가를 설
명하는 일반 규칙이 이로써 성립하기 때문이다. 고대 암호문의 열쇠를
알아낸 것과 마찬가지로, 우리는 이제 아주 많은 동물의 다양성을 이해
할 수 있게 되었다. 특히 종 집단의 역사를 참조하면, 동물의 행동이 무

기 경쟁의 요소를 충족시키는 방식으로 변한 시점을 알아낼 수 있다. 이는 또 고립된 종이 다른 종과 구별되는 이유를 설명하는 데도 도움이 되고, 친족 종들 전체 집단이 다 함께 무기 경쟁에 뛰어든 이유 역시 설명해 주기도 한다. 때로는 무기 경쟁의 요소 하나 이상이 종 집단 생리의 일부로 유전되면, 장차 종 전체가 무기 경쟁에 뛰어드는 경우도 있다.

유기체 집단은 과거의 유산을 전달하면서, 동시에 새로운 종으로 변화하는 새로운 계보의 새끼를 낳아 차츰 다양하게 진화한다. 포유류 육식동물은 모두가 동일한 기본 유형의 이빨(송곳니, 소구치, 어금니 등)을 물려받는다. 이는 모든 포유류 육식동물 종이 그런 이빨들을 지닌 공통 조상의 후손이기 때문이다. 들쥐는 세계적으로 50종 이상이 산재해 있는데, 모두가 동일한 효소를 사용해 털에 색소를 주입한다. 이는 줄잡아 1,000만 년 전에 살았던 그들의 조상 쥐가 그런 효소를 사용해서 털 색깔을 결정했기 때문이다. 때로는 일군의 종에 유전된 특성 때문에 수많은 클레이드(분기군. 공통 조상으로부터 진화한 생물군을 "클레이드clade"라 한다.)가 한결같이 큰 무기를 강력히 선택할 수도 있다. 예를 들어 암컷 아프리카코끼리는 다년간 임신과 양육을 하며 막대한 시간과 에너지와 영양을 새끼에게 투자한다. 이는 코끼리 생리와 행동의 주요 특징인데, 이런 극한의 투자 형태는 코끼리 클레이드 내의 다른 많은 종에게도 그대로 나타난다. 사실 빙하나 역청 광산에서 발굴한 표본을 통해, 털이 많은 암컷 매머드, 곧 컬럼비아매머드와 마스토돈 역시 임신 기간이 아주 길다는 것을 우리는 알고 있다. 고생물학자라면 골반뼈 화석 모양만 보아도 멸종된 코끼리 친족 모두가 그랬다는 것을 알아볼 수 있다.[36] 이는 아프리카코끼리 수컷들끼리의 강렬한 경쟁의 필수 배경이 존재한다는 것을 뜻한다. 즉, 임신 가능한 암컷에 비해 짝짓기 가능한 수컷이 월등히 많다는 것이, 이 클레이드 내의 다른 모든 종의 경우에도 거의 확실하다는 이야기다. 수 많은 코끼리 친족들이 재빨리 극한 무기 진화의 길에 들어섰다는 건 우연의 일치가 아닐 것이다.

거대 무기를 가진 단일 종이 아니라, 클레이드 전체가 엄니로 무장을 한 것도 그 때문이다. 임신 가능한 암수의 비대칭과 같은 유전된 특성이 클레이드 내의 전체 후손들이 무기 경쟁에 나서는 데 결정적인 영향을 끼친 것이다. 이제 필요한 것은 무기 경쟁의 남은 두 가지 요소를 확인하는 일이다. 다수의 이 동물 종들이 세 요소 가운데 하나를 더 공유하고 있다면, 즉, 길목이나 굴과 같은 서식지를 이용함으로써 자원이 방어가능하다면, 그 영향은 더욱 결정적이 되어 균형이 극한 무기 쪽으로 기울게 될 것이다. 그 결과, 이들 클레이드 내의 종들이 세대를 거치며 빠른 무기 진화의 길을 밟음에 따라 동물 다양성이 폭증하게 된다.

세계적으로 사슴벌레는 1,000종 이상이 있는데, 거의 모든 수컷이 극한 무기를 지니고 있다.[39] 사슴벌레는 딱정벌레목 진화의 "나무tree"에서 쇠똥구리아과나 장수풍뎅이아과와 다르게 사슴벌레과로 갈라져 나왔다. 뿔 대신 이빨이 난 한 쌍의 커다란 아래턱이 있는데, 때로는 아래턱이 너무 커서 수컷의 몸통보다 더 긴 경우도 있다. 사슴벌레는 오늘날살아 있는 모든 사슴벌레가 여전히 그러듯이 아마도 나무의 틈에서 수액이 흘러나오는 자리를 지키며 강렬한 성선택을 경험한 조상을 두었을 것이다. 사슴벌레 모집단이 공유한 그런 특성은 더 큰 무기로의 부단한 진화의 원인이 된 것으로 보인다. 극한의 아래턱은 이 집단의 역사 초기보다 적어도 두 배는 더 크게 진화했다.[40] 큰 아래턱을 가진 이 종의 유전자는 말 그대로 수백 종의 딸들에게로 퍼져, 수액이 새어나오는 지역을 두고 수컷들이 1 대 1 대결을 벌이면서 오늘날까지 강렬한 성선택이 이어지고 있다.

앞서의 통찰은 파리의 극한 무기를 설명하는 데도 도움이 된다. 초파리, 곧 드로소필리데이(초파리과)Drosophilidae는 3,000종 이상이 있는데, 대다수 수컷에게 사치스러운 무기가 없다. 그러나 이 집단의 역사에서 경쟁자 수컷과 싸우기 위한 무기가 머리에 나타난 것이 적어도 11종은 된다. 그것도 다른 시기에 말이다. (대눈파리와 사슴뿔파리는 대형 초파리과 중에서도 "큰머리big-headed" 파리 클레이드다. 즉, 이들은 수컷의 극한 무기가 진화한 11종 가운데 2종이다.)

파리의 생물학을 면밀히 연구한 미국자연사박물관 큐레이터 데이비드 그리말디David Grimaldi는, 예외적인 이 모든 종들이 동일하게 세 가지 면에서 다른 종과 구별된다고 결론지었다. 첫째로 다른 초파리 종들과 달리, 큰 무기를 가진 수컷들은 모두가 유난스러울 정도로 공격적인 경쟁을 하는 모습을 보였다. 둘째로 국지화된 자원을 보호했고, 셋째로 레슬링의 "박치기head butting"나 기사들의 "마상 창 경기jousting"와 비슷하게 서로 1 대 1로 맞붙어 싸웠다.[41]

약 6,500만 년 전 공룡이 멸종된 후 육상은 포유동물이 지배했는데, 특히 유제동물이 번성했다. 발굽이 있는 이 초식동물은 집단적으로 다양화되어, 여러 세대를 거치면서 여러 친족 클레이드로 갈라졌다가 결

국 멸종하고 말았다. 역사의 정점에서 이들은 극한 무기를 가지면서 클레이드가 폭증했다.[42]

브론토테어는 초기에 오늘날의 코요테보다 크지 않았지만, 재빨리 진화해서 어깨 높이 2.4미터에 몸무게는 9톤에 이르렀다. 초기에는 무기도 없었는데, 나중의 종들은 코에서 뭉툭한 골판이 뼈처럼 60센티미터 이상 자라났다. 코뿔소 또한 처음에는 지금의 개만 한 크기에 뿔도 없었는데, 나중에는 13톤 이상 나가는 거대한 동물로 다양화되었고, 극적인 무기를 갖추었다. 예를 들어 털코뿔소는 뿔 하나가 1.8미터 이상 자랐다. 전성기의 코뿔소는 50종이 넘었지만, 대부분이 멸종되고 오직 4종만이 오늘날까지 살아남았다.

비슷한 시기에 코가 긴 유제동물이 다양하게 나타났다. 작고 무기가 없는 초기 코끼리 형태로 시작한 이들은 150종 이상으로 분화되며 여러 가지 엄니를 무기로 삼았다. "삽엄니shovel-tusk"는 아래턱에서 앞니가 납작한 날처럼 90센티미터 정도 앞으로 돌출한 것이고, "괭이엄니hoe-tusk"는 엄니가 아래턱 아래로 둥글게 휘어진 것이다. "위엄니upper-tusk"는 마스토돈이나 오늘날의 코끼리 엄니 같은 것이다. 심지어 "네 개의 엄니four tusks"도 있는데, 이 엄니는 위로 두 개, 아래로 두 개가 뻗어 나왔다.

그러나 이 정도 유제동물은 아직 시작에 불과했다. 돼지 클레이드는 유니콘 같은 머리 뿔이 난 종들과, 길고 휘어진 엄니가 난 종들로 분화되었다. 낙타는 기괴한 형태의 무기를 지닌 여러 종들로 분화되었다. 예를 들어 신테토케라스는 머리 뒤에 한 쌍의 뿔이 나고, 코에서도 커다란 두 갈래 뿔이 돌출했다. 또 킵토케라스는 두 개의 뿔이 머리 뒤에서 앞으로 휘어졌고, 이와 별도로 코 위로 핀셋 같은 한 쌍의 뿔이 자랐다. 가지뿔영양 클레이드는 정교한 뿔을 가진 수십 종의 영양으로 분화되었고, 기린 역시 기묘하고 다양한 뿔을 가진 10가지 이상의 종으로 확산되었다. 역시 중요한 사례를 하나만 더 들자면, 사슴도 오늘날의 고라니처럼 처음에는 작은 송곳니만 났지만, 크기나 복잡한 생김새로 유명한 뿔을 가진 100종에 가까운 다양한 사슴으로 빠르게 진화했다.

범상치 않은 무기를 지닌 초기의 유제동물, 아르시노테어(오른쪽)와
신테토케라스Synthetoceras(왼쪽)

사슴의 다채로운 무기

이렇게 폭넓은 패턴이 나타난 것은 하나의 단순하면서도 놀라운 보편 규칙 때문이다. 즉, 무기 경쟁 요소의 충족 말이다. 경쟁의 마지막 요소가 충족된 후에는, 후손들 전체 클레이드의 수컷이 극한 무기를 빠르게 진화시켰다. 마스토돈과 파리 같은 종은 이루 말할 수 없이 다양했다. 다른 시기에, 다른 서식지에서, 다른 먹이를 먹으며 그렇게 다양해진 것이다. 크기가 1억 2,000만 배 이상 차이가 나기도 했다. 이빨이 커진 경우가 있는가 하면, 이마에 키틴질의 돌출물이 난 경우도 있었다. 하지만 어떤 경우든 경쟁의 세 가지 요소가 극한 무기의 진화를 촉발했다는 사실만큼은 변함이 없다. 말벌과 딱정벌레, 게, 집게벌레, 코끼리, 영양 모두가 그렇다. 이 종들이 서로 현격하게 다른데도 불구하고, 무기 경쟁을 했다는 것은 다르지 않고, 요소의 충족으로 인해 큰 무기를 갖게 되었다는 것 역시 다르지 않다.

3부

경쟁의
경과

경쟁이 시작되면서 무기는 정말 커지기 시작하고, 그 과정에서 여러 가지 일이 발생한다. 경쟁의 여러 국면을 이해하면 종의 차이에도 불구하고 현저하게 닮은 점들을 포착할 수 있다. 인간의 무기를 포함한 극한 무기 모두가 공유하고 있는 놀라운 특성들 말이다.

7
비용

저 아래 멀리, 가툰 호수가 길게 뻗어 있다. 달빛 아래 파나마 운하의 항로 표지판이 깜박이고, 호숫물에 비친 초록과 빨강 빛이 점점이 이어져 있다. 새벽 다섯 시였다. 나는 우림의 나무 우듬지를 내다보며 침대에 누워 있었다. 내 침실은 무성한 열대림으로 둘러싸인 작은 실험실 건물 2층에 있었다. 아주 가파른 비탈 위에 세워진 이 실험실은 나무로 소박하게 지은 것인데, 한 줄로 방 네 개가 있었다. 내 방은 맨 끝에 있었고, 사방의 벽 중 3면은 방충망으로만 되어 있었다. 습한 바람과 흩날리는 빗물이 방 안으로 곧장 들이쳐 내 얼굴과 침대 시트를 적셨다. 숲속은 퉁가라개구리 울음소리와 수수두꺼비의 으스스한 울음소리로 가득

했고, 그사이 나뭇잎과 처마에서 떨어지는 빗물은 그칠 줄 몰랐다.

나는 늘 그랬듯이 동이 트기 전에 잠이 깨어, 이 섬으로 나를 이끈 쇠똥구리의 특별한 소리에 귀를 기울였다. 1991년 8월, 우기가 한창일 무렵이었다. 박사과정을 밟고 있던 나는 쇠똥구리 뿔의 기능을 현장에서 연구하기 위해 바로콜로라도섬Barro Colorado Island에 한동안 머물고 있었다. 그해 내가 연구한 쇠똥구리가 개체 수는 많았지만, 크기가 연필에 달린 지우개만큼 작아서, 찾기가 그리 만만치 않았다. 쇠똥구리를 찾으려면 먹이를 먼저 찾는 게 요령이었는데, 불운하게도 그 먹이는 고함원숭이의 똥이었다. 그래서 고함원숭이 무리가 저녁에 잠을 잔 나무를 떠나기 전에 아침마다 그 위치를 찾아내는 게 내 과제였다. 원숭이가 떠나면서 똥을 누기 때문에, 그 지점을 빠르게 찾아낼 수만 있다면, 원숭이가 떠나면서 날아드는 찾기 어려운 이 작은 쇠똥구리들을 손쉽게 잡을 수 있었다.

그날 아침에는 기다리고 있던 소리를 금세 들을 수 있었다. 거의 시계처럼 정확히, 동녘에 첫 햇살이 비추기 직전, 인접 영역의 경쟁자들에게 자기 위치를 알리는 고함원숭이들의 우렁찬 울부짖음이 들렸다. 이 소리를 가까이에서 들으면 귀가 아플 정도였다. 그러나 원숭이와 쇠똥구리 위치를 재빨리 찾을 수 있었기 때문에 이날 아침은 운이 좋았다. 다른 날 아침에는 울부짖음이 숲의 소음 위로 희미하게만 들려서, 2킬로미터는 추적한 뒤에야 원숭이를 찾을 수 있었다. 내 일과는 간단했다. 나침반을 확인한 다음 다시 돌아가서 잠을 잤다. 한 시간 후, 실제로 숲 속으로 빛이 스며들면, 그날의 대(大)부대가 날아올 안개 낀 숲속으로 향한다.

숲의 우듬지 틈서리로 햇살이 파고들었다. 나침반만을 길잡이로 삼아 이제는 조용해진 원숭이들 잠자리로 향할 때, 새어 들어온 빛줄기 속에서 뿌연 안개가 일렁였다. 나는 나뭇가지를 헤치고 나아가다가 뿌리에 발이 걸리면서도 머리 위 우듬지 속의 움직임에 귀를 기울였다. 나뭇가지 하나가 살랑거리고 녀석들이 눈에 띄었다. 나뭇잎을 배경으로 석탄처럼 검은 열 개의 얼굴이 나를 굽어보고 있었다. 그중 하나가 막대기를 던졌다.

일단 원숭이를 발견하면 똥을 발견하는 건 금방이고, 쇠똥구리가 도착하는 것도 금방이다. 금속성의 빛이 나는 큼직한 쇠똥구리들이 철썩착륙하더니, 나뭇가지와 나뭇잎들 위로 기어올랐다. 노란색과 갈색의 작은 쇠똥구리는 냄새를 향해 촉수를 뻗은 채 나뭇잎 위에 자리를 잡았다. 몇 분이 지나자 쇠똥구리가 사방에서 작은 날개를 앞뒤로 파닥이며 바닥에 떨어진 똥을 향해 둥싯둥싯 날았다. 곧이어 아직 공중을 떠돌던 땅콩 크기의 쇠똥구리가 지그재그로 똥 파편을 향해 다가갔다. 주변 나뭇잎들 위에 일단 내려앉았던 파리 떼 역시 똥을 향해 달려들었다. 한 시간이 지나지 않아 숲은 먹이를 찾고 짝짓기를 하려고 모여든 곤충들로 붐볐다.

이날 나는 어떤 곤충학자도 발견한 적 없고 이름이 없는 여러 종을 발견했다.[1] 가장 큰 수컷은 한 쌍의 뿔을 지녔고, 두 눈 사이에 나란히 두 개의 뾰족한 창이 있었다. (더 작은 수컷은 뿔이 없고, 창은 발육이 부진했다.) 이 연구에서 내 목적은 이들 뿔이 진화하는 모습을 관찰하는 것이었다. 이를

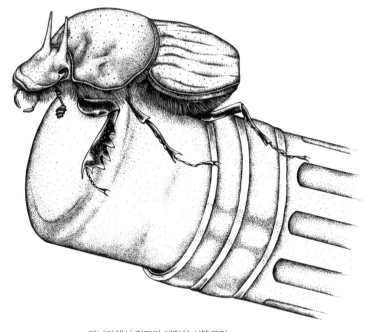

파나마에서 저자가 채집한 쇠똥구리,
온토파구스 아쿠미나투스*Onthophagus acuminatus*

위해 실험실로 쓰던 오두막집에서 직접 쇠똥구리에게 선택을 강요해 볼 계획이었다.

나는 파나마시티의 한 회사에서 원통형의 플라스틱 샴푸 병을 1,000개쯤 샀다. 현장 실험실로 이것을 가져와 띠톱으로 윗부분을 따내서, 지름 7.5센티미터에 깊이 30센티미터의 원통을 만들었다. 방충망을 두른 내 작은 실험실 진열대에 이런 통 1,000개를 줄지어 세워 놓고, 각각 축축한 모래흙을 25센티미터 채운 뒤, 아이스크림 한 국자만큼의 원숭이 똥을 그 위에 얹었다. 그 위에는 그물망을 씌우고 고무줄로 묶었다. 쇠똥구리에게 이것은 1,000채의 가정집이다.

각각의 원통에는 딱 한 쌍의 쇠똥구리를 입주시켰다. 이들은 똥 조각을 굴속으로 끌어들여 "부화 공brood ball"이라고 부르는 손가락 굵기의 경단sausage으로 만드는 혼인 사업에 착수했다. 이어 각각의 공 위에 알이 하나씩 자리 잡고, 흙과 똥으로 얇은 껍질이 씌워졌다. 일단 알이 부화하면 애벌레는 발달의 전 기간을 작은 똥공 속에서 보내며, 홀로 먹고 자라다가, 한 달 후 성체가 되어 표면으로 기어 나온다. 한 쌍의 쇠똥구리는 일주일 만에 약 6~8개의 알을 부화시킬 수 있는 경단을 만들 수 있다. 나는 며칠에 한 번씩 새로운 똥을 넣어 주고, 한 쌍이 20~30마리의 새끼를 낳을 수 있도록 했다.

일단 야생에서 잡은 100마리의 쇠똥구리로 시작했다. 암수가 반반이었다. 현미경으로 수컷을 감별해서, 씨내리breeder로 쓰기 위해 뿔이 가장 긴 수컷 다섯 마리를 선별했다. 선택된 수컷에게 각각 두 마리씩의 암컷과 잇달아 짝을 지어 주었다. (암컷은 뿔이 없기 때문에 실험실에 있는 것 가운데 무작위로 골랐다.) 짝짓기를 한 암컷은 별도의 플라스틱 원통에 입주시키고, 각 원통에서 20~30마리의 새끼를 수집했다. 암컷마다 30마리씩 번식 10회를 하면 대략 한 세대당 300마리의 2세를 낳게 된다. 이 세대의 수컷들을 다시 감별해서, 전처럼 몸통 크기에 비해 뿔이 가장 긴 수컷 다섯 마리를 씨내리로 선택했다. 각 수컷을 암컷 두 마리와 짝을 지어 주면, 이들의 자손은 실험 3세가 되고, 이렇게 번식이 계속되었다.

인공 선택 실험의 논리는 아주 명백하다. 내 실험의 경우, 모집단이 세대를 거치며 뿔 길이가 늘어난 것을 선택하도록 계획되었다. 이런 선택에 반응해서 모집단이 진화를 하는지 하지 않는지를 알아보는 것이 이 실험의 요지다. 과연 수컷의 뿔은 세대가 이어질수록 더 길어졌을까?

이 과학 실험 대상은 계속 복제될 필요가 있고, 우연에 의해 결과가 도출될 가능성을 최소화할 필요가 있다. 모집단은 세대를 거치며 단지 우연에 의해서도 차츰 변화한다. 50가지 색깔의 사탕을 큰 항아리에 골고루 섞어 담았다고 치자. 안에 손을 넣어 1,000개를 꺼내 새로운 항아리에 담는다. 그러면 50가지 전부는 아니라 해도 대부분의 색깔을 꺼낼 수 있을 것이다. 되풀이하면 더러는 지난번보다 더 잘 꺼낼 수도 있겠지만, 꺼낸 색깔의 차이는 미미할 것이다. 새로운 항아리에 담은 사탕은 예전 항아리에 있는 사탕과 색깔이 비슷할 것이다.

그런데 만일 처음의 항아리에서 5개의 사탕만 꺼내 새 항아리에 담는다면, 5개로는 대표성이 없는 게 거의 확실할 것이다. 원래의 50가지 색깔 가운데 대부분이 없을 것이다. 새 항아리가 가득 찰 때까지 5가지 사탕을 복제하면, 전체 사탕의 수는 예전과 비슷하겠지만, 색깔만큼은 극적으로 달라질 것이다. 사탕의 "모집단population"은 단지 우연 때문에 진화했다고 할 수 있다.

나는 각 세대에서 발견한 다섯 마리의 수컷과 열 마리의 암컷을 선택하기로 계획했다. 이 표본은 매우 적어서, 모집단의 유전형질의 일부 변화가 우연에 의해 발생할 수 있다는 뜻이다. 실험이 끝났을 때, 내가 인위적으로 선택한 모집단의 수컷들이 예전보다 뿔이 더 길어졌다 해도 이것이 우연 때문에 초래된 거짓된 결과일 가능성을 배제할 수 없다.

내 연구 결과를 확인하기 위해서는 다시 전체 과정을 되풀이해야 할 것이다. 하나가 아닌 두 개의 별개 모집단을 가지고 더 긴 뿔을 인위적으로 선택하는 실험을 해서, 둘 다 결국 더 긴 뿔을 가진 수컷을 얻게 된다면, 그것은 훨씬 더 유의미한 결과가 된다. 두 번 다 같은 방향으로 임의의 변화가 일어날 가능성은 적다. 더욱 좋은 것은, 더욱 많은 모집단을 가지고 반대 방향의 선택도 해 보는 것이다. 즉, 뿔이 더 짧은 수컷을 씨내리로 선택해서, 동시에 실험실에 두고, 같은 먹이를 먹이고, 똑같이 소수의 씨내리 수컷을 선택해서, 같은 세대 수만큼 번식 과정을 되풀이하면 된다. 여러 세대가 지난 후 긴 뿔을 선택한 두 모집단의 수컷들이 결국 과거보다 더 긴 뿔을 갖게 되고, 짧은 뿔을 선택한 두 모집단의 수컷들이 과거보다 짧은 뿔을 갖게 된다면, 그때는 우연을 배제했다고 할 수 있다. 실제로 나는 서로 다른 쇠똥구리 모집단 여섯 무리를 가지고 실험을 했다. 모집단 둘은 뿔이 더 긴 수컷을 인위적으로 선택했고, 다른 모집단 둘은 뿔이 더 짧은 수컷을 선택했다. 나머지 두 모집단에서는 무작위로 수컷을 선택했다. 이 모든 쇠똥구리에게 계속 먹이를 제공하기 위해 원숭이를 찾아 숲을 뒤지고 다니며 수많은 아침을 보내야 했다. 대규모의 이 실험을 위해, 원숭이 똥이 든 자루를 실험실로 나르려고 숲을 헤치고 다닌 날이 600일에 달한다.[2]

***

2년이 지나 쇠똥구리 7세가 태어난 후 비로소 나는 답을 얻었다. 무기는 진화했다. 더 긴 뿔을 가진 수컷들을 씨내리로 선택한 집단의 수컷들은 이제 예전보다 뿔이 더 길어졌고, 더 짧은 뿔을 가진 수컷들을 씨내리로 선택한 집단의 수컷들은 예전보다 뿔이 더 짧아졌다. 극단의 선택을 한 이 두 집단은, 이와 대조하기 위해 무작위 선택을 한 집단과 달라서, 동물 무기가 빠르게 진화할 수 있다는 것을 설득력 있게 증명할 수 있었다.[3] 그러나 달라진 것은 무기만이 아니었다. 뿔 크기의 증가는 비싼 대가를 치렀다.

무기가 커지면 비용도 많이 들어서, 가장 긴 뿔을 가진 수컷은 이제 눈의 발육이 부진해졌다. 실험이 끝났을 때, 더 긴 뿔을 얻기 위해 선택된 수컷들은 더 짧은 뿔을 얻기 위해 선택된 수컷들보다 눈이 30퍼센트 더 작았다. 눈의 발육 부진은 이용 가능한 영양분의 제약 때문이다. 조직이 자라기 위해서는 에너지와 영양분이 필요하다. 한 가지 구조의 생산에 더 많은 자원을 할당한다는 것은, 그 자원을 더 이상 다른 구조의 성장에 이용할 수 없다는 것을 의미한다.

동물이 어떻게 발달할 것인가는 어떻게 자원을 할당하는가에 달려 있지만, 사실 대부분은 그 효과가 미미하다. 그러나 동물이 특정 부위에 유난히 많은 투자를 하기 시작하면, 이 타협의 효과는 훨씬 뚜렷해진다. 무기 경쟁에 들어서면 무기가 아주 빠르게 커진다. 무기 확대 쪽으로 자원이 투입되면 신체 기능이 극적으로 약화될 수 있다. 곤충의 경우 그것은 때로 다른 신체 성장의 축소를 뜻한다.[4]

쇠똥구리의 경우 뿔의 성장은, 종에 따라 눈, 또는 날개, 촉수, 생식기, 정소 등의 성장 부진으로 이어진다.[5] 전투 능력을 얻은 대가로 시력이나 비행 능력, 후각, 교미 성공률이 저하되는데, 이는 무기가 과하게 비싼 셈이다. 이런 식의 타협은 극한 무기를 가진 종의 다양성을 감소시킨다.

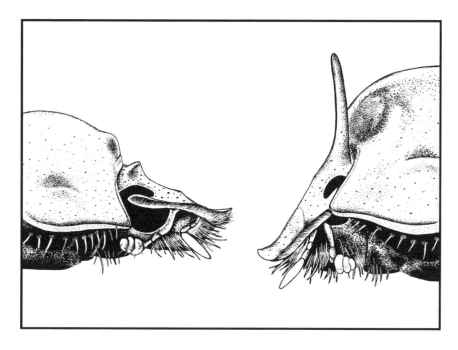

이 수컷은 뿔이 긴 만큼 눈이 작다.

예를 들어 육중한 뿔을 가진 큰장수풍뎅이는 날개가 상대적으로 더 작다.[6] 가장 큰 아래턱을 가진 사슴벌레 역시 마찬가지다.[7] 대눈파리 수컷 또한 더 큰 무기에 투자함으로써 정소의 성장이 부진해졌다.[8]

사회적 곤충의 병사 계급에서 날개의 축소는 훨씬 더 극한의 모습으로 나타난다. 머리가 큰 병사 벌[9]과 병정개미[10]는 날개와 해당 근육이 심하게 감소해서, 대부분의 시기에 아예 날개가 없다. 전투 승리의 대가로 그저 비행 능력이 떨어지기만 하는 게 아니라, 아예 날지 못하는 것이다.

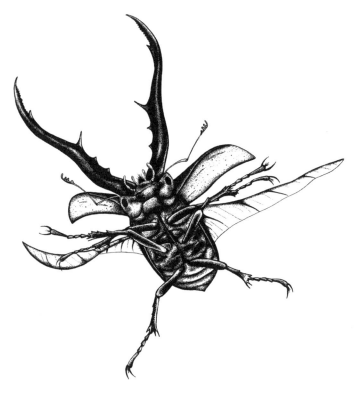

큰 아래턱을 가진 사슴벌레는 상대적으로 날개가 더 작다.

***

　신체 부위의 발육 부진은 수컷이 무기를 얻기 위한 여러 대가 가운데 하나에 불과하다. 무기가 커질수록 비용은 증가한다. 북미 순록의 뿔은 길이가 1.5미터, 무게가 9킬로그램을 넘어선다. 이 무게는 수컷 전체 몸무게의 8퍼센트에 달한다. 무스의 뿔은 길이가 2미터에 무게는 18킬로그램이나 나간다. 멸종한 "큰뿔사슴Irish elk"의 뿔이 가장 컸는데, 길이가 4미터를 훨씬 넘었고 무게는 90킬로그램에 달했다. 그러나 체중 대비 무기가 가장 큰 동물은 엘크도 아니고, 딱정벌레도 아니다. 다름 아닌 농게가 챔피언인데, 커다란 집게발이 수컷 전체 무게의 반을 차지한다.[11] 성장하는 수컷 농게는 이용 가능한 자원의 반을 무기 성장에 바친다.

그런 집게발은 크고 무거워서 만드는 데만이 아니라, 유지하는 데도 비용이 많이 든다. 집게발은 단순한 위협용이 아니다. 그 안에는 강력한 근육이 들어차 있어서 경쟁자 수컷의 외골격을 부술 수 있다. 근육 조직이 많은 에너지를 필요로 하는 것은, 근육 세포에 미토콘드리아가 집중적으로 모여 있기 때문이다. 현미경으로만 볼 수 있는 미토콘드리아는 저장된 영양분을 산소로 태워 이용 가능한 에너지로 만드는 일을 하는 세포 기관이다. 흔히 "세포 발전소"라고 불리는 이 미토콘드리아는 게의 근육세포 안에서 근육을 수축하고 집게발을 닫는 데 필요한 에너지를 만들어 낸다.

미토콘드리아가 워낙 많기 때문에 근육세포는 쉴 때조차도 유지 비용이 많이 든다. 가장 큰 집게발을 가진 수컷이 근육도 가장 많다. 수컷 농게는 근육세포가 죽지 않도록 미친 듯이 에너지를 태운다. 큰 집게발을 가진 수컷의 휴식 중 대사율은 큰 집게발이 없는 암컷보다 거의 20퍼센트 더 높은데, 이는 오로지 집게발 내부 근육 때문이다.[12] 집게발을 휘두르거나 싸움에 사용하면 훨씬 더 많은 에너지를 소모해서, 집게발이 클수록 에너지 비용도 급상승한다.[13]

우람한 집게발을 가지고 달리는 것 또한 에너지 소모가 크다. 벵트 앨런Bengt Allen과 제프 레빈턴Jeff Levinton은 공기를 차단한 상자 안에 넣은 러닝머신 위에서 농게를 달리게 하는 멋진 방법을 고안해 냈다. 농게는 달릴 때 근육이 계속 수축을 하면서 산소를 태우고 이산화탄소를 내뿜는다. 앨런과 레빈턴은 농게가 달릴 때 이 두 기체의 밀도 변화를 측정했다. 이 정보로 농게가 달릴 때의 대사 비용을 정확히 계산할 수 있었다. 개 사료 부대를 안고 달리는 사람을 상상해 보라. 커다란 집게발을 지닌 수컷이, 집게발이 작은 수컷이나 집게발이 아예 없는 암컷보다 더 많은 에너지를 소모한다는 것은 자명한 사실이다. 사실 그런 비유는 농게에게 공평하지 않다. 농게의 전체 몸무게에서 집게발이 차지하는 비중만큼 무거운 짐을 들고 달리는 상상을 해야 공평하다(내 경우를 예로 들면, 개 사료 약 23킬로그램짜리 부대 세 개에 덤으로 시멘트 블록 하나를 더 안고 달리는 것과 같다). 더 큰 집게발을 가진 게는 작은 집게발을 가진 게보다 훨씬 더 많은 에너지를 소모하고, 훨씬 더 빨리 지친다.[14] 러닝머신 위의 수컷도 범상치 않은 이 집게발 때문에 고난을 겪을 수밖에 없다.

비용은 거기서 그치지 않는다. 암컷 농게는 앞 집게발 두 개로 모래와 개흙 속의 유기물을 집어먹는다. 이런 먹이 활동은 섬세하고 지루하게 지속된다. 암컷 농게의 앞 집게발은 먹이 활동을 하는 동안 끊임없이 움직인다. 반면에 수컷은 먹이 활동용 집게발이 하나밖에 없다. 다른 하나는 전투용 무기로 대폭 커져 버렸기 때문이다. 수컷의 거대 집게발은 먹이 활동에 쓸모가 없으니, 하나만으로 어떻게든 먹이를 집어먹어야 한다. 그렇지 않아도 이미 에너지가 딸리는 수컷은 먹이 섭취율도 반으로 줄어든다. 이를 벌충하기 위해 먹이 활동을 하는 데 더욱 많은 시간을 들여야 한다.[15] 아니면 더 빨리 먹어야 한다.[16]

먹이 활동을 하는 시간이 많다는 것은 포식자에게 노출되는 시간도 많다는 뜻인데, 이렇게 노출된 수컷은 집게발 때문에 몸도 무겁고 동작도 굼떠서 위험할 수밖에 없다. 농게에 대한 여러 현장 연구에 따르면, 수컷이 암컷보다 더 많이 공중 포식자들에게 당한다. 내가 좋아하는 연구 사례로, 존 크리스티John Christy와 동료들(퍼트리샤 백웰Patricia Backwell과 츠네노리 코가Tsunenori Koga 등)이 파나마의 태평양 연안 개펄에서 농게의 일종인 우카 비베이Uca beebei 모집단을 자연 상태에서 연구했다. 그들은 농게가 큰꼬리검은찌르레기사촌great-tailed grackle에게 막대하게 희생되고 있다는 사실을 알아냈다. 이 새는 농게를 잡는 묘한 전략을 가지고 있었다. 이 찌르레기사촌은 게를 잡을 때 종종 "물러나는 척하며 찌르기"라는 속임수를 쓴다. 곧장 게를 공격하지 않고, 목표로 삼은 게를 지나치는 척하고는, 지나치자마자 순간적으로 선회해서 공격하는 것이다. 이런 급작스런 꼼수 동작을 게는 종종 놓치고 만다. 이렇게 공격하는 찌르레기사촌은 단순히 게를 곧장 공격하는 새보다 두 배는 더 게를 잘 잡았다. 주목할 점은, 새들이 이런 속임수를 써서 잡은 게가 거의 전부 수컷이었다는 점이다.[17] 수컷 게는 커다란 집게발 때문에 새들의 눈에 더 잘 띈다. 그 결과 이 모집단에서 수컷 농게는 암컷보다 잡아먹히는 비율이 월등히 높았다.

포식자에게 노출되는 위험도의 증가는, 큰 무기를 만들어 사용하는 수컷들이 거의 보편적으로 치르는 대가인 것으로 나타났다. 농게의 경우, 수컷이 암컷보다 잡아먹히는 비율이 높은 것은 눈에 잘 띄기 때문이기도 하고,[18] 달아나는 동작이 굼뜨고 오래 달릴 수 없기 때문이기도 하고,[19] 포식자들이 수컷 게를 먹잇감으로 더 선호해서 적극적으로 수컷을

찾기 때문이기도 하다(수컷은 큰 집게발 속 여분의 근육 때문에 암컷보다 영양이 더 풍부하다).[20]

***

연구를 통해 무기 비용을 가장 잘 추산할 수 있는 동물은 사슴이다. 사슴은 작은 플라스틱 원통에 넣고 기를 수 없고, 쇠똥구리보다 신체 발육 기간이 훨씬 더 길어서 인위적인 선택 실험을 하기도 어렵다. 그래도 성선택을 연구할 다른 방법이 있는데, 이 방법은 사슴 연구에 이상적인 것으로 입증되었다. 무엇보다도 사슴은 크고, 눈에 잘 띄고, 상대적으로 관찰하기 쉽다. 또한 개체마다 표시를 해 두고 따라다니기도 쉬워서, 수컷 수십 마리의 싸움과 짝짓기를 추적할 수가 있고, 짝짓기를 한 해당 암컷의 출산도 추적할 수 있다. 게다가 수컷은 뿔갈이를 하고 이듬해 또 새 뿔이 난다. 그래서 저절로 떨어진 뿔의 크기와 무게를 잴 수 있고, 심지어 갈거나 태워서 칼로리와 미네랄 성분 수치를 알아낼 수도 있다.

수컷 개체들을 장기 관찰하면 얼마나 먹이 활동을 하고, 암컷과 얼마나 시간을 보내고, 결투는 얼마나 하는지 알아낼 수 있다. 생물학자들은 마취 총을 이용해 1시간 정도 수컷에 접근해서 키와 몸무게, 나이(이빨로 확인) 등을 측정할 뿐만 아니라, 외부 기생충 수를 세고, 혈액 검사로 몸 안의 기생충과 병균 감염 여부를 알아낼 수 있다. 짝짓기 철, 곧 발정기가 오기 전과 후에 다시 이런 정보를 수집하고, 수치를 비교하면 그 모든 짝짓기 과정을 위해 수컷이 얼마나 큰 대가를 치르는지 알아낼 수 있다. 실제로 발정기의 수사슴은 놀랄 만큼 체중이 감소하고, 건강 상태도 급격히 안 좋아진다. 수사슴에게 반드시 필요한 무기와 정력, 테스토스테론 호르몬, 그리고 공격 행위가 건강을 악화시키는 것이다.

가장 극한의 뿔antler을 가진 현존하는 종으로는 다마사슴과 북미 순록을 꼽을 수 있다. 다마사슴은 유라시아 토착종으로, 이스라엘의 고고학 발굴 결과 다마사슴이 구석기 시대(1만 9,000년 전~3,000년 전) 인간의 중요한 식량 자원이었음을 짐작할 수 있었다. 이 사슴 종은 로마인들에 의해 중앙 유럽으로 옮겨졌고, 늦어도 서기 1세기 무렵에는 영국에도 유입되었다. 오늘날 가장 잘 연구된 다마사슴 모집단 가운데 하나가 다소 뜻밖의 장소—아일랜드 더블린의 도시 공원인 피닉스 파크—에 있다.

피닉스 파크는 전형적인 도시 공원이 아니다. 유럽에서 가장 큰 울타리를 두른 공원 가운데 하나로, 잔디밭과 언덕과 숲이 700만 제곱미터가 넘는다. 나무가 늘어선 대로와 인도가 사방에 있어서, 놀러 온 사람과 운동하는 사람, 퍼레이드 인파 등 잡다한 사람들과 연구 동물들이 때로 뒤섞이기도 한다. 그런데 이 모집단의 사슴은 1600년대 이후 평온한 삶과 죽음을 되풀이해서, 왕성하고 극적인 짝짓기 행동을 모두가 구경할 수 있다.

다마사슴의 뿔은 휘어진 커다란 주걱처럼 넓적한데, 끄트머리는 살짝 오므린 손가락들처럼 갈래가 져 있다. 덩치 큰 수사슴은 뿔 외곽의 가지가 일곱 개까지 생길 수 있고, 뿔을 전부 펼치면 그 너비가 수컷의 신장보다 긴, 2.7미터 이상까지 자랄 수 있다. 해마다 9월과 10월 다섯 주 동안 발정기의 수컷들은 우람한 뿔을 흔들고 울부짖으며 작은 과시 영역을 맹렬히 지킨다. 목이 쉬도록 울부짖으며 땅을 긁어서 노출된 흙에 테스토스테론 호르몬이 섞인 오줌을 누어 암컷을 유인하고 경쟁자 수컷의 접근을 막는다.

토머스 헤이든Thomas Hayden과 앨런 매켈리고트Alan McElligott는 15년 이상 이 모집단을 따라다녔다. 그동안 이 집단의 개체 수는 300~700마리였다. 두 사람은 318마리 수컷의 평생에 걸친 발정기 행동과 싸움, 짝짓기 성공을 관찰할 수 있었고, 싸움에서 이긴 개체와 사실상 짝짓기에 성공한 개체, 낳은 새끼의 수 등을 기록했다. 두 사람은 또 수컷들이 지불하는 대가를 점검했다. 즉, 각 수컷의 체중이 얼마나 감소하는지, 얼마나 아픈지, 겨울에 접어들기 전에 잃어버린 체중을 얼마나 벌충할 수 있는지도 측정했다.

모든 수컷이 다 잘 지내지는 못했다. 실제로 번식 관점에서 보면, 압도적인 다수가 참담하게 실패했다. 수컷의 4분의 3은 충분히 성장하기 전에, 곧 영역을 지키는 데 성공할 만큼 충분히 무장을 하기 전에 죽었고, 수컷의 90퍼센트는 평생 한 마리의 암컷과 단 한 번의 짝짓기도 하지 못했다.[21] 최대 크기와 지위에 도달한 수컷들 가운데 대다수가 아주 작은 부동산을 지키기 위해 싸우면서 재앙에 가까울 만큼 신체가 훼손되었다. 암컷에게 무시당하기 일쑤인 작은 영역을 지키기 위해 싸우고 또 싸우면서 스트레스는 쌓이고, 부상을 입고, 기생충이 생기고, 병균에 감염되기까지 했다.

과시 영역과 유혹 가능한 암컷을 지키기 위한 싸움은 24시간 내내 언제든 발생할 수 있는데, 수컷은 밤낮없이 하루 평균 2시간 동안 싸웠다. 이 시간에는 먹지도 못했는데, 과시하고 싸움을 하는 데는 극도의 에너지가 소모되었다. 그 결과 수컷은 보통 이 시기에 체중의 4분의 1 이상을 잃었다. 보통 수컷의 경우, 빠지는 체중이 30킬로그램에 이른다는 이야기다. 발정기가 끝날 무렵, 대다수 수컷은 굶주리고, 지치고, 기생충이 들끓고, 멍들고 찢어진 상처부터 골절에 이르기까지 부상도 심각하다. 이렇게 참혹한 상태의 수컷은 겨울이 오기 전, 고작 몇 주 만에 건강과 체중을 회복해야 한다. 회복하지 못한 수컷은 이듬해 봄이 오기 전에 죽기 십상이다.

론 모언Ron Moen과 존 패스터John Pastor는 무스 수컷이 무기를 얻는 대신 치르는 대가를 전혀 다른 방식으로 측정했다. 한 동물이 무기질과 탄수화물, 지질, 단백질 등을 몇 밀리그램 먹는지를 정확히 계량하고, 척추동물 조직의 복잡한 생화학적 생리 모형에 이 정보를 대입함으로써, 그들은 수컷이 무기 성장을 유지하기 위해 다른 신체 기능을 얼마나 희생시키는가를 정확히 계산할 수 있었다.[22] 무스의 뿔이 자라기 위해 성장기에는 매일 50퍼센트 이상의 에너지가 더 필요하고, 절정기에는 요구량이 100퍼센트(말 그대로 나머지 모든 신체 조직이 필요로 하는 만큼)에 이른다는 것을 그들은 알아냈다. 뿔 성장기 전체 요구량을 합산하면, 단순히 신체를 유지하는 데 필요한 에너지 요구량의 다섯 배가 필요했다.[23]

뿔은 단백질 요구량 역시 높았지만, 추가 먹이 활동을 통해 뿔 성장에 필요한 단백질을 확보할 수 있기 때문에 수컷에게 단백질은 문제가 되지 않았다. 흥미로운 점은, 필수 영양소가 칼슘과 인인 것으로 밝혀졌는데, 둘 다 먹이 활동으로는 쉽게 얻을 수 없었다. 무스와 북미 순록의 경우 칼슘과 인 요구량이 너무 높아서, 뿔을 성장시키기 위해서는 신체의 다른 뼈에서 이 무기질을 "빌려야" 했다. 식사로는 충분히 섭취할 수 없기 때문에, 자신의 뼈에서 칼슘과 인을 뽑아서 뿔을 키우는 데 쓰는 것이다. 이들 동물에게 이것은 지속 가능하지 않은 적자 지출의 형태다. 빠져나간 뼈 성분은 발정기 이후 먹이 활동을 통해 다시 채워 넣어야 하고, 이를 실패하면 보통 재앙이 닥친다.

모든 것을 계산해 볼 때, 이들 수컷이 뿔에 들이는 비용은 암컷이 번식에 들이는 비용과 맞먹는 것으로 나타났다. 에너지와 영양소 측면에서 뿔을 만들고 사용하는 비용은 두 마리 새끼를 낳아서 이유기까지 기르는 비용과 같았다. 뿔의 성장은 다른 뼈 질량을 극적으로 감소시키고, 수컷을 더 약하게 하고, 뼈가 부러질 가능성을 훨씬 더 높인다. 본질적으로, 동물이 한평생 신체적으로 가장 버겁고 가장 위험한 활동을 할 때 뼈가 성장한다는 것은 곧 계절성 골다공증이 걸린다는 뜻이다. 수컷에게 발정기는 뼈가 약해져서 부러질 가능성이 가장 높은 때다. 발정기야말로 지배와 번식을 위해 무자비하고 잔혹한 전투를 벌이며, 거듭 자신의 힘을 시험대에 올려야 하는 때이기 때문이다. 뼈 성장으로 인한 계절성 골다공증은 다수의 커다란 사슴 종들이 싸우다가 심각한 부상을 당하는 이유의 일부인 것이 확실하다. 무스 수컷은 갈비뼈와 견갑골 골절 사고율이 높다.[24] 붉은사슴의 경우, 번식 가능한 모든 수컷의 4분의 1은 발정기 결투 도중 골절상 등의 상처를 입었고, 6퍼센트는 해마다 회복할 수 없는 부상을 당했다.[25] 무스 수컷은 발정기에 당한 부상으로 인해 해마다 4퍼센트가 사망했고, 번식 가능한 연령대 수컷의 3분의 1이 평생 언젠가는 결투 도중 입은 부상으로 사망하게 된다.

이 연구를 심화시킨 모언과 패스터, 그리고 요제프 코언Yosef Cohen은 멸종된 대형 사슴 종인 메갈로케로스 기간테우스Megaloceros giganteus에 그들의 연구 모형을 적용했다. 이 큰뿔사슴은 사실 엘크도 아니고 아일랜드 토착도 아니다. 다마사슴과 가까운 친족인데, 1만 1,000년 전 무렵 멸종되기까지 유럽과 북아시아 전역에 널리 분포해 있었다. 이 종의 화석 대다수가 알레뢰드Allerød 아간빙기인 1만 2,000~1만 1,000년 전 아일랜드의 호수 퇴적물에서 출토되어 영어 명칭에 Irish가 붙게 된 것이다. 이 대형 사슴은 알려진 어떤 사슴 종보다 뿔이 더 컸는데, 가장 큰 수컷

"큰뿔사슴"은 사슴 종 가운데 뿔이 가장 컸다. 두 사슴 그림 가운데 작은 것은 다마사슴 수컷이다.

의 경우 길이가 3.6미터에 이르렀다.

뼈 화석을 가지고 이 대형 사슴의 전체 몸 크기와 비율들을 알아낼 수 있는데, 모언과 패스터, 코언은 이들 수치를 자신들의 모형에 대입해, 엄청난 무기 성장의 대가를 얼마나 치렀는가를 추산했다. 큰뿔사슴은 무스나 북미 순록이 치른 비용의 1.5배를 치른 것으로 나타났다고 해서 놀랄 건 없다. 그러니까 뼈가 자랄 때는, 날마다 평소에 필요한 기초대사 에너지의 2.5배가 소모되었다는 이야기다. 칼슘과 인 요구량은 막대해서, 큰뿔사슴에게는 계절성 골다공증이 특히 심했을 것이다. 큰뿔사슴이 멸종된 시기는 공교롭게도 "소(小)빙하기the Younger Dryas"라고 불리는 급격한 기후 변화 시기(알레뢰드 아간빙기 직후 시기)와 정확히 일치한다. 그 시기에는 섭취 가능한 먹이의 질이 떨어졌을 테고, 수컷은 무기 비용인 칼슘과 인을 보충하기가 훨씬 더 어려웠을 것이다.[26]

알레뢰드 아간빙기에 큰뿔사슴은 버드나무와 가문비나무 숲에 살았는데, 그런 곳은 상대적으로 양질의 먹이가 풍부했다. 그러나 꽃가루 분석에 따르면, 이 시기 말에 소빙하기가 엄습해 기온이 급락하며 식물 종이 급격히 변한 것을 알 수 있다. 큰뿔사슴은 비교적 갑자기 서식지가 툰드라(북극해 연안의 동토 지대-옮긴이)로 바뀌면서 먹이 활동 조건이 너무나 열악해졌다. 섭취 가능한 먹이의 갑작스러운 감소로 수컷은 해마다 뿔을 만들기 위해 뼈에서 빌린 칼슘과 인을 보충하기가 불가능하지는 않더라도 훨씬 더 어려워짐으로써 무기 비용이 급상승했을 것이다. 그게 사실이라면, 수컷 무기의 극한 비용은 이 종의 쇠퇴와 궁극적인 멸종에도 큰 영향을 끼쳤을 것이다.

결론적으로 가장 크고, 가장 적합하고, 가장 좋은 무장을 한 수컷이 번식 경쟁에서 우위를 차지한다. 피닉스 파크의 다마사슴의 경우, 한 번이라도 짝짓기를 한 수컷은 열 마리 가운데 한 마리에 불과하고, 3퍼센트의 수컷이 압도적인 짝짓기 횟수(73퍼센트)를 기록했다. 이렇게 극단적으로 치우친 번식 성공률—90퍼센트는 완전 실패하고 예외적인 소수만 성공하는 것—은 강력한 성선택으로 이어지고, 그럼으로써 큰 덩치와 정력, 그리고 큰 무기를 지향하게 된다. 최고 수컷의 경우, 극한 무기 투자로 인한 번식 성공은 관련된 모든 비용을 상쇄하고도 남는다. 그러나 최고가 되지 못하는 나머지 수컷의 경우, 그러한 극한 무기 투자는 비용이 너무 과다할 수 있다.

8
믿을 만한 신호

무기 경쟁이 언제 왜 촉발되었는가를 알면, 어떤 종은 큰 무기를 갖는 반면 다른 종은 그러지 않는 이유, 곧 동물 다양성의 "큰 그림"을 이해하는 데 도움이 된다. 그런데 이런 무기 경쟁 배후의 과학을 이해하면 이들 동물 종 각각의 "내부에서" 무슨 일이 일어나는가를 통찰할 수 있다. 무기 경쟁이 전개되는 방식은 기본적으로 동일하다. 극한 무기를 지닌 모든 종이 일련의 거의 동일한 단계를 거치는 것이다. 그 과정이 유사하므로 같은 특성을 공유하게 된다. 따라서 하나의 종, 예컨대 쇠똥구리의 무기를 연구해서 수집한 정보를 이용해 다른 종의 무기는 어떻게 기능하는가를 놀랄 만큼 정확하게 예견할 수 있다.

파리의 뿔, 앞장다리하늘소의 앞다리, 일각고래와 코끼리의 엄니, 이런 무기들은 단순히 크다는 것 외에도 많은 점에서 서로 닮았다. 그러나 그것을 이해하려면 초점을 바꿀 필요가 있다. 종들의 무기 크기의 다양성을 생각지 말고, 내면으로 초점을 돌려, 같은 종의 개체들이 얼마나 다양한가를 보는 것이다.

중무장한 종들 가운데서 무작위로 하나를 골라, 여러 수컷들의 무기를 면밀히 살펴보면, 모집단 내에 또 다른 양상이 숨겨져 있다. 모든 수컷이 극한 무기를 만드는 게 아니라는 점이다. 100마리 수컷을 표본으로 측정해 보면, 무기의 대부분은 그리 크지 않다는 사실을 발견하게 된다. 분명 일부 수컷만 과다하게 큰 무기를 가졌다. 야생 서식지를 보호하고자 하는 분앤드크로켓클럽Boone and Crockett Club 같은 단체에서는 초우량종 수사슴과 수소의 기록을 사소한 것들까지 관리한다. 그 이유는 정확히 그런 초우량종 표본이 희귀하기 때문이다. 대다수의 수컷은 이 클럽의 관심 대상이 아니다. 대다수 수컷이 무기를 만들지만, 그건 그저 그런 무기일 뿐이다.

성선택의 역사가 사치스러운 무기 진화로 이어지긴 했지만, 사실상 아주 소수의 개체만 무기의 위용을 떨칠 수 있었고, 대다수 수컷들 무기는 신통치 않았다. 가장 큰 무기를 가진 수컷이 모든 의미의 승리를 거머쥔다 하더라도, 그러니까 싸움에서 이겨서 암컷을 거의 독차지하고 자식을 낳는다 하더라도, 모든 수컷이 그런 큰 무기를 만들려고 하지 않는 이유가 무엇일까? 답은 간단하다. 그럴 여유가 없는 것이다.

***

나는 원하기만 했다면 12미터짜리 요트를 한 척 살 수 있었다. 어쩌면 살 수 없었는지도 모르지만 아무튼 그 정도 여유는 있었다고 생각하고 싶다. 애지머트 40S 요트는 우아한 유선형에 옆모습이 멋지다. 480마력 엔진 두 개를 장착했고, 널따란 거실, 커다란 욕실과 옷장을 갖춘 침실, 손님방, 그리고 취사실까지 있다. 당연히 최신 항법 장치와 소프트웨어도 갖췄다. 가격은 40만 달러. 이건 대지 1만 7,000평을 포함한 내 집보다 더 비싸다.

그러나 계산상 내가 그 요트를 정말 원하기만 했다면 부동산을 담보로 대출을 받고, 월소득 전부와 연금 일부까지 다달이 은행에 바친다면 요트를 가질 수는 있을 것이다. 대신에 한 10년 동안은 내 아이들 밥도 못 먹이고, 개들을 수의사에게 데려가지 못하고, 극장에도 못 가고, 오직 요트에 모든 소득을 갖다 바치는 것 외에는 아무것도 못할 것이다. 요트를 모는 데 필요한 휘발유를 살 여력도 없고, 플랫헤드호의 요트 정박지에 요트를 한 번 대 보지도 못할 것이다. 그러나 이 요트를 사서, 모든 이웃이 볼 수 있도록 트레일러에 실어 내 주차장 앞에 근사하게 세워 둘 수는 있을 것이다.

CNN 설립자 테드 터너Ted Turner는 두 개 카운티에 걸친 사유지를 가지고 있다. 나는 그를 만나 보지 못했지만, 듣기론 그가 미국에서 두 번째로 많은 땅을 가진 지주라고 한다. 그가 로키산맥 프론트(동부 사면과 초원이 만나는 곳으로 몬태나주 소재-옮긴이)의 초지를 복원해서 수만 마리의 아메리카들소를 방목하는, 믿기지 않는 일을 해냈다는 것을 나는 알고 있다.

그 정도 부자라면 지금 당장이라도 현금으로 요트를 살 수 있을 것이다. 두어 척이라도 부담 없이 말이다. 하지만 그는 보통 사람이 아니다. 몬태나주의 연평균 소득은 3만 7,000달러에 불과하다. 우리들 대다수에게 애지머트 40S의 비용은 너무 과하다.

이제껏 초보 경제학 이야기를 한 것 같지만, 여기에는 깊은 뜻이 있다. 비용이란 모든 사람에게 동일한 게 아니다. 다른 사람에 비해 장난감조차 너무 비싼 사람도 있다. 40S는 40S일 뿐이니까, 그걸 사려면 테드 터너든 나든 똑같이 40만 달러를 내야 하지만, 그런 절대 가치만이 중요한 것은 아니다.

테드 터너와 내가 요트를 가지려고 할 때, 같은 양의 자원을 가지고 시작하는 게 아니다. 내가 요트를 가지려면 터너보다 훨씬 많은 비율의 자원을 소모해야만 한다. 이용 가능한 자원의 관점에서, 요트는 터너보다 나한테 훨씬 더 비싸다. 결론은 이렇다. 자원이 더 적은 우리 같은 사람에게 사치품은 더욱 비싸다는 것.

무기가 극한 크기로 진화할 때, 무기는 극단적으로 비싸진다. 무기는 동물 세계의 요트나 람보르기니 같은 고가품이 된다. 대체로 수컷은 여유가 닿는 한도에서 가장 큰 무기를 만든다. 그러나 자유재량으로 처분할 수 있는 여유 자원의 상대적 크기가 다르므로, 대다수 수컷은 자원의 한계 때문에 표준 이하의 무기만 만들 수 있다.

물론 인간들 역시 여유 자원의 크기가 다양하다. 소수는 부자로 태어나 막대한 재산을 물려받는다. 값비싼 사립학교에 다니며 최고의 선생에게 배우고, 최고의 의사에게 치료를 받고, 커서는 최고의 회사에서 화려한 경력을 쌓으며 고속 승진을 한다. 다른 사람들은 저소득층 가정에서 태어나 어렵게 살아가야 한다. 그런 아이들은 대학 교육도 받지 못하고 일찌감치 밥벌이에 나서야 할 수도 있다. 그 결과 저임금 일자리에 머물며 발전의 기회마저 박탈당할 수 있다. 우리들 대부분은 그 중간에 걸치지만, 하나의 모집단으로서 우리의 소비 수준은 폭넓은 편차를 보인다.

부자라면 빚을 내지 않고 당장이라도 집을 살 수 있다. 나머지 사람들은 은행 대출을 받을 수밖에 없고, 그럼으로써 사실상 집을 사는 비용이 더 들게 된다. 은행은 저소득층이나 신용 등급이 낮은 사람에게 더 높은 이자율을 적용해서, 가장 가난한 사람이 사실상 가장 많은 이자를 내게 되고, 주거 비용은 훨씬 더 높아진다. 40S의 정가는 동일하더라도, 테드 터너가 현금을 지불하고 나는 대출을 받아야 한다면, 나는 전체 요트값을 터너보다 더 많이 내는 셈이 된다. 예를 들어 내가 연이율 5퍼센트 정도로 30년 대출을 받아 원리금을 갚아 간다고 하자. 그러면 요트의 가격은 정가보다 약 35만 달러가 비싸져서, 총액은 거의 두 배가 비싼 75만 달러가 된다! 이 모든 요인들로 인해 가진 자와 못 가진 자의 차이는 더욱 크게 벌어진다.

동물들 역시 태어날 때부터 여유 자원에 차이를 보인다. 가장 크고 가장 잘 먹은 부모에게서 태어난 엘크 새끼는 유리하게 삶을 시작한다. 태어날 때 몸무게도 더 나가고, 영양분도 더 많이 저장한 상태에, 면역 체계도 더 강하다. 그들은 가장 안전하고, 가장 좋은 먹이가 있고, 가장 스트레스가 적은 최선의 환경에서 자라게 된다. 다른 새끼들은 어쩔 수 없이 생리 조건이 취약하고 빈약한 체질의 부모와 함께 삶을 시작한다. 그들은 태어날 때부터 체구가 더 작고 약한 데다 서식지도 더 열악하다. 그래서 성장도 더 느려서, 더 빨리 뒤처지게 된다. 작은 체구 때문에 먹이 다툼에서 밀리게 됨으로써 몸은 더욱 약해지고, 스트레스가 심해짐으로써 감염의 위험이 더 높아진다. 그 모든 경험은 초기의 크기 차이를 더 심화시키고, 지배자와 피지배자, 큰 자와 작은 자의 차이는 더 크게 벌어진다. 초기 삶의 작은 차이는 성장기에 복리로 불어나서, 성체에 도달했을 무렵에는 이용 가능한 자원에 큰 차이를 보이게 된다. 아주 소수만이 가장 크고, 가장 사치스러운 무기를 만들 수 있게 되는 것이다.

***

내가 애지머트 40S를 사지 못하는 진짜 이유는, 내가 가진 자산 전부를 소비할 수가 없기 때문이다. 가족을 나 몰라라 하고, 집과 연금을 다 털어 쓸 수는 없다. 게다가 자산 전부를 탕진하면, 매달 대출 이자를 내고, 차량 할부금이나 택시 요금을 내기는커녕, 먹거리를 살 돈도 없게 된다. 내 순자산이란 사실상 내가 자유재량으로 쓸 수 있는 금액이다. 내가 마음대로 쓸 수 있는 것은 의무적인 비용을 초과해서 얻은 소득, 곧 자유재량 금액뿐인 것이다. 원칙적으로, 이 여분의 금액을 나는 마음대로 어디에든 쓸 수 있다. 그런데 문제는 일단 고정적으로 써야 할 비용을 제하면 남는 게 별로 없다는 것이다. 자유재량 금액이 너무 빈약해서는 요트처럼 비싼 것에 눈독을 들일 수가 없다. 사람에 따라 이 금액은 현격한 차이를 보인다. 전체 자원의 차이보다 훨씬 더 말이다.

동물도 마찬가지다. 먼저 충당해야 할 의무적인 비용이 있는데, 기초 대사 기능을 위한 에너지 요구량부터 채울 필요가 있다. 심장박동을 유지하고, 근육을 수축하고, 소화작용을 하고, 뇌를 쓰는 것과 같은 것 말이다. 이 모든 핵심 기능은 열량과 영양분을 소모한다. 동물에게 강제 청구되는 이 비용은 협상이 불가하다. 이 의무 비용을 체납하면 동물은 사망한다. 오로지 잉여 자원—자유재량으로 소비할 수 있는 생물학적 자원—만을 전투, 곧 큰 무기 생산에 이용할 수 있다. 다른 신체 부위가 성장한 후 뒤늦게 무기가 자라기 시작하는 것도 그 때문이다. 뿔과 발톱, 엄니는 신체 발달 도중 작은 상태를 유지하다가, 수컷이 신체 발달을 마치고 거의 성체가 되었을 때, 그러니까 확실하게 의무 비용을 먼저 지불

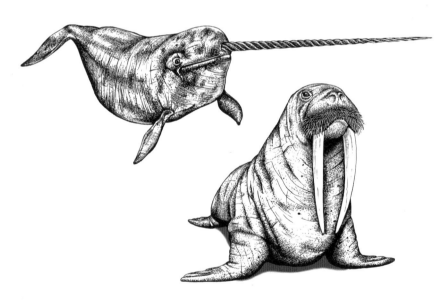

무기만큼은 다른 신체 부위가 다 자란 후 커진다.

한 후, 비로소 본격적으로 커지기 시작한다.[1] 그때 남아 있는 자원만이 무기 제작에 쓰인다.

자원과는 다른 관점에서도 무기는 자유재량에 달려 있다. 생존에 필수적인 것이 아니라는 점에서 말이다. 예를 들어 다수의 종에서 작은 수컷이 그러하듯, 암컷은 무기 없이도 잘 살아간다.[2] 무조건 발달해야만 하는 다른 신체 부위와는 사뭇 다르게, 무기 발달은 꼭 필요한 게 아니다. 이는 무기 크기가 의무적인 다른 신체 부위보다 자원의 이용 가능성에 훨씬 더 민감하다는 뜻이다. 몇 년 전, 동료들과 나는 성장 중인 장수풍뎅이 애벌레에게 이용 가능한 먹이의 양을 조절함으로써 이를 시험해 보았다. 이 실험에서 우리는 영양분 섭취를 제한함으로써, 수컷들의 발달을 위해 이용 가능한 자원의 크기를 변화시켜, 다른 신체 부위들이 얼마나 민감한가를 측정할 수 있었다.

장수풍뎅이는 썩어 가는 나무를 먹는다. 우리는 커다란 퇴비 제조기 속에 톱밥과 적당량의 단풍나무 낙엽을 넣고 발효시켜 사료를 만들었다. 한 달쯤 후 이것이 진한 갈색으로 변해서, 비 오는 날 숲속 냇가의 냄새를 풍겼다. 장수풍뎅이가 딱 좋아하는 냄새였다. 이것을 여러 개의 0.5리터들이 병과 4리터들이 병에 나누어 담았다. 그리고 전체 장수풍뎅이 애벌레를 반반씩 나누어, 반은 0.5리터들이 병에 하나씩 담고, 나머지 반은 4리터들이 병에 하나씩 담았다. 이들의 다른 점은 애벌레 먹이의 양뿐이었다. 여러 달 후 성체 장수풍뎅이가 나타나자, 우리는 이들을 수집해서 크기를 측정하고, 두 집단의 수컷을 비교했다. 영양분이 장수풍뎅이 성장에 큰 영향을 미쳤음은 너무나 당연한 사실이다. 먹이가 부족했던 수컷들의 생식기는 먹이가 풍족했던 수컷들보다 7퍼센트 작았다. 날개와 다리는 약 20퍼센트 작았다. 그러나 뿔은 거의 60퍼센트나 차이가 나서, 영양분에 따른 뿔 성장의 민감도가 날개와 다리의 3배에 이르렀다. 생식기 성장 민감도에 비하면 약 9배에 해당한다.[3]

모든 큰 무기는 영양분에 매우 민감하다. 큰 집을 더 큰 집으로 바꾸는 복권 당첨자처럼, 사료를 충분히 먹은 수컷 장수풍뎅이는 체구가 더 크고 뿔이 더 긴 성체로 자랐다. 먹이를 제거하면 그 반대 결과를 보게된다. 잘 먹은 수컷 집게벌레는 못 먹은 수컷보다 집게가 더 길게 자란다.[4] 대눈파리 역시 마찬가지다.[5] 사슴의 뿔[6], 엘크의 뿔[7], 아이벡스의 뿔[8] 역시 마찬가지다. 먹이는 동물에게 소득과 같다. 소득을 금고에 가득 채워 두면 나중에 사용할 수 있다. 잉여 영양분을 따로 챙길 수 있는 수컷들은 자유재량 자원을 더 많이 갖고, 더 큰 무기를 만들 수 있다. 여타 수컷들은 더 적은 자원을 가지고 시작한다. 가지고 있는 모든 것을 의무 비용에 충당하면 당연히 무기에 쓸 자원이 남지 않게 된다.

무기 성장은 정확히 같은 이유에서 질병에도 매우 민감하다. 병에 걸리면 잉여 자원이 고갈된다. 성장기에 질병과 싸우는 수컷은 무기 성장에 많은 자원을 쏟아부을 수 없다. 기생충은 조직을 갉아먹고, 병원균은 면역 체계를 무너뜨리고, 이 모든 것이 저장된 예비 자원을 고갈시킨다. 무기를 비롯한 자유재량의 신체 부위는 그런 상실의 짐을 떠맡는다. 아픈 수컷은 건강한 수컷보다 뿔이 덜 자란다.[9] 예를 들어 아프리카물소 뿔[10]과 농게의 집게발이 그렇다.[11]

무기에 관한 것이라면 뭐든 값이 비싸다. 초과 성장을 가능케 하는

수컷 엘크나 딱정벌레의 경우, 나이가 같아도 전투 능력을 나타내는 정직한 신호인 무기의 크기는 서로 다르다.

예비 자원은 물론이고, 끊임없이 무기를 유지하고 지참하고 전투에 사용하는 데 드는 자원 모두가 말이다. 무기 크기가 삶의 변화에 매우 민감한 것도 그 때문이다.

***

가장 크고 가장 좋은 인간 무기는 항상 너무나 값이 비싸서, 누구보다 부유한 소수만이 소유할 수 있었다. 예를 들어 중세에 기사의 무장 비용은 범상치 않았다.[12] 무엇보다 비싼 것은 기회비용이었다. 기사라면 일을 할 필요가 없을 만큼 부유해야 했다. 예비 기사는 십 대 나이에 접어들었을 때부터 전일제 직업으로 싸움 훈련을 받았고, 이 훈련은 종종 10년 이상 이어졌다. 당시 유럽의 압도적 다수의 젊은이들이 영주에게 빚을 진 소작인이었기 때문에 이 길을 추구할 수 있는 자유가 없었다. 기사가 될 수 있는 귀족 계층이라도 모두가 평등한 것은 아니었다. 일부만이 다른 이들보다 더 좋은 선생에게 훈련을 받을 수 있었던 것이다.[13]

전투 시 기사는 여러 겹의 무장을 했는데, 모두가 정교하고 값이 비쌌다. 갑옷 밑에는 리넨과 말털로 짠 두꺼운 직물인 아케톤aketon을 충격 흡수용으로 입었다. 그 위에 칼에 베이지 않도록 고안된 사슬이 촘촘히 연결된 사슬 갑옷을 걸쳤다. 최고의 사슬 갑옷은 기사 개인의 체형에 맞게 맞추어 입어서, 관절 부위가 꼭 맞아서 움직임에 방해되지 않도록 했다. 이 위에 대장장이가 만든 정식 갑옷을 입었는데, 가슴과 머리뿐만 아니라 어깨와 팔꿈치, 팔, 다리를 감싸는 모양의 판금에 경첩을 단 판금 갑옷이었다.[14]

갑옷의 질은 천차만별이었다. 누구보다 부유한 기사들은 최고급 판금으로 본인에게 맞게 모양을 잡아 주는 갑옷 제작자를 거느리고 있어서, 갑옷이 완벽하게 몸에 맞았다. 다른 기사들은 기성품을 사서 입었다. 이 기성품은 덜 비쌌지만, 프리 사이즈로 대량생산된 것이었다. 이런 더 싼 갑옷은 몸에 잘 맞지 않아서, 행군할 때나 말을 타고 전투를 벌일 때 살갗이 쓸리고, 움직임이 제약되었다.[15] 마지막으로 이 갑옷 위에는 가문의 문장이나 상징을 수놓은 화려한 튜닉을 걸쳤다. 물론 가장 좋은 튜닉은 아름답게 맞춤 제작한 것으로 값이 비쌌다.

기사들은 창도 자비로 사서 써야 했다. 그것도 많이 사야 했다. 마상 창 경기 도중 손상되거나 부서졌기 때문이다. 경기용 창lance만이 아니라 전투용 창pike과 칼, 대검, 철퇴, 방패도 사야 했고,[16] 말도 필요했다. 기사의 전투용 말은 무엇보다 중요해서, 무장 가운데 가장 값이 비싼 항목이었다. 최고의 말은 군마 혈통으로, 키가 크고 강하고 빠르고 믿을 만해야 했다. 희귀하고 가장 값비싼 군마는 "데스트리어destrier(군마)"라고 불렸다.[17] 이 동물은 자잘한 명령에도 즉각 반응하고, 완벽하게 직진할 수 있도록 이른 나이에 훈련을 받았다. 군마는 아주 혼란스러운 상황—전장의 비명과 고함, 도끼와 곤봉을 휘두르며 돌격하는 보병들—에도 불구하고 대오를 이탈하지 말아야 했다. 전투 순간 말이 멈칫거리면 위험할 수 있다. 최고 혈통의 말을 사서 훈련시키는 데는 큰돈이 들었는데, 가장 부유한 기사들은 서너 마리의 말을 이끌고 전장에 나섰다.

군마는 갑옷을 둘러야 했는데, 이 갑옷은 부피가 커서 기사의 갑옷보다 더 비쌌다. 말 갑옷으로는 충격 방지용 패드, 사슬 갑옷, 판금 갑옷, 그리고 사치스러운 외장 튜닉 등이 포함되는 게 보통이었다. 이것들 역시 최고의 갑옷은 움직임에 방해를 받거나 몸에 쓸리지 않도록 동물별로 체형에 맞게 주문 제작을 했다.

기사들은 1년에 몇 달씩을 전장에서 보냈다. 이때 멋진 막사, 옷과 장비를 담은 가방, 양탄자, 부엌살림, 가구도 짐마차에 싣고 다녔다. 짐말 외에도 기사의 시종과 도제, 하인, 요리사를 싣고 다니는 말이 더 있었다.[18] 최고의 기사는 말의 혈통부터 막사의 크기와 스타일, 의복, 갑옷, 수

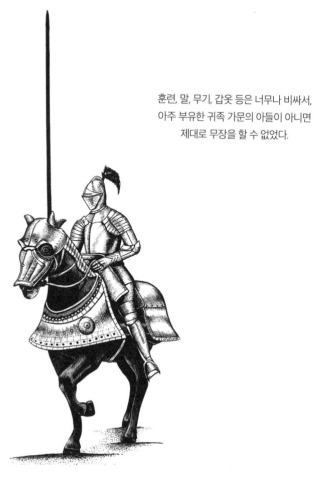

훈련, 말, 무기, 갑옷 등은 너무나 비싸서,
아주 부유한 귀족 가문의 아들이 아니면
제대로 무장을 할 수 없었다.

행원 등에 이르기까지 모든 것이 남달랐다. 딱정벌레의 뿔이나 엘크의 뿔과 마찬가지로, 기사의 반짝이는 갑옷의 질과 사치스러움이 곧 그의 지위와 부를 나타냈고, 훈련과 이동의 용이성, 호신 능력 등 모든 것이 그대로 갑옷의 가격과 결부되었기 때문에, 기사의 겉모습은 곧 전투 능력을 나타냈다.

***

동물의 무기 크기 차이가 건강과 영양, 전체 컨디션, 수컷 개체의 유전적 특질을 반영하기 때문에, 무기는 전투 능력을 시각적으로 보여 주는 뜻깊은 신호다. 물론 여타 신체 부위에도 남다른 점은 있다. 최고의 수컷 엘크는 열등한 수컷들보다 키가 더 크고, 머리도 더 크고, 꼬리가 더 길다. 그러나 무기는 두 가지 이유에서 그보다 더 훌륭한 신호를 보낸다.

첫째로, 무기는 동물 신체의 다른 부위보다 훨씬 더 다양한 차이를 보인다. 예를 들어 키가 0인 엘크는 없고, 신체와 근육이 전혀 없는 엘크도 없다. 그러나 뿔이 없는 엘크는 많다. 무기 크기는 0부터 엄청난 규모에 이르기까지 두루 걸쳐 있어서, 다른 신체 부위보다 수컷들 간의 편차가 매우 크다.[19] 15센티미터의 외줄기 뿔과 1.8미터의 갈래 진 뿔을 구분하기는 매우 쉽다. 어떤 수컷이 다른 수컷보다 몇 센티미터 키가 더 크다는 것을 구분하는 것보다 말이다. 수컷의 싸움 능력이나 신체 크기의 차이가 미미하다 해도 무기의 상대적 크기 차이는 현저하다.[20]

둘째로, 이 신체 부위는 거대하다. 무기는 육중하고 뚜렷하게 돌출해서, 세상 모두가 볼 수 있도록 수컷의 자질을 홍보하는 생물학적 광고판 구실을 한다. 무엇보다 좋은 것은 이 광고판이 정직하다는 점이다. 내가 무리를 하면 애지머트 40S를 장만할 수 있지만, 빈약한 수컷 엘크는 무리해서 거대한 뿔을 만들 수 없다.

내가 요트를 사러 갔다고 치자. 세상만사 다 잊고 질러 버렸다. 등록할 돈도, 연료를 살 돈도 없고, 고장 나면 수리할 돈도 없는데 말이다. 이와 비슷하게, 빈약한 수컷 엘크가 어떻게든 큰 뿔을 만들어 냈다 쳐도 그 뿔을 사용할 수가 없다. 싸움에서 뿔을 효과적으로 휘두르는 데 필요한 힘도, 모아 둔 에너지도, 정력도 없고, 체구도 빈약하다. 그러면 큰 뿔을 만들어 낸 노력은 헛되고 말 것이다.[21]

큰 무기와 마찬가지로 요트도 크기가 커짐에 따라 기하급수로 가격이 상승한다. 다음에 항구나 요트 정박지를 지나갈 일이 있으면, 잠시 발길을 멈추고, 사람들이 오락용으로 소유한 요트의 크기가 얼마나 다양한지 둘러보라. 아주 작은 요트부터, 중간 크기의 요트, 큰 요트, 그리고 때로 엄청나게 큰 요트—45미터의 수상 맨션 같은 최상급 요트—가 항구 멀리, 또는 소유주 개인 부두에 정박하고 있는 것을 볼 수도 있을 것이다. 요트가 지위를 상징하는 데는 그럴 만한 까닭이 있다. 무기처럼, 요트의 크기는 명백히, 그리고 정확히, 소유주가 이용 가능한 자원의 크기를 반영한다.

수컷은 자신의 무기에 가능한 한 많은 것을 투자하지만, 수컷들이 이용 가능한 자원을 다 똑같이 가진 것은 아니다. 그 결과 무기 크기에 현격한 차이를 보이게 된다. 하지만 궁극적으로 무기는 쓸모가 있다. 무기는 수컷의 건강과 지위, 싸움 능력, 그리고 전체적인 자질에 대한 결정적인 정보를 보여 주는 믿을 만한 신호이기 때문에, 그리고 이 정보는 너무나 뚜렷이 보이기 때문에, 맞닥뜨린 경쟁자 수컷들은 서로를 쉽게 평가할 수 있어서 마냥 위험한 결투로 치닫지 않을 수 있다.

9
억제력

텐트 바닥의 물기에 얼굴이 퉁퉁 부운 채 나는 갑자기 깨어났다. 한 손을 짚고 상체를 일으키자, 텐트 바닥이 커다란 물침대처럼 꿀렁거리며 내 몸에 눌렸던 자리의 나일론 천이 붕긋 일어나 손목과 두 무릎을 지그시 감쌌다. 텐트 지붕과 옆을 내리치는 빗소리가 들렸다. 폭풍이 불고 비가 쏟아지고 있었다. 그러나 그게 전부가 아니었다. 뭔가 다른 게 있었다. 파도. 우린 파도에 둘러싸여 있었다. 어찌 된 일인지, 조수 수위가 예상한 것보다 더 높아서, 파도가 해안으로 올라오며 우리를 집어삼킬 듯이 텐트를 후려쳤다.

우리는 장대 같은 빗줄기가 쏟아지는 어둠 속으로 뛰어들었다. 따뜻한 물에 정강이가 잠겼다. 우리 셋은 텐트 모서리를 붙잡고 있는 힘껏 잡아당겨 모래톱에서 텐트를 뽑아냈다. 안에 든 침낭 무게 때문에 바닥이 축 늘어지며 텐트 폴대가 위태롭게 휘어졌다. 우리는 물이 줄줄 흐르는 텐트를 파도 위로 높이 쳐들고, 어처구니없는 상황에 요란하게 웃어대며 고지대로 달렸다. (그날 밤 몇백 킬로미터 북쪽을 지나간 허리케인 때문에 기록적인 파도가 쳤다는 사실을 일주일 후에야 알게 되었다.)

물바다 탈출이 없었더라도, 이것은 내 인생에서 손꼽을 만큼 마법적인 밤이었다. 내 아내 케리와 친구 리사, 그리고 나는 여행 안내서에 나온 코스타리카의 원시적인 해안에 대한 글을 읽었다. 서핑광이 아니면 너비가 10킬로미터에 이르는 모래톱에 발을 내디딜 생각도 하지 않아서, 해안에는 오직 우리 셋뿐이었다. 경치는 그림엽서같이 완벽했다. 열대림이 하얀 모래톱과 눈부신 푸른 바다에 접해 있고, 야자수 잎이 산들바람에 나부꼈다. 오후의 탐사를 마친 우리는 바다를 바라볼 수 있도록 숲 언저리에 텐트를 쳤다. 그러나 진정 탄복할 만한 경치는 어둠이 몰고 왔다.

사방 몇 킬로미터 안에 불빛 한 점, 집 한 채 없는 바닷가에 완전한 어둠이 내리고, 하늘에서 별들이 찬란하게 빛났다. 파도도 찬란했다. 출렁이는 파도는 물속의 인광 때문에 청록색으로 빛났다. 파도가 솟구칠 때마다 찬란한 연초록빛 장막이 하늘로 솟았다가, 해안에서 무너지며 반짝이는 물거품을 모래톱 위로 밀어 보냈다. 해안으로 들이치는 파도는 칠흑 같은 밤과 모래톱을 초록빛으로 밝혔다. 우리는 모래톱에 발자국으로 초록 그림을 그렸다.[1]

해안은 또 다른 면에서도 활기를 띠었다. 유령처럼 하얀 게들이 사방에서 춤추듯 잰 발을 놀리며 발아래서 작은 탄환을 쏘아 올렸다. 물가의 반짝이는 거품 속에서 작은 게들은 몸에 달라붙은 인광을 번들거리며 유기 분해물을 집어먹었다. 해안의 바닷물 가까이에는 엄지 굵기만 한 구멍이 즐비했다. 저마다 30센티미터쯤 떨어져 격자무늬를 그리듯 파인 구멍이 해변을 뒤덮고 있었다. 포식자가 덮치면 쏜살같이 달아날 태세를 갖추고 구멍마다 한 마리씩의 게가 서성이고 있었다. 그 밖에도 무수한 게들이 황망히 걸음을 놀리며 구멍에 접근해 이따금 주인에게 도전했다. 우리가 옴짝달싹도 하지 않고 서 있을 때면, 게들이 우리 다리 사이로, 우리 발가락을 밟고 빠르게 지나갔다.

태평양과 대서양, 인도양 전역의 열대 해변에서 늘 펼쳐지는 일이지만, 지켜본 사람이 거의 없는 장엄한 광경을 우리는 목격하고 있었다. 밤이면 밤마다, 낮이면 낮마다, 작은 갑각류들의 싸움이 모래판에서 펼쳐진 것이다. 이 해변에서만 하룻밤에도 1만 번의 대결이 이루어지고, 전 세계의 해변에서도 똑같은 일이 벌어진다. 유령 같은 농게를 발견하거나 관찰하기는 어렵지 않다. 해변에서 조금만 시간을 보내다 보면 누구나 볼 수 있지만, 게들이 뭘 하는지 차분히 지켜보는 사람은 거의 없다.

그걸 해낸 사람이 바로 존 크리스티John Christy다. 존은 35년 이상 농게의 행동을 연구했다. 파나마의 해변과 갯벌에서 농게가 싸우고 구애하는 모습을 관찰하며 무수한 시간을 보낸 것이다. 1970년대 박사과정을 밟으며 존은 플로리다의 샬럿 하버의 작은 섬에서 홀로 지냈다. 이야기 상대라고는 애완용 아니(아메리카아니뻐꾸기)와 게들밖에 없었다. 대학원생이 거의 항상 그렇듯 찢어지게 가난했던 그는 근처의 현장 연구소 책임자를 설득해서 그 섬에서 무료로 지냈다. 이미 있는 유일한 건물이라고는 아무런 배관도 전기도 없는 한 칸짜리 알루미늄 박스가 전부였다. 이것이 그의 집이 되었다. 600미터 길이에 300미터 너비의, 데빌피시 케이라고 불리는 이 섬은 덥고 습하고 모기가 우글거렸다. 우리의 그림 같은 코스타리카의 낙원과는 딴판이었다. 하지만 작은 이 해변은 수백만 마리의 게들로 덮여 있었다.

데빌피시 케이에는 아무도 찾아오지 않아서, 존은 방해받지 않고 실험을 할 수 있었다. 그는 모래밭에 수백 개의 색깔 깃발을 세우고, 게 구멍의 위치를 표시하고 지도를 그렸다. 농게가 얼마나 깊이 파고드는지 알아보기 위해 굴을 파헤쳐 보기도 했고, 그중 몇몇 개의 굴에서 알을 밴 암컷을 발견하기도 했다. 강력 접착제가 막 발명된 뒤라, 그는 500마리의 농게 등에 작은 색깔 딱지를 붙이고, 몸통 크기와 집게발 크기를 기록하고, 어떤 행동을 하는지 관찰했다. 누가 누구에게 접근했는지, 싸우긴 싸웠는지, 싸울 때는 어떻게 싸웠는지, 싸우면 누가 이겼는지, 누가 자손을 퍼뜨리는 데 성공했는지를 모두 기록했다.[2] 무엇보다도 존은 농게가 범상치 않은 무기를 가지고 대체 무엇을 하는지 관찰하고자 했다.

그가 발견한 사실은 농게가 손을 흔들듯 무기를 흔든다는 것이었다. 위로 아래로, 위로 아래로, 거듭 집게발을 높이 들었다 내렸다. 분당 수십 번, 시간당 수천 번, 몇 시간이고 계속해서. 경쟁이 치열해지면 분명 집게발은 무기 기능을 했다. 강력한 집게발로 경쟁자에게 진짜 상처를 입힐 수 있었다. 하지만 집게발은 신호용으로 보이기도 했다. 정작 몇 분

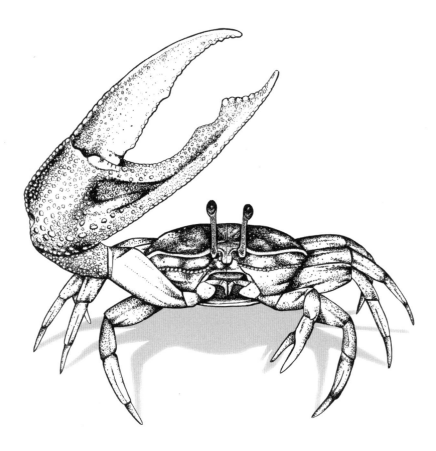

농게가 집게발을 흔드는 것은 결투 억제력으로 작용한다.
집게발을 실제 무기로 쓰는 것은 가끔뿐이다.

의 싸움을 위해, 수컷들은 집게발을 위아래로 흔들며 수십 시간을 보냈
다. 대부분 집게발은 결투 도구가 아니라 경고용으로 흔들었다. 집게발
이 결투 억제력으로 쓰인 것이다.

***

    결투 상대를 이길 수 있는지 알아내는 최고의 방법은 물론 직접 싸워 보는 것이다. 감추는 것 하나 없이, 가진 모든 것을 걸고 싸우면 결국 답을 얻게 될 것이다. 싸움의 문제는 위험하다는 것이다. 때로 그 위험은 조심성을 잃는 데서 오는 피해에 불과할 수도 있다. 게들은 갑옷 같은 외골격 때문에 싸우다 다치는 일이 적지만, 싸우는 게들은 조심성을 잃게 되어 갈매기나 찌르레기의 공격 목표가 되기 쉽다. 싸우는 장소에 따라 조심성을 잃는 것이 치명적일 수도 있다. 큰뿔양과 아이벡스는 가파른 절벽에서 머리를 들이받으며 싸운다. 한 발만 헛디뎌도 재앙이 닥칠 수 있다. 다리가 부러져도 치명적이 된다. 수컷들은 싸울 때 항상 적에게 주의를 기울이면서 동시에 발놀림도 조심해야 한다.

    대부분의 경우 싸움은 그 자체가 위험한 행동이다. 코끼리바다표범 수컷은 항상 깊은 상처를 입고 있기 십상이다. 싸우다 다쳐서 15센티미터 정도 피부와 지방층이 벌어져 살이 덜렁거리는 수컷을 본 적이 있다. 뿔로 상대를 물리치거나 공격을 막을 수도 있지만, 뿔 가지가 서로 엉켜 떨어지지 않을 경우 두 마리 모두 속절없이 죽을 수밖에 없다. 경쟁자 수컷의 뿔에 난 가시에 찔려 표피에 구멍이 난 장수풍뎅이를 곧잘 볼 수 있다. 엄니에 찔릴 경우, 상처를 입어 감염이 되거나 뼈가 부러질 수도 있다. 거의 모든 싸움은 상처를 입을 위험이 따르고, 동물의 세계에서 결투로 인해 상처를 입은 수컷이 너무나 많아 우리는 그것을 당연하게 여기는 경향이 있다.

    위험한 싸움이 벌어지기 전에 미리 승자를 구별할 수 있는 방법이 있다면 어떨까? 어느 수컷이 미리 질 거라는 사실을 인식할 수 있다면, 그 냥 물러나 버리는 선택을 할 수 있을 것이다. 싸움을 회피할 경우 당장 은 짝짓기 기회를 박탈당하지만, 일단 살아남아서 나중에 도전할 기회 는 남아 있다. 이길 수 있는데 물러나는 것은 바보 같은 짓이겠지만, 결 국 지게 될 싸움을 회피하는 것은 시간과 에너지를 절약하고 위험을 피 하는 현명한 행동이다. 조건이 더 열악한 작은 경쟁자들에게는 더욱 그 렇다. 그들은 싸움 도중 불구가 될 가능성이 아주 높기 때문이다. 물론 이를 위한 비결은 누가 이길지를 정확히 예견하는 것이다. 그러기 위해 경쟁자들은 서로를 쉽게 평가 판단할 수 있는 방법을 갖고 있어야 한다. 잠재적인 경쟁자들의 싸움 능력을 나타내는 명백한 지표가 필요한 것 이다.[3]

농게는 경쟁자 수컷을 평가할 때 집게발을 본다. 무엇보다도 농게 집 게발은 커다란데, 많은 종의 경우 알아보기가 아주 쉽도록 색깔까지 더 밝다. 집게발은 또한 개체에 따라 크기가 가장 다양한 신체 부위라서, 작 은 것부터 극한까지, 그 중간을 포함해서 크기가 너무나 다양하다. 게다 가 다른 모든 큰 무기와 마찬가지로 집게발의 성장은 기생충과 질병, 영 양 상태에 민감하다. 그래서 더 큰 집게발을 가진 농게는 사실상 승리할 가능성이 월등히 높다.[4] 그 때문에 집게발을 주목할 수밖에 없어서, 수컷 들은 결투 전에 집게발을 보며 서로를 평가하게 된다.

***

농게는 수직의 굴 주위를 돈다. 주인 수컷은 굴 소유권을 방어하며 남는 여유 시간이 있으면 계속 굴을 청소하고 넓히고 완벽하게 갈무리한다. 암컷들은 여러 수컷들을 찾아가서, 하나를 선택하기 전에 각각의 굴을 살펴본다. 선택을 한 후에는 수컷과 짝짓기를 하고 여러 주일 동안 땅 아래 갇혀 지내며 새끼가 자라길 기다린다. 암컷들은 굴을 선택할 때 일관성 있게, 적절한 넓이와 깊이, 바닷물과의 적절한 거리—만조 때 밀물을 피할 수 있고, 굴 바닥에 습기가 유지될 수 있는 위치—를 따진다.[5]

수컷들은 굴 소유권을 두고 싸운다. 그 결과 가장 크고, 가장 무장이 잘된 수컷이 가장 매력적인 굴을 차지하게 마련이다. 때가 무르익으면 해변은 집 지키는 수컷들로 뒤덮이게 된다. 고삐라도 매어 놓은 것처럼 굴에 붙어 서서 집게발을 깃발처럼 흔들며 말이다. 그러나 이 무렵 해변에는 떠돌이 수컷도 즐비하다. 게들은 주기적으로 이 두 가지 상태를 반복한다. 굴 방어자 수컷들은 먹이 활동을 하지 못한다. 먹이가 굴에서 먼 물가에 접해 있기 때문이다. 저장된 영양분 자원은 매일 조금씩 감소해서 언젠가는 고갈된다. 결국 최고의 수컷이라도 힘이 쭉 빠져서, 재충전을 하기 위해 굴을 포기할 수밖에 없게 된다. 자리를 비우자마자 다른 수컷이 소유권을 주장하게 되고, 원래의 주인은 떠돌이가 되어 나중에 다시 위쪽 해변으로 올라와 굴 소유권을 두고 싸우는 도전자가 될 수밖에 없다.

해변마다 수십만 마리에 이르는 너무나 많은 수의 게들이 끊임없이 떠돌이와 방어자 역을 바꿔 하는 바람에, 해변에는 놀랄 만큼 많은 대결이 벌어진다. 방어자 수컷은 날마다 수백 마리의 도전을 받아, 쫓겨나거나 쫓아내는 일이 끊임없이 벌어진다. 이들 모두가 실제로 치열한 대결에 뛰어들면 이런 수많은 대결은 정말 위험할 것이다. 그러나 그런 일은 없다. 대부분의 대결은 그렇게 심해지기 전에 일찌감치 해소된다.

떠돌이 게의 관점에서, 그러니까 모래 위 고작 2~3센티미터에 위치한 눈으로 바라본 해변 풍경을 상상해 보라. 바라보는 모든 곳에서 집게발이 수평선을 찢을 듯이 휙휙 올라갔다 다시 내려온다. 수없이 거듭 올라갔다 내려오는, 끊임없는 대공사격 같은 동작에 포위된 상태다. 떠돌이 수컷은 단순히 처음 마주친 굴로 다가가지 않는다. 무작위로 접근하지도 않는다. 집게발을 흔드는 수컷들 사이를 누비고 지나가는 떠돌이 수컷은 집게발들을 평가한다. 더 큰 집게발은 더 작은 집게발보다 더 높이 올라간다. 떠돌이 수컷은 자기 집게발보다 조금이라도 작거나 같은 집게발을 가진 수컷이 지키는 굴을 향해서만 다가간다.[6]

이것이 주목할 만한 이유는, 자기 집게발이 얼마나 큰가를 수컷들이 스스로 인식하고 있다는 것을 그런 행동이 함축하고 있기 때문이다(그렇지 않다면 먼 거리의 집게발들이 자기 집게발보다 더 크다는 것을 어떻게 알고 피하겠는가?). 그런 행동은 또한 일찌감치 멀리서 대부분의 대결을 피하는 선택을 한다는 것을 함축한다. 압도적인 다수의 경쟁은 시작도 하기 전에 끝난다. 싸움 비슷한 것도 없이 말이다. 더 작은 수컷으로서는 단지 큰 집게발을 힐끔 쳐다보는 것만으로 충분하다.

수컷이 적당한 크기의 경쟁자를 발견할 때만 다음 단계의 일이 벌어진다. 떠돌이 수컷이 접근하면 집주인은 몸을 돌려 상대의 정면을 향한다. 방어자 수컷은 자기 집게발을 앞으로 쭉 뻗고, 떠돌이는 집게발을 마주치며 가만히 상대 집게발을 밀어낸다.[7] 침입자가 보기에 자기가 빈약하고 집주인의 집게발이 더 큰 것 같으면, 이 단계에서 물러나게 된다. 그렇지 않다면 밀어내기 동작이 살짝 거칠어진다. 각 수컷은 집게발을 교차하고 길이를 재듯 마찰한다. 이때 역시 많은 수컷들이 평화롭게 물러나는 선택을 한다. 아주 막상막하가 아니라면, 더 작은 수컷이 물러나게 마련이다.[8] 두 수컷이 이 단계가 지나서도 맞붙어 있다면, 이윽고 대결이 치열해진다. 이번에는 훨씬 더 강력하게 밀치고 집게발로 물고 전력을 다해 조인다. 마지막으로, 어느 쪽도 물러나지 않으면 결국 무제한의 결투가 시작되어, 강력한 후려치기와 조이기 공격을 펼치며 격렬한 소모전을 벌이게 된다. 침입자가 집게발로 후려칠 때 집주인은 안전한 굴속으로 물러나서 방어할 수도 있고, 둘 중 하나가 마침내 포기하고 달아날 때까지 후려치기를 계속할 수도 있다.[9]

그러다 절정에 이른 싸움은 격렬하고 매우 소모적이어서, 너무나 많은 에너지를 소모할 뿐만 아니라 위험하기 짝이 없다. 그러나 이렇게 격렬한 싸움은 드물다. 날마다 해변에서 이루 말할 수 없이 많은 수컷들이 서로 마주친다는 것을 감안할 때, 실제로 결투에 이르는 경우가 드물다는 것은 주목할 만한 사실이다. 전면 전투에 들어가도 대부분은 평화롭게 해결된다. 농게는 현존하는 동물 중에서 상대적으로 가장 큰 무기를 지녔지만, 집게발이 억제력으로 작용해서 그 무기를 싸움에 쓸 일은 거의 없다.

***

수컷의 전투력에 대한 정보를 알리는 적절한 신호가 있다면, 다른 수컷들에게 항상 도움이 될 것이다.[10] 실제로 동물들은 전투를 할 것인가 말 것인가를 현명하게 선택한다. 결코 물러서지 않고 무차별 공격을 하며 모든 전투에 전력을 다해 싸우는 수컷은 결국 상처투성이 상태로 탈진하거나 죽는다. 비싼 대가를 치르는 전투를 하기 전에 경쟁자의 능력을 평가해서, 승리의 보상이 피해를 무릅쓸 가치가 있을 때만 공격에 나섬으로써, 수컷들은 자원을 더욱 효율적으로 분배한다.

농게처럼, 대나무벌레bamboo bug 수컷은 처음에는 무기를 억제력으로 이용하고, 가끔만 전투 도구로 쓴다. 옆구리에는 커다란 뒷다리가 나 있다. 두툼하고 강하고, 날카로운 가시로 무장한 이 뒷다리로는 경쟁자 수컷을 짓눌러서 표피에 구멍을 내고 찌부러뜨릴 수 있다. 수컷은 대나무 새순 위에서 북적이는 암컷들 하렘을 지키며, 암컷들을 한데 모아 놓고 침입자 수컷들과 결투를 벌인다. 경쟁자가 접근하면, 방어자 수컷은 커

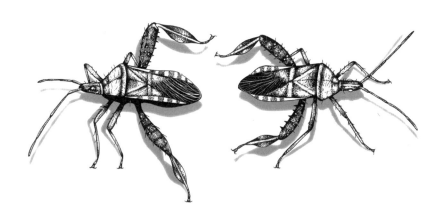

대나무벌레는 전투를 억제하기 위해 무기를 흔들고,
무기가 아주 막상막하일 때만 전투를 벌인다.

아이벡스는 무기 크기를 비교하며 서로를 평가한다.
마주쳐도 전투에 들어가는 일은 드물다.

다란 뒷다리를 들고 흔들며 침입자 면전에서 뒷다리를 뻗낸다. 보통은 이것으로 충분히 결투가 억제된다. 수컷들이 아주 막상막하일 경우에만 실제 결투가 이루어진다.[11]

아이벡스는 유제동물 가운데서 뿔이 가장 길지만, 이들 역시 거의 싸우지 않는다. 수컷들은 으스대며 걷거나 때로 달리며 항상 서로의 크기를 재며 평가하고, 서로 툭툭 차며 스파링을 한다. 그러나 전면 전투에 들어가 박치기를 하는 일은 극히 드물다.[12] 북미 순록도 조심성이 많다. 2년 이상 수컷끼리의 경쟁을 1만 1,600회 이상 관찰한 연구 결과에 따르면, 그중 6회(0.05퍼센트)만 결투를 벌였다.[13]

자연계의 아주 즐거운 역설 가운데 하나로, 가장 극한의 무기는 치열한 전투에 사용될 가능성이 가장 적다.[14] 가장 크고, 가장 컨디션이 좋은 수컷은 육중한 무기를 흔들어 대다수 경쟁자가 덤비는 것을 즉석에서 사전 차단할 수 있다. 무기의 존재만으로도 가장 큰 경쟁자 이외의 모든 수컷들을 단념시키기에 충분한 것이다. 중간이나 작은 크기의 무기를 지닌 나머지 수컷들의 경우, 경쟁자가 만만할 때만 전투를 벌이기 때문이다.

* * *

무기 경쟁 국면에서 억제력은 종합적이고 직관적으로 이루어진다. 무기 크기가 증가할수록 비용도 증가한다.[15] 비용을 댈 수 있는 수컷은 점점 줄어들고, 빈부 격차가 커진다. 무기 크기가 더욱 극한적으로 진화할수록 가진 자와 못 가진 자의 격차는 더욱 벌어지게 된다. 없는 무기는 계속 없는 상태로 유지되지만, 가장 큰 무기는 점점 더 커진다. 신호로서의 무기는 더 정직해지는 동시에 더 시각적이 되면서, 억제력의 진화를 촉진한다.

억제력은 무기 경쟁에서 비롯하지만, 무기 진화를 점점 빠르게 촉진하기도 한다. 무기가 전투력의 신호로 기능하기 시작하는 순간, 극한 크기를 유발하는 전적으로 새로운 동기가 발생한다. 이제 가장 큰 무기를 가진 수컷은 두 가지 이유에서 개가를 올린다. 첫째로 전투에서 경쟁자를 물리칠 수 있을 뿐만 아니라, 둘째로 싸우지 않고도 적을 물리칠 수 있기 때문이다.[16] 가장 큰 무기를 가진 수컷은 이미 큰 보상을 받았는데, 억제력 덕분에 전투 비용을 아끼는 보상까지 받게 되는 것이다.

물론 무기 크기를 주목하는 것은 수컷만이 아니다. 많은 종의 암컷도 무기 크기를 따진다.[17] 왜 안 그러겠는가? 무기는 수컷의 우수성을 보여 주는 명백하고 믿을 만한 광고다. 암컷 게는 더 큰 집게발을 가진 수컷에게 접근하는 경향이 더 높고,[18] 더 밝은색의 집게발을 선호한다.[19] 대눈파리 암컷은 가장 긴 눈자루를 가진 수컷을 선호한다.[20] 집게벌레 암컷은 가장 긴 집게를 가진 수컷을 선호한다.[21] 붉은사슴[22]과 토피영양[23] 암컷은 가장 큰 뿔을 가진 수컷을 선호한다. (암컷을 유인하는 매력, 이것 역시 큰 무기 덕분에 얻는 또 다른 보상이다.)

마지막으로, 억제력의 본질—수컷들이 전투 전에 서로를 평가한다는 것—은 1 대 1 수컷 경쟁의 본질을 강화하고, 무기 경쟁을 유도하는 조건들 또한 강화한다. 반복 가능한 연속적인 평가 행동은 굴이나 나뭇가지처럼 기능한다. 수컷들로 하여금 1 대 1 대결을 하게 한다는 점에서 말이다. 열린 장소에서 싸움이 벌어지더라도, 북미 순록과 영양이 종종 그렇듯, 연속적인 평가는 경쟁자들을 줄 세워 항상 전투가 1 대 1 대결로 벌어지게 함으로써, 더 나은 무장을 한 수컷의 승리를 보장하게 된다.

무기가 커지면서 점점 더 높은 억제력을 선택하면, 억제력은 점점 더 큰 무기를 선택하게 된다. 무기 경쟁과 억제력은 서로 밀어 주고 끌어주며 진화를 가속화한다. 그래서 극한 무기의 진화는 갈수록 빨라진다.

　　　　　　　　　　　　　***

　전성기의 대영제국은 모든 대륙에 식민지와 영토를 두고 세계 인구의 5분의 1을 지배했다. 작은 섬나라치고는 놀라운 성취가 아닐 수 없는데, 절대적으로 우월한 해군이 없었다면 불가능했을 것이다.[24] 18~19세기 내내 세계 최강이었던 영국 해군은 해상 요새 함대가 넘쳐 났다. 높다란 마스트와 단단한 참나무 선체에 대포를 장착한 장엄한 선박들로 이루어진 함대 말이다.

　전함을 건조하는 비용은 막대했다. 74문의 대포를 장착한 배 한 척을 만드는 데만도 참나무 3,500그루가 필요했다. 참나무는 최소한 100년 이상 자란 것이어야 했다. 대포 100문을 장착한 전함은 참나무가 6,000그루 가까이 필요했다.[25] 이 무렵 유럽 국가들은 이미 대규모로 벌채를 마친 뒤라, 단단한 목재를 구하는 데 엄청난 비용이 들었다. 폭넓은 해상 무역로와 식민지를 가진 나라만이 필요한 목재를 들여올 수 있었고, 대부분의 시기에 식민지에서는 배를 조립하기만 했다. 가장 큰 전함의 건조 비용에 더해서, 조선소와 설계사, 조선공, 선원, 대포, 삭구, 훈련받은 장교와 병사 등의 비용까지 감당할 만한 국가는 별로 없었다. 함대와 선박 크기는 국가의 전투력을 나타내는 신호가 되었다. 이는 완벽한 전투 억제 신호였다. 농게와 마찬가지로, 두 나라 해군의 격돌이 일어나는 것은 규모가 비슷할 때였다. 함대는 가장 큰 배를 앞세우고, 크기 순서대로 일렬로 정렬했다.[26] 적 함대도 그렇게 정렬해서, 서로의 함선 크기를 비교했다. 더 큰 배를 많이 가진 쪽이 우세했는데, "중무장 선박"이 더 길게 늘어선 것만 봐도 이것을 금세 알 수 있었다. 해상 전투가 난전으로 발전할 경우에도, 함선은 비슷한 크기의 함선과 싸웠다. 큰 배는 항상 더 작은 배를 이길 수 있었다. 그러나 덩치와 무게 때문에 속도가 느려서, 더 작은 배는 달아날 수 있었다. 중간 크기의 배는 더 큰 배를 피해 달아날 수 있었지만, 더 작은 배를 붙잡을 만큼 빠르지는 못했다. 전함은 불가피하게 덩치나 속도가 비슷한 상대를 찾아 싸웠다.[27]

해군의 기함flagship은 "1급"의 배, 곧 당시 존재한 가장 육중한 배였다. 강력한 무기인 일급 전함은 뱃전의 대포를 한 차례 일제사격 하는 것만으로도 더 작은 전함 선체를 박살 낼 수 있었다. 보기만 해도 오싹한 힘의 화신이랄까. 이런 일급 전함이 전투에 얼마나 효율적인지 한눈에 알아볼 수 있었다. 이렇게 큰 배를 단순히 항구로 몰고 들어가기만 해도, 세계 그 어떤 나라의 반란이나 항쟁도 바로 진압할 수 있었다.[28]

대다수의 나라에 일급 전함이 전혀 없던 시절에, 영국은 수십 척이나 보유하고 있었다. 예를 들어 나폴레옹 전쟁 때는, 74문 이상의 대포를 장착한 전함을 180척 가지고 있었다.[29] 스페인과 네덜란드, 프랑스 해군은 잠시 한두 번 영국 해군과 겨룬 적이 있지만,[30] 나폴레옹 전쟁이 끝날 무렵까지 호각을 이룬 적은 한 번도 없었다. 영국은 홀로 바다를 지배했다. "팍스 브리타니카Pax Britannica(영국에 의한 평화-옮긴이)"라고 불리는 19세기 대부분의 시기에, 각 지역의 대다수 갈등은 단순히 영국 전함이 가까이 있는 것만으로도 저절로 수그러들었다. 게와 북미 순록의 경우처럼, 큰 무기와 억제력은 상대적 평화의 수호자 구실을 했다.

오늘날에도 일급 무기의 비용은 여전히 막대해서, 가장 부유한 국가만이 최고의 무기를 가질 수 있다. 길이 300미터 이상에 배수량 10만

톤인 미국의 니미츠급Nimitz-class 핵 추진 항공모함은 다수의 대공 미사일 포대와 90척의 전투기를 탑재하고, 승무원은 6,000명이 넘는다.[31] 이만한 크기의 배 한 척을 건조하는 데는 45억 달러가 든다. 물론 전투기는 뺀 비용이다. 보잉의 F-18 슈퍼 호네트 같은 현대 전투기 가격은 대당 6,700만 달러 정도니까,[32] 전체 항공모함 비용은 105억 달러가 된다. 6,000명의 승무원 훈련비와 급여를 더하면 비용은 더욱 치솟는다. 게다가 항공모함 자체는 공격에 취약해서, 홀로 다니는 법이 없다. 항공모함 타격단carrier strike group은 일반적으로 초대형 항공모함 1척에, 유도 미사일을 탑재한 순양함 2척, 적 잠수함과 전투기를 파괴하기 위한 구축함 2~4척, 그리고 종종 핵잠수함 1척 등으로 이루어진다. 이 항공모함 타격단 하나의 구입가는 200억 달러가 넘는다. 최근 연구에 따르면 이 타격단 하나를 유지 운영하는 비용이 하루 650만 달러로 추산된다.[33]

미국에는 열 개의 니미츠급 항공모함 타격단이 있다. 다른 나라에는 이와 비슷한 것이 단 하나도 없다. 미국은 19세기 영국과 비슷한 방식으로 해군을 운용한다. 덩치가 크고, 막강하고, 엄청나게 비싼 항공모함은 무기와 억제력으로 기능한다. 체스의 말처럼 옮겨서 분쟁 지역을 안정화시키는 군사력의 휴대용 신호로도 기능하는 것이다.

10
밀통과 속임수

　　파나마에서 마지막 해를 보내며, 새벽이면 원숭이를 찾으러 숲 속으로 달려가고, 그 사이사이에 여러 세대에 걸친 인위적 선택 실험을 하던 나는 사무실 천장 아래 두꺼운 검은 천으로 천막을 치고 어둠 속에서 며칠을 보냈다. 이번에 내 목표는 단지 지켜보기만 하는 것이었다. 쇠똥구리가 하는 어떤 행동이든 모든 것을 보고자 했다. 일찍이 쇠똥구리 행동을 연구한 어떤 학자도 보지 못한 것을. 그리고 수컷들이 어떻게 뿔을 사용하는지 열렬히 보고 싶었다.

　　문제는 흥미로운 모든 일이 지하에서 일어난다는 것이었다. 쇠똥구리는 내 발아래서 싸우던 수천 마리의 농게와 달랐고, 물상추 매트 위에서 겅중거리며 걷는 자카나와도 달랐다. 이 녀석들은 연필 크기의 지하 굴속으로 파고들었다. 19세기 말에 프랑스의 박물학자 장 앙리 파브르 Jean-Henri Fabre 역시 유럽 쇠똥구리가 지하에서 벌이는 짝짓기 행동을 연구하면서 비슷한 어려움을 겪었다. 그는 흙을 채운 유리 대롱 위에 구멍 뚫린 파이 접시를 얹어 놓는 방법을 썼다.

100년 후 나는 유리 대롱을 졸업하고 유리 샌드위치를 도입했다. 유리판 사이에 흙을 채운, 일종의 "개미 농장"을 만든 것이다. 파이 접시 대신 바닥에 칼집을 낸 플렉시글라스(고품질 아크릴-옮긴이)를 개미 농장 위에 하나씩 얹었다. 쇠똥구리가 굴을 파려면 유리판 사이로 파고드는 수밖에 없어서, 밖에서 안을 엿볼 수 있었다. 조명이 밝으면 쇠똥구리에게 방해가 되니까 어둡게 해 줘야 했다. 굴 내부는 당연히 볕이 들지 않으니 말이다. 다행히 쇠똥구리는 앞장다리하늘소처럼 빨간색을 보지 못했다. 그러니 빨간색 필터를 붙인 조명을 이용해서, 녀석들을 방해하지 않고 어두운 천막 안에서 관찰을 할 수 있었다. 작은 굴속에서 땅콩 크기의 쇠똥구리가 난투를 벌이는 모습을, 희미한 불빛 속에서 사팔뜨기가 될 정도로 4시간씩 연속으로 지켜보며 바삐 메모를 했다. 천막 내부는 램프 열기로 후끈해지고, 곰팡내와 거름 냄새가 진동했다. 하지만 쇠똥구리는 유리 샌드위치 안에서 번성했다. 녀석들은 싸우고 짝짓기 하고 어린것들에게 양식을 마련해 주었다. 나는 그 모든 것을 지켜볼 수 있었다. 수컷이 싸울 때 뿔을 쓴다는 사실이 바로 밝혀졌다. 그건 놀랄 일이 아니었지만, 그런데도 나는 그걸 보며 흥분했다. 싸움은 놀랍도록 혼란스러웠다. 방어자 수컷은 공격에 대비해 다리의 가시를 굴의 흙벽에 박았고, 침입자는 머리와 뿔을 내두르며 방어자를 아래로 밀어붙였다. 수컷들이 머리로 밀어붙이며 아래로 파고들려고 할 때 뿔이 서로 얽히곤 했다. 수컷들이 서로 막상막하라서 싸움이 고조될 때면, 서로 점점 더 흥분해서 굴이 더 넓어지고 상대를 뛰어넘기도 했다. 그러면 앞뒤로 서로 자리를 바꾸면서 소중한 안쪽 자리를 번갈아 가며 차지했다. 1 대 1 대결을 하는 쇠똥구리들은 때로 암컷이 있는 곳까지 밀려가서 싸움 도중 암컷과 부딪치기도 한다. 굴 바깥으로 굴러가서 땅바닥에 올라설 때도 있다. 치열한 격전 도중 어느 쪽이 원래의 방어자인지 헷갈릴 경우도 있지만, 결국 물러나는 것은 거의 항상 뿔이 더 작은 수컷이었다.[1]

이들을 충분히 관찰하자, 매번 같은 방식으로 되풀이되는 싸움을 계속 지켜보는 것은 의미가 없었다. 승자를 지켜보는 것은 그리 흥분되지 않았다. 결국 나를 놀라게 한 것은 패자들이었다. 패배한 수컷 가운데 덩치가 큰 녀석들은 다른 굴과 다른 도전을 찾아 서둘러 떠났다. 자연 상태에서는 불과 1~2센티미터만 이동하면 다음 굴에 도착했지만, 내 상자 안에서는 그렇게 운이 좋지 않았다. 플렉시글라스 상자 안에서 끝없이 맴을 돌 뿐이었다. 그러나 작은 수컷들은 전혀 달랐다. 그들은 쫓겨난 뒤, 살짝 1센티미터 남짓 자리를 비켰을 뿐이다. 그리고 거기서 자기 굴을 파기 시작했다. 굴을 파는 것은 전형적인 암컷의 행동이다. 그런데 작은 수컷들이, 주인이 있는 굴 바로 옆에 새로운 굴을 판 것이다.

처음 그것을 본 나는 꽤나 흥분했다. 작은 수컷이 주인이 있는 지하의 본굴main tunnel로 몰래 숨어들 거라는 생각이 든 것이다. 그런데 작은 수컷은 가만히 대기하기만 했다. 몇 시간 동안 자기 굴에 그저 가만히

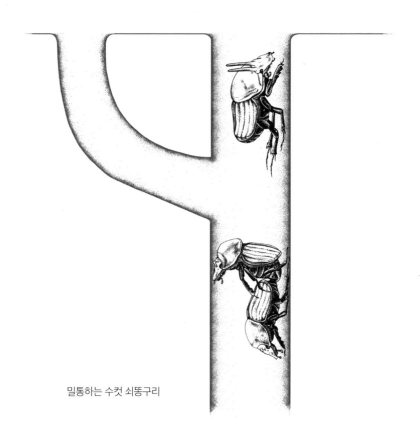

밀통하는 수컷 쇠똥구리

앉아 있었다. 나도 가만히 앉아 있다가 차츰 심란해지기 시작했다. 물론 화장실에 가기 위해 잠깐 자리를 비웠는데, 녀석이 일을 치른 것은 바로 그 순간이었다. 자리로 돌아온 나는 모든 것이 끝난 뒤라는 것을 알아차렸다. 이미 자기 굴로 돌아와 있었지만, 녀석이 옆으로 굴을 팠다는 것을 알 수 있었다. 본굴로 길을 낸 것이다. 나는 대여섯 개의 플렉시글라스 상자를 한꺼번에 설치하고, 큰 수컷과 작은 수컷을 섞어 놓았다. 그리고 마침내 나는 밀통 현장을 직접 보았다. 몇 시간씩 가만히 앉아 있던 작은 수컷이 갑자기 움직이기 시작하더니 본굴 옆으로 파고들어 수직 통로를 따라 암컷에게 달려갔다. 그리고 암컷과 짝짓기를 하고는 한 2분 만에 다시 자기 굴로 잽싸게 물러났다. 그때 방어자 수컷은 침입자가 있는 줄도 모르고 위쪽 입구만 가로막고 있었다.

박사 학위 심사위원들에게 이 옆 굴side tunnel 이야기를 하자, 그들은 거의 2차원의 세계인 얇은 유리 샌드위치 안에서 쇠똥구리가 굴을 판 점을 지적하며 물었다. 다른 작은 녀석들은 그럼 어디로 가나? 물론 그들은 개미 농장의 본굴에서 서로 마주치곤 했다. 진짜 질문은 그들이 자연 상태에서도 같은 행동을 하느냐는 것이다. 따뜻한 하얀 실리콘 튜브를 잔뜩 챙겨서 숲으로 간 나는 이것을 쇠똥구리 굴속으로 주입했다. 원숭이 똥 조각은 그리 크지 않아서, 지름이 1달러 주화(약 4센티미터-옮긴이)만 할 것이다. 한 자리에 10~20개의 쇠똥구리 본굴이 모여 있는 경우는 드물지 않다. 나는 그 굴 모두에 실리콘을 주입한 후, 전체를 발굴해서 손수레에 실어 실험실로 가져와서, 조심스레 흙을 털어내자 굴의 형태가 드러냈다.

야생에서는 옆 굴이 어쩌다 생기는 게 아니라 자주 생긴다. 굴 형태를 보니 그것이 명백해졌다. 몰래 접근한 수컷이 본굴에 수평으로 낸 옆 굴이 4~5개에 이르렀다.[2] 이제야 나는 왜 큰 수컷이 주기적으로 굴 주위를 순찰하는지 이해할 수 있었다. 그리고 작은 수컷한테 뿔이 없는 이유도 이해가 되기 시작했다. 이 쇠똥구리 종의 경우, 굴을 파는 다수의 쇠똥구리 종과 마찬가지로, 가장 큰 수컷은 모두 한 쌍의 긴 뿔이 나 있지만, 작은 수컷들에게는 뿔이 없다. 심지어 중간 크기의 뿔도 없다. 그들은 뿔의 성장을 전면 차단하는 것으로 보인다. 그래서 성장하면 암컷처럼 보인다.[3] 작고 뿔이 없는 수컷들은 크고 뿔이 있는 수컷보다 굴속으로 진입하기가 쉽다. 일단 좁은 굴에 뿔이 걸리적거리지 않기 때문이다.[4] 웨스텐오스트레일리아대학의 존 헌트John Hunt와 조 톰킨스Joe Tomkins, 리 시몬스Leigh Simmons의 연구 덕분에 이제는 우리도 알고 있다. 이들 다수의 "동종이형dimorphic" 쇠똥구리의 작은 수컷들이 밀통 전문가라는 사실을 말이다. 더 빨리 짝짓기를 하고, 더 빨리 정자를 사출할 뿐만 아니라 상대적으로 정소도 더 크고, 정자도 더 많다.[5] 무기를 휘두르는 방어자 수컷들만큼 자주 짝짓기를 하지는 못해도, 한번 붙잡은 기회를 누구보다 더 잘 이용한다. 싸워서 얻을 게 없을 경우, 이 작은 녀석들은 플랜 B로 갈아탄다.

***

번식에의 접근을 소수의 우세한 수컷들이 지배할 경우, 나머지 수컷들에게는 규칙을 깨고자 하는 강한 동기가 부여된다. 정상적인 방법으로는 이길 수 없는 게임을 한다면, 몰래 편법을 쓰는 수컷이 있게 마련이다. 거의 모든 동물 종의 모집단이 그렇다.[6] 큰뿔양은 로키산맥의 가파른 비탈에 자리 잡은 하렘을 지킨다. 가장 크고 가장 나이 많은 수컷이 가장 큰 뿔을 가졌고, 이들 수컷이 어김없이 승리를 거두고 하렘을 거느린다. 하지만 큰뿔양의 40퍼센트는 더 작은 수컷들의 자식이다.[7] 일명 "코서courser(사냥개-옮긴이)"라고 불리는 이들 밀통하는 수컷은 한 번에 몇 초 동안만 영역에 침입해서, 지배자 수컷에게 들이받히기 전에 재빨리 암컷과 교미를 한다.

개복치와 연어 수컷은 암컷이 알을 낳게 될 깨끗한 모래 바닥을 지킨다. 암컷이 최고의 영역을 가진 크고 매력적인 수컷을 선택해서 그 옆에 산란을 하면, 수컷이 알 위에 정자를 뿌린다. 작은 수컷들은 수호할 영역을 가질 기회도 없고, 암컷에게 선택될 기회도 없다. 그래서 몰래 다가가 정액을 뿌옇게 쏴 댄다.[8]

유럽과 아시아의 습지에 서식하는 목도리도요 중 가장 큰 수컷은 번식기에 흑색과 밤색의 화려한 목도리 깃털을 과시하며 영역을 지킨다. 암컷은 가장 크고 화려한 수컷을 짝짓기 상대로 선택한다. 나머지 수컷에게는 아무런 선택의 여지가 없다. 그러나 더 작은 수컷들은 두 가지 속임수를 쓴다. 한 가지는, 검은색과 밤색 깃털을 포기하고 흰색 목도리를 두른다. 이들 수컷은 위성처럼 영역의 주위를 돌면서 지배자 수컷에게 접근해 암컷을 가로채려고 시도한다.[9] 지배자 수컷은 어느 정도 이들을 용인한다. 암컷들이 지배자와 위성 수컷들이 있는 영역에 매력을 느끼는 것으로 보이기 때문이다.

위성 수컷들은 흰색 치장을 하고 있어서 쉽게 알아볼 수 있다. 그러나 세 번째 유형의 수컷이 또한 이 영역에 섞여 있는데, 이들은 쉽게 알아보기 어렵다. 사실상 너무 어려워서, 무리 속에 있는 이들의 존재는 목도리도요를 수십 년 연구한 뒤에야 비로소 발견할 수 있었다.[10] 일명 "패더faeder(아버지, 즉 father를 뜻하는 고대 영어 fæder를 풀어쓴 조어)"라고 불리는 이들 수컷은 외모와 행동이 암컷과 똑같다. 그래서 이들은 눈에 띄지 않고 가장 좋은 영역에 침입해서, 영역을 지키는 수컷의 바로 앞까지 암컷에게

접근할 수 있다.[11]

밀통을 하는 수컷들이 암컷 흉내를 내는 것은 다양한 종에서 나타난다. 바다공벌레swimming pill bug 수컷은 암컷이 먹이와 짝을 찾아 들르는 손바닥 크기 해면sponge의 빈 구멍을 지킨다.[12] 가장 큰 수컷은 섬뜩한 집게로 경쟁자 수컷을 붙잡는다. 가장 긴 집게를 가진 수컷이 이기고, 이들 수컷은 가장 좋은 해면을 갖게 된다. 그러나 다른 수컷들 역시 해면에 끼어든다. 중간 크기의 수컷은 무기가 없고 암컷과 똑같아 보인다. 목도리도요처럼 암컷을 흉내 내는 바다공벌레는 방어자 수컷에게 걸리지 않고 해면 내부에 접근할 수 있다.[13]

오스트레일리아갑오징어는 그 무엇보다 영악하게 암컷 흉내를 낸다. 이 해양 연체동물은 색깔을 인식하는 우수한 시력을 갖고 있다. 위장의 달인인 이들은 몇 초 만에 외피 색을 바꾸어, 배경과 동화될 수 있다. 한 해의 대부분은 눈에 띄지 않는 곳에서 홀로 살지만, 짧은 짝짓기 철에는 수백 마리가 한데 모인다. 이때 수컷들은 흐릿하고 모호한 외피 색이 초록과 파랑, 자주 등의 아름다운 무지개색으로 바뀌며 뽐을 낸다. 짝짓기를 할 암컷 한 마리당 수컷이 열한 마리쯤은 있어서 경쟁이 치열한데, 암컷들은 가장 크고 색깔이 화려한 수컷에게 접근한다.[14] 일단 암컷이 선택을 마치면, 이 커플은 알을 낳기 위해 무리의 변두리로 이동하게 된다. 그러나 그 도중 밀통하려는 수컷이 그들에게 다가간다. 외피 색깔을 재빨리 바꿀 수 있다는 사실 덕분에 이 연체동물에게는 선택의 가짓수가 많다. 방어자 수컷이 경쟁자와 싸우느라 방심한 틈을 타서, 작은 수컷이 밝고 강렬한 색깔을 띠고 직접 암컷에게 구애를 할 수도 있다. 아니면 바다 밑바닥의 바위와 같은 색으로 위장해서 몰래 다가갈 수도 있다. 암컷으로 위장해서 다가가는 경우도 많다. 그래서 아무런 방해를 받지 않고 줄곧 지배자 수컷 옆에, 그리고 짝짓기 하고자 하는 암컷 옆에 붙어 이동할 수도 있다. 암컷 옆에 붙으면 수컷답게 밝은 구애의 색깔을 반짝인다. 그런데 신체의 한쪽, 곧 암컷을 향한 쪽만 그런 연출을 하고, 지배자 수컷에게 보이는 쪽은 암컷처럼 보이도록 위장한다.[15]

***

속임수와 밀통은 다른 동물들 못지않게 인간 집단에서도 널리 퍼져 있다. 이는 가장 큰 무기들조차 무색케 할 수 있다. "비정규irregular", 또는 "게릴라guerilla" 전술의 유래는 적어도 기원전 6세기까지 거슬러 올라간다. 『손자병법』이 나온 시기가 바로 그 무렵이다.[16] 기본 개념은 간단하다. 압도적으로 우월한 재래식 군대와 마주쳤을 경우 통념을 깨라. 적과 같은 방식으로 싸우지 말라. 지형지물을 이용해 숨어 있다가 오직 기민하고 은밀하게 공격함으로써, 더 적은 병력으로 더 큰 병력에 손상을 입혀 사기를 꺾을 수 있다. 더 큰 군대를 곧바로 무찌를 수는 없지만, 그럴 필요도 없다. 은밀한 병력은 단지 게임을 계속하는 것—끈질기게 살아남아서, 더 큰 병력의 싸움 의지를 서서히 무너뜨리는 것—만으로 "승리"를 거둔다.[17] 비정규군은 더 큰 군대와 재래식 전투를 벌이고자 하지 않기 때문에, 말살하기가 거의 불가능하다. 그리고 은밀한 공격을 할 경우, 재래식 군대가 크고 막강하다는 게 실은 부담이 되고 만다.

미국독립혁명의 경우, 더 큰 군대가 이겼다면 혁명이란 이름이 붙지 않았을 것이다. 미국 독립군은 훈련과 조직력이 더 뛰어난 영국군과 직접적인 야전을 회피했다. 수가 더 많은 적군이 병목 지점—군대가 길게 늘어서서 다수의 편익이 사라지는 협곡이나 강을 건너는 지점—을 지날 때 공격하거나, 행군할 때 저격하거나 일시적인 접전을 벌이는 방법을 썼다.[18] 베트남에서 미군을 상대로, 또는 아프가니스탄에서 소련군을 상대로 그와 비슷한 전술이 사용되었다. 오늘날 미군은 날마다 이라크와 아프가니스탄에서 반정부군의 암습을 받고 있다.

게릴라 군의 공격은 여러 가지 이유에서 밀통과 닮았다. 재래적인 교전 수칙을 어기는 것 외에도, 은밀하게 숨어서 행동하며 공격의 순간까지 발각당하지 않고 적에게 이상적으로 접근한다. 그들 역시 군복을 입는 일이 드물다는 의미에서 "잠복"을 한다. 게릴라가 도시의 시민들과 섞임으로써 침략군은 피아를 구분하기 어렵게 된다. 그러면 침략군으로서는 진퇴양난이 된다. 과잉 행동을 하면 민간인이 살해됨으로써 정치적 지지를 잃게 되고, 소극적으로 행동하면 게릴라에게 당하게 된다.[19]

가장 크고 비싼 무기 기술이 때로 은밀한 공격에 굴복한다. 보병은 탱크와 직접 맞붙어 싸워 이길 가능성이 없지만, 수류탄이나 대전차용 화염병을 해치 안으로 집어넣어 승부를 뒤집을 수 있다. 지뢰와 사제 폭탄도 은밀하다는 의미에서 속임수라고 할 수 있다. 이들 작은 무기가 수백만 달러짜리 탱크나 장갑차량을 무력화시킬 수 있다. 어뢰는 10억 달러짜리 전함을 침몰시킬 수 있다. 2000년 10월, 작은 보트가 150미터 길이의 9억 달러짜리 USS 콜Cole 구축함 옆으로 다가왔다. 항구에 정박 중인 이 구축함에 손까지 흔들며 다가온 두 명의 승무원은 아주 순박해 보였다. 그러나 폭탄을 가득 싣고 와서 자폭함으로써, 구축함 선체에 12미터의 구멍을 내, 17명이 사망하고 39명이 부상당했다. 피해액은 1억 5,000만 달러에 이른다.[20]

가장 위험한 형태의 은밀한 공격은 가장 저렴한 공격일 수도 있다. 적어도 우리 현대군의 경우에는 그렇다. 사이버 공격은 별로 무서운 것으로 인식되지 않지만, 그것이 우리의 안전을 얼마나 크게 위협할 수 있는지는 상상도 할 수 없을 정도다. 그건 단순히 신용카드의 비밀번호나 아이디가 노출되는 위험 정도에서 그치지 않는다. 해킹만 해도 미국 군사력 전체를 무력화시킬 수 있을 만큼 위험하다는 것을 증명할 수 있다.

지난 몇십 년 동안 군사기술은 점점 컴퓨터화되었다. 미사일 방어 체계부터 잠수함과 비행기, 항공모함의 항해와 조작에 이르기까지 모든 것이 첨단의 소프트웨어에 전적으로 의존한다. 오늘날의 항공기는 속도나 기능이 인간 조작 능력의 한계를 뛰어넘어, 인공지능의 도움이 없이는 다룰 수가 없다.[21] 표적화, 비행 제어, 항법, 심지어 지휘와 제어까지, 모든 것이 세련된 전자공학과 소프트웨어에 결정적으로 의존한다.

해커는 방화벽을 우회해서 미군의 메인프레임(본부의 대형 컴퓨터-옮긴이)에 몰래 침투해, 외래 암호를 은밀히 삽입한다. 예를 들어 2003년부터 2006년까지 중국 해커 집단이 미 국방 기지와 항공우주 기지에 잇달아 사이버 공격을 가했다.[22] "타이탄 레인Titan Rain"이라는 별명의 이 해커 집단은 발각되기 전에, 미 국방부와 항공우주국, 로스앨러모스 실험실, 보잉, 레이시온(군수업체-옮긴이) 등의 민감한 군사 정보를 대규모로 빼돌렸다. 타이탄 레인은 적의 재래식 군사력을 해치기 위해 사이버 전쟁을 어

떻게 이용할 수 있는가를 너무나 명석하게 보여 주었다.[23]

2013년에는 중국이 다시 사이버 공격에 나섰다는 것이 분명해졌다. 이번에는 최신 무기 제어 체계까지 파고들었다. 예를 들어 F-35 3군 통합 스텔스 전투기와 V-22 오스프레이 수직이착륙 비행기, 사드(고고도 미사일 방어 체계)THAAD 유도탄 체계, 패트리어트 고성능 요격 유도탄 체계, 이지스 탄도 유도탄 방어 체계, 심지어 글로벌 호크 비무장 항공정찰 체계까지 말이다.[24] 이러한 중요 무기가 위험에 노출되었다는 사실은 충분히 위협적이지만, 이 사건이 진정 섬뜩한 이유는, 중국이 단지 정보를 훔친 것만이 아니기 때문이다. 이제 그들은 암호를 심어 놓고, 이를 활성화시키는 순간 미국의 각종 체계의 완전 통제권을 거머쥐겠다는 계획을 세운 것으로 보인다.[25]

일명 "제로 데이Zero-day" 공격은 해커들의 공격 가운데 가장 까다롭고 위험한 것이다. 암호가 깊숙이 잠복해 있다가, 필요하다고 생각한 날 소프트웨어 제작자조차 모르는 취약점을 공격한다.[26] 2013년에 몰래 삽입한 암호가 발견되지 않았다면, 인류 역사상 가장 비싸고 가장 진보한 무기가 사이버 공격으로 완전 무력화되었을 것이다. 어쩌면 그 무기가 우리를 향했을 수도 있다.

**

몰래 숨어들기, 정액 쏴 대기, 틈을 노리며 위성처럼 배회하기, 암컷 흉내 내기 등 속임수에는 많은 방법이 있다. 동물들에게 이것이 의미하는 것은, 지배자 수컷이 이제는 무장한 경쟁자와 재래식 결투를 해야 할 뿐만 아니라, 규칙을 파괴하는 수컷들의 더욱 불길한 위협에 직면하고 있다는 사실이다. 이와 비슷하게, 게릴라와 지뢰, 사제 폭탄, 사이버 해커 모두가 재래식 군사력의 효율성을 떨어뜨릴 수 있다. 그러한 속임수의 영향이 상대적으로 적을 때는 큰 변화는 없다. 그러나 속임수의 효과가 너무 커지기 시작하면 무기 경쟁을 종식시킬 수도 있다.

11
경쟁의 끝

중세 절정기에 갑옷의 강도와 무게, 비용은 전례가 없을 만큼 극한에 이르렀다. 기사들이 비슷하게 무장한 경쟁자와 1 대 1로 대결을 한 마상 창 경기에서는 더 큰 것이 더 좋은 것이었고, 보통은 최고의 장비를 갖춘 기사가 이겼다.[1] 무장한 적군과 정면으로 마주하고 대결하는 재래식 전장에서도 갑옷의 편익은 여전했다. 한 벌의 갑옷은 결국 너무 무거워져서 기사와 말 모두 행동이 부자연스러워져,[2] 갑작스러운 방향의 변화 없이, 아니 정말이지 그 어떤 방향의 변화도 없이 정연한 대오를 갖추고 직진을 할 수밖에 없었다.[3] 그러나 비슷하게 무장을 하고 비슷한 한계를 지닌 적과 격돌하는 한은 가장 잘 훈련되고, 가장 좋은 갑옷을 입고, 가장 좋은 장비를 갖춘 쪽이 여전히 승리를 거두었기 때문에, 그런 과도한 비용을 정당화할 수 있었다. 사실 기사들은 갑옷으로 철통같이 신체를 보호해서, 그런 유형의 대다수 전투에서 사상자는 놀랍도록 적었다. 사망하거나 불구가 되는 대신 명예가 실추되는 정도에서 그친 것이다.[4]

새로운 유형의 무기는 이 모든 것을 바꿔 놓았다. 석궁과 그 이후 잉글랜드의 장궁longbow(12~16세기에 사용한 것으로 길이가 사용자의 턱 높이 이상인 긴 활-옮긴이)이 그것이다.[5] 밀통을 하는 수컷들처럼, 새로운 이 활 기술은 교전 수칙을 깰 만큼 "사기적cheated"이었다. 값비싼 갑옷의 편익을 물거품으로 만들었으니 말이다. 석궁의 발명 이전에 기사는 다른 기사 이외의 어떤 병사에게도 해를 입지 않고 전장을 누빌 수 있었다. 사슬 갑옷과 판금 갑옷, 방패, 투구로 무장하고 말을 탄 기사는 보병의 어떤 무기에도 다치지 않고 높은 곳에서 무기를 휘두르며 마치 농부의 밀밭을 유린하듯 휩쓸고 지나갈 수 있었다. 이런 편익은 기사만이 지닌 것이었다. 제대로 몸을 보호하지 못하고 값싼 갑옷을 걸친 농부 병사들을 공격하는 것은 힘의 낭비라고 생각한 기사들은 수준이 비슷한 적군 기사들을 찾아 싸웠다.[6]

그러나 농부라도 석궁으로 무장을 하자, 당시 최고의 훈련을 받고 최고의 무장을 갖춘 기사들을 사살할 수 있게 되었다. 말을 타고 앉아 있는 것이 전에는 전술적으로 유리했지만, 이제는 갑자기 문제가 되었다. 눈에 잘 띄는 기사는 손쉬운 과녁이 되었기 때문이다. 기사에게 발사된 화살은 갑옷 판금의 사이, 예를 들어 팔꿈치를 가격할 수 있었고, 직격을 당하면 갑옷이 관통되었다. 말이 화살에 맞아 쓰러지면 기사는 뒤집어진 거북처럼 속절없이 적국 보병들의 발에 짓밟힐 수밖에 없었다.[7]

석궁과 장궁은 갑옷의 진화를 불러왔던 모든 교전 수칙을 깨뜨렸다. 갑옷과 달리 이런 무기는 값이 쌌고, 상대적으로 사용하기가 쉬웠다. 활은 부유한 엘리트만 접근 가능한 배타적인 영역이 아니었다. 평생 수련을 해야 할 필요도 없었다. 그러니 활은 갑옷과 달리 지위나 계급을 반영하지 않았다.[8] 무엇보다 중요한 것은, 석궁과 장궁이 군대 교전의 틀을 바꾸었다는 것이다. 군대는 이들 무기를 도입한 새로운 전술을 채택했고, 그 결과 전장에서 기사들끼리의 대결은 종적을 감추었다.[9]

예를 들어 크레시 전투에서 영국군은 진격하는 프랑스군에 맞서 궁수들의 화력을 집중시킬 수 있는 지형에 주둔했다.[10] 에드워드 3세는 숲을 비롯한 자연 장애물로 둘러싸인 평평한 밭을 선택해서, 기사들로 하여금 말에서 내려 기다리도록 했다. 이른바 중장기병men-at-arms이라고 불린 중무장 병사들 각 1,000명으로 구성된 3개 부대가 6열로 정렬했고, 줄잡아 5,000명의 궁수들이 양옆에 자리 잡았다. 1,000명의 중장기병은 이후 프랑스군을 추적할 준비를 하고 대기했다.

영국군의 총 전력은 대략 2만 명에, 그중 4,000명이 중장기병이었다. 한편 프랑스군은 그보다 3배는 더 많았고, 말을 탄 중장기병만 1만 2,000명에 이르렀다.[11] 프랑스군의 선두는 6,000명의 석궁병으로, 모두 임시로 고용한 용병이었다. 이들 뒤에는 중장기병이 전열을 갖추었다. 프랑스군은 영국군의 140미터 앞까지 전진해서, 먼저 석궁병이 활을 쏘았다. 그러나 대부분 영국군 진영에 미치지 못했다. 그래서 그들은 다시 전진했지만, 소나기 같은 장궁 화살의 제물이 되어 대오가 흩어지고 공포에 사로잡혔다. 어쨌든 전장에서 적군 기병을 만나 어서 1 대 1 대결을 하려고 안달이 난 프랑스 기병은 앞으로 돌격했다. 무질서한 아군 석궁병을 짓밟거나 헤치고 치달려 갔지만, 치명적인 장궁의 십자포화를 맞았을 뿐이다. 달리던 말이 앞서 쓰러진 병사들에 걸려 넘어지거나 충돌하거나, 아니면 화살에 맞았고, 기사들은 땅바닥에 나뒹굴었다. 영국군 전열 선두에 도착한 소수의 기병은 맥없이 패배해 쓰러졌지만, 그래도 프랑스군은 계속 앞으로 진격했다. 10열 이상의 기병이 앞으로 물밀듯이 진격했지만, 모두가 얼크러진 시체 더미에 발이 묶여 우왕좌왕하다 학살되었다. 프랑스군이 마침내 포기했을 때는 이미 1만 5,000명 이상이 사망한 뒤였다. 영국군은 고작 200명만 잃었다.[12]

낙마한 기사는 재래식 교전 수칙을 깨는 무기,
곧 영국의 장궁이나 훗날의 머스킷
(구식 소총-옮긴이)에 취약했다.

70년 후, 아쟁쿠르 전투도 마찬가지였다. 프랑스군이 영국군보다 다섯 배는 더 병력이 많았지만, 금속 촉이 달린 화살 소나기에 수적 편익은 사라졌고, 기사들은 전장의 시체 더미에 걸려 넘어졌다.[13] 낙마하거나 진창에 발이 묶인, 중무장을 한 기사들은 손쉬운 제물일 뿐이었다. 예전의 전투에서는 농부 병사들을 혐오하고 멸시했는데, 이제는 그 농부들이 근거리에서 직사한 화살에 속절없이 당하게 된 것이다. 예전에는 완벽하게 보호되던 장엄한 갑옷이 이제는 오히려 치명적인 부담이 되었다. 값싼 새 무기는 값비싼 갑옷을 폐물로 만들어 버렸다.[14]

***

무기 경쟁은 영원히 지속되지 않는다. 무기가 커지면 그에 따라 비용이 극적으로 상승한다. 결국 더 높은 비용이 번식의 혜택을 깎아 먹음으로써 모집단은 새로운 균형을 이루게 된다. 더 큰 것이 더 좋기를 멈추고, 무기 경쟁은 중지된다. 무기 크기의 변화가 정체되면서 모집단은 안정된다. 이 시점에서 무기가 얼마나 큰가는 어느 지점에서 마침내 균형이 이루어졌는가에 달려 있다. 예를 들어 강렬한 성선택이 이루어졌을 경우에는, 과다한 비용이 제동을 걸기 전에 동물 무기가 놀랍도록 커져 버릴 수 있다.

거대 무기를 고수하며 균형에 이른 모집단은 장기간 현상 유지를 할 수 있다. 그런 모집단을 검사하고 무기의 선택 강도를 측정한다면, 기껏해야 선택 강도가 약하거나 아예 선택이 이뤄지지 않고 있다는 사실을 발견할 수도 있다.[15] 거대 무기를 가진 동물 종을 관찰할 경우 그런 무기의 선택 강도가 약할 것이라고는 전혀 예상하기 어렵지만, 약하다고 해서 놀랄 것도 없다. 이론상 모든 모집단은 궁극적으로 그런 균형에 이르고, 일단 균형이 잡히면 그 상태로 머물게 된다. 무기가 얼마나 빨리 진화할 수 있는가, 그리고 거대 무기를 갖게 된 지 수백만 년, 또는 수천만 년이나 된 동물 종이 얼마나 많은가를 생각해 보면, 그것이 어느덧 균형에 이른 상태이고 무기 경쟁은 억제되었다고 보는 것이 논리적이다. 강력한 힘이 서로 반대 방향에서 작용함으로써, 줄다리기의 균형점이 고정되는 것이다.

수컷들의 속임수도 비용과 마찬가지 기능을 한다. 거대 무기의 번식 편익을 속임수가 깎아 먹기 때문이다. 수컷이 무기의 편익을 한껏 누리기 위해서는 전투의 승리가 곧 번식 성공으로 온전히 이어져야 한다. 완전한 세계라면 승리한 수컷이 보호한 암컷과의 짝짓기를 독차지할 것이다. 그러나 실세계에서는 밀통하는 수컷들이 보호받은 암컷들과 몰래 짝짓기를 함으로써, 보호 전술의 효율을 떨어뜨린다.

예를 들어 보호받은 암컷 자손의 4분이 1이 밀통하는 수컷 쇠똥구리의 자손이라면, 그만큼 지배자 수컷의 비용이 과다 지출된 셈이다. 지배자 수컷이 뿔을 만드는 비용은 동일하고, 유지비도 동일하고, 끊임없이 침입자를 물리치는 비용도 동일한데, 밀통이 없는 것에 비해 75퍼센트만 보상을 받는 셈이니까 말이다.[16]

모집단 전체를 평균 내면, 번식 성공의 일부는 항상 밀통하는 수컷에게 돌아가는 것으로 보인다. 결국 속임수 전술이 동물 세계에 두루 퍼져 있다는 뜻이다. 거의 모든 동물 집단이 속임수 전술을 갖고 있다. 밀통이 조금이라도 성공하는 한, 무기 진화의 효과는 최소화되는 경향이 있다. 밀통이 활발해지면, 싸우는 수컷에게 돌아가는 혜택이 크게 잠식될 수 있다. 막대한 비용에 더해, 속임수로 번식 성공률까지 깎아 먹으면 무기 진화는 제동이 걸리고, 그 시점에서 모집단은 안정화되기 시작한다. 실제로 속임수가 너무 잘 통하기 시작하면, 무기의 편익이 아주 극적으로 잠식되어 선택의 방향이 반대로 뒤집힐 수도 있다. 큰 무기가 부담이 되어, 무기 경쟁이 억제되는 정도가 아니라 아예 붕괴되는 것이다.

***

일단 큰 무기의 보상 수준이 폭락하면, 크기 축소를 선호하는 쪽으로 빠른 선택이 이루어지기 시작한다. 이론상, 이때 비싼 무기를 지닌 모집단이 충분히 빠르게 무기 크기를 줄이지 못하면 멸종에 이를 수도 있다. 우리는 예를 들어 장엄한 큰뿔사슴에게 무슨 일이 일어났는지를 정확히는 알아낼 수 없을 것이다. 그러나 뿔의 성장 비용을 모형화하려는 최근 시도에 따르면, 멸종 당시 큰뿔사슴의 뿔이 가장 비용이 큰 극한 크기에 이르렀던 것으로 밝혀졌다. 그런데 가장 성공적인 수컷조차도 겨울이 시작되기 전에 칼슘과 인을 간신히 회복하는 수준이었다.[17] 그러한 사실은 큰뿔사슴 서식지의 먹이에서 무기질을 급격히 감소시킨 기후 변동과 맞물림으로써, 더 이상 사치스러운 무기 비용을 지불할 여유를 없게 만들었을 가능성이 높다. 우리가 확실히 아는 것은, 먹이 질의 하락 시점이 멸종 시점과 일치한다는 사실이다.[18]

멸종한 모집단은 무기를 너무 고집해서 멸종한 게 아닐까 하는 생각이 자주 든다. 대눈파리 몇몇 종이 말레이시아 개울의 식물 잔뿌리에 매달리기를 멈추었을 때, 무기 경쟁의 세 요소 가운데 두 가지가 사라졌다. 암컷이 잔뿌리 하렘에 모이는 것을 그만두었고(잔뿌리가 경제적으로 방어 가능하지 않았고), 싸움은 1 대 1 대결로 벌어지지 않았다. 무기 경쟁을 자극하는 요소 두 가지가 사라지자, 이 파리의 무기 경쟁은 붕괴되었고, 수컷들은 극한 무기를 잃었다.[19]

사슴벌레 한 종은 수액을 둘러싼 전투를 할 필요 없이, 속이 빈 나무의 널따란 내부에서 먹이를 넉넉히 구할 수 있게 되자, 자원을 경제적으로 방어하지 않아도 됨으로써 아래턱 크기가 줄어들었다.[20] 이와 비슷하게 다른 사슴벌레 3종은 수컷이 한 마리 암컷과 장기적이고 안정된 유대 관계를 형성하고 새끼 양육을 서로 돕게 되자, 무기 경쟁의 세 요소 가운데 두 가지가 사라졌다. 그래서 이제 수컷들은 수액이 흐르는 지점을 두고 싸우지 않을 뿐만 아니라, 아예 일체 싸움을 하지 않는다. 암수의 번식 소요 시간도 비슷해서 경쟁을 유발하지 않았다. 오늘날 이들의 집게는 자그마하다.[21]

환경은 변하게 마련이다. 그러니 무기 경쟁을 유도하는 선행 조건이 무한히 지속된다고 볼 까닭이 없다. 실제로 중무장을 한 동물 종 클레이드의 대다수가 무기를 버렸다는 증거를 쉽게 찾아볼 수 있다. 이들 무리의 역사를 재구성해 보면, 진화로 인한 무기 획득과 상실의 수많은 증거가 나타난다. 이는 무기 진화의 성쇠 과정이 아주 역동적이며, 심지어 주기가 있다는 것을 시사한다. 동료들과 내가 쇠똥구리 50종의 표본으로 무기 진화 패턴을 탐구할 때 경쟁을 촉발하는 조건을 설정하자, 이로 인해 쇠똥구리가 15회에 걸쳐 계속 새 뿔을 획득하는 것을 발견했다. 그러나 뿔은 사라지기도 했다. 9회는 경쟁이 붕괴하고 무기를 상실했다.[22] 영양의 뿔에 관한 비슷한 연구에 따르면, 무기 크기는 늘기도 하고 줄기도 했다.[23] 무기 경쟁은 대단하면서도 취약하다. 카드로 지은 집처럼.

***

다른 여러 국가들이 감당할 수 없는 극한 무기에 부유한 소수 국가가 투자를 할 때마다, 어디선가 누군가는 그것을 무산시킬 값싼 방법을 분명 떠올린다. 가장 작은 무기로 어떻게든 거대 괴물을 쓰러뜨린 사례도 적지 않다. 기원전 5세기, 시라쿠사(이탈리아 남부 시칠리아에 있는 도시국가—옮긴이)는 역청과 소나무로 가득 채운 낡은 상선에 불을 붙여 진격함으로써 아테네 해군 함대를 공포와 혼란에 빠뜨리기도 했다.[24]

2,000년 후에도 여전히, 그런 화선fire ship이 사실상 같은 방법으로 사용되었다. 선체가 나무인 데다, 대포를 쏘기 위해 실은 화약 적재량 때문에 전선의 선박들은 불에 극도로 취약했다.[25] 가연성 물질과 폭발물을 채운 작고 허름한 배로 대혼란을 일으킬 수도 있었다. 특히 전체 전선에 그런 배들을 띄워 보내 폭발시킬 경우 말이다. 1킬로미터가 훨씬 넘게 엄격한 대오를 갖추고 줄지어 항해하는 전함들은 한 척의 화선에도 쉽게 당했다. 화선은 너무 작아서 포격으로 적중시키기가 어려워, 거대한 전함들 가까이 다가갈 수 있었기 때문이다.

비록 화선으로 전선의 배를 한 척도 침몰시키지 못한다 해도, 함대의 대오를 무너뜨려 득을 보는 일은 종종 있었다.[26] 예를 들어 1588년에 영국은 닻을 내린 스페인 아르마다 함대 안으로 여덟 척의 화선을 띄워 보냈다. 이때 140척의 스페인 무적함대는 칼레 해안의 어둠 속에서 서로 방어 진형으로 뭉쳐 있었다. 스페인의 지원 함대가 올 예정이라, 영국은 정박한 아르마다 함대를 연안에 방치해 둘 수 없었다. 스페인 함대는 화선이 다가오는 것을 보았고, 그걸 예상하기까지 했다. 그래서 두 척은 미리 포획해 처리할 수 있었지만, 나머지 여섯 척이 바깥 방어 진형을 뚫고 들어온 바람에 아르마다 함대는 진형이 무너질 수밖에 없었다. 그날 밤 스페인의 전함에 불이 붙지는 않았지만, 함대는 어둠 속에서 닻을 올리고 이동할 수밖에 없었다. 이튿날 새벽 영국은 전투를 개시해 승리를 거두었다.[27]

그러나 돛을 단 전함 시대의 막을 내린 것은 화선보다 새로운 대포 때문이었다. 대포의 개량, 특히 강선rifled barrel을 낸 포신과 폭발하는 포탄으로 인해 돛배 전함은 폐물이 되었다.[28] 앞서 300년 동안 해군 대포는 포신 내부가 강선이 없이 매끄러웠고, 단단한 쇠공을 발사했다.[29] 대포와 포탄이 점점 커졌지만, 기본 기술은 달라지지 않았다. 그러나 1850년대에 대포의 포신 내부에 나선의 홈, 곧 강선을 냄으로써 투사물이 회전을 했다. 그럼으로써 포탄이 더 멀리까지 날아가서 더 정확히 과녁을 맞혔다. 비슷한 시기에 쇠공 포탄이 폭약을 채워 폭발하는 뾰족한 포탄으로 교체됨으로써, 해상 전투의 포탄 피해 유형이 크게 달라졌다.

단단한 쇠공 포탄은 선체에 구멍을 내고, 돛대를 무너뜨리고, 부서진 목재 파편으로 선원에게 부상을 입힐 수도 있었지만, 배를 침몰시키려면 많은 쇠공 포탄이 필요했다. 그런 이유로 해상 전투에서는 더 큰 배가 더 나았다. 더 큰 배는 더 많은 대포를 장착했고, 따라서 더 넓은 지역에 포격을 했다. 작은 배는 더 두꺼운 목제 선체와 더 긴 선체의 배를 당할 수 없었다. 이는 정확히 무기 경쟁을 불러일으키는 요건이 되었다.

폭발성 포탄은 사기적이었다. 이 포탄은 금속 파편을 사방으로 날렸고, 흘수선(선박과 수면이 만나는 선-옮긴이) 아래의 선체를 터트리고, 끔찍한 화재를 일으켰다.[30] 목제 선체는 폭발하는 포탄의 파괴력을 견디지 못했다. 단 한 발만 직격을 당하면 배가 침몰할 수도 있었다. 게다가 새로운 대포는 값싼 소형 선박에도 장착할 수 있어서, 재래식 전투의 규칙을 깨뜨렸다. 거의 하룻밤에 무적이었던 전함이 덩치만 큰 과녁이 되고 말았다.

해법은 선박 양옆에 금속 갑옷 판을 두르는 것이었지만, 강철 선체는 너무 무거워서 돛으로 추진할 수가 없었다.[31] 돛을 단 선박의 무기 경쟁은 이렇게 끝이 났다. 해군은 오래 침체되어 있다가, 증기기관 스크루 추진기가 나옴으로써 비로소 무게 제한이 풀려, 바람 대신 추진기를 동력으로 삼는 새로운 무기 경쟁이 시작되었다.[32]

1906년부터는 HMS 드레드노트Dreadnought('겁 없는 자'라는 뜻-옮긴이)라는 이름의 날렵하고 인상적인 새 전함이 중앙 무대를 차지했다. 장갑을 두르고, 회전 포탑에 설치한 커다란 강선 대포를 자랑하는 새로운 이 "장갑함ironclad"은 멀리 있는 적을 해치울 수 있었다. 일단 새로운 조준 기술이 완벽해지자, 장갑 전함은 수 킬로미터 거리에서도 적함을 침몰시킬 수 있었다.[33] 돛을 펼친 싸움은 더 이상 벌어지지 않았지만, 커다란 배들 사이의 1 대 1 대결은 여전히 지속되었고, 새로운 대포의 성격 때문에 더 큰 것이 더 좋은 환경이 만들어졌다. 이는 무기 경쟁을 촉발시키고도 남았다.

장갑함은 작은 구경의 포탄에 견딜 수 있어서, 더 큰 대포를 장착한 전함이 유리했다. 더 큰 대포는 이어 더 두꺼운 장갑을 불러왔고, 그것을 운반하려면 또 더 큰 배가 필요했다. 동시에 기술 혁명 덕분에 증기 추진력을 얻어 속도 경쟁이 시작되었다. 해군은 경쟁국의 배보다 더 크고, 더 빠르고, 더 무거운 장갑을 두르고, 더 큰 대포를 장착한 전함 개발을 서둘렀다. 뒤이은 전함 건조 붐은 역사를 통틀어 가장 신속하고 가장 왕성한 무기 경쟁으로 손꼽힐 만했다.[34]

처음에는 영국, 프랑스, 독일, 러시아, 이탈리아, 미국, 일본 등이 대규모 선박 건조 작업에 들어갔다. 그러나 20세기 초 함대의 막대한 크기와 엄청난 비용으로 인해 해상 초강국인 두 나라, 곧 영국과 독일이 주로 경쟁을 이어 갔다.[35] 제1차 세계대전이 시작될 무렵, 드레드노트급 전함은 더 크고, 더 빠른 슈퍼드레드노트로 진화했고, 양국은 지나치게 비싼 이 전함을 힘겹게 수십 척 건조했다.[36]

새 해군이 너무나 막강해 보이긴 했지만, 이 전함들은 처음부터 속임수의 위협을 받았다. 화선이 어뢰정으로 진화한 것이다. 작고 빠른 이 배는 거대 전함 가까이 슬그머니 다가가 엔진이 달린 어뢰를 발사했다. 덩치가 큰 전함은 이렇게 작은 골칫거리를 피할 만큼 빠르게 기동할 수 없어서, 해군은 구축함destroyer이라는 것을 만들게 되었다. 어뢰정을 중간에 침몰시키기 위해 고안된 작고 전문적인 전함이다.[37] 곧이어 구축함도 어뢰를 장착함으로써, 방어만이 아니라 공격에도 쓰였다.[38] 개미 콜로니에 머리가 크고 강력한 병정개미와 더 작고 기동성 있는 일개미가 있는 것과 마찬가지로, 이제 함대는 큰 전함과 특수 임무를 맡은 작은 배들로 이루어졌다. 그러나 속임수는 더욱 발달했다. 곧이어 어뢰를 싣고 다니는 수중 선박이 등장해서, 수면 아래로 어뢰를 발사했다. 궁극적인 속임수, 곧 잠수함은 가장 큰 전함이라도 몰래 수중에서 침몰시킬 수 있게 되었다.[39] 이로써 해군의 가장 강력한 무기의 위엄과 전술 효과는 크게 손상되었다. 석궁을 든 농부 병사처럼, 잠수함이 재래식 교전 수칙을 깨뜨린 것이다. 전함은 덩치만 큰 과녁이 되었다. 가장 큰 강점이 약점으로 바뀐 것이다. 거대 전함을 사용하는 유일한 방법은 다른 작은 배들을 줄줄이 거느리고 다니는 것이었다. 각각의 거대 전함은 구축함과 호위함 등을 거느려야 했기 때문에 함대의 힘은 약화되고 움직임도 제한되었다.

독일은 스스로 영국 해군의 전함 건조 열풍을 따라잡지 못할 거라는 사실을 분명하게 깨달았다. 그래서 은밀히 전함 건조비로 잠수함을 건조해서, 유보트U-boat 함대를 만들기에 이르렀다.[40] 아이러니하게도 독일 유보트는 구축함 소함대의 호위를 받는 적군 전함을 침몰시키는 게 아니라, 호위선 없이 대서양을 건너는 상선을 침몰시키는 데 가장 효과적으로 사용되었다.[41] 상선은 잠수함의 손쉬운 과녁이 됨으로써, 전쟁 물자와 인원의 수송에 차질이 생겼고 연합국의 전쟁 노력이 손상되었다.

잠수함의 등장은 또 다른 형태의 속임수를 낳았다. 영국이 함포를 설치한 군선을 무력한 상선처럼 보이도록 위장한 것이다. 이른바 "큐선Q-ship"이라고 불린 이 무장 상선은 제1차 세계대전 당시 가장 은밀한 비

잠수함은 근본적으로 해전의 "속임수sneak"였다. 작고 눈에 띄지 않는
잠수함은 가장 큰 전함조차 침몰시킬 수 있었다.

밀 가운데 하나였다.[42] 영국은 이런 꼼수로 잠수함을 가까이 불러 수면
으로 부상하도록 유도했다. 잠수함은 제한된 수의 어뢰만 가지고 다녀
서, 상선이 충분히 무력해 보일 경우 수면으로 부상해서 갑판의 대포로
상선을 침몰시킴으로써 나중을 위해 귀중한 어뢰를 아꼈다. 큐선이 침
몰하는 척하며 연기를 내뿜는 한편 선원들이 배를 버리고 구명보트에
올라타면, 유보트가 마무리를 지으려고 수면으로 부상했다. 잠수함이
떠오르는 순간, 큐선에 남아 있던 선원들이 선체의 널판을 아래로 젖히
고 감춰진 대포를 드러내 포격을 개시했다. 큐선의 이중 속임수는 대담
하고 영악한 전략이었다. 그러나 이는 너무 위험하고, 궁극적으로 비용
대비 효과가 적은 것으로 입증되었다. 전쟁 기간에 큐선은 14척의 독일
잠수함을 침몰시켰지만, 그러기 위해 그 두 배의 큐선을 잃었다.[43]

1914년 무렵, 웅장한 전함이 해상 전투에서 결정적인 힘을 발휘하지 못한다는 사실이 영국 측에도 명백해졌다. 영국 전함은 적군의 전함과 싸우기 위해 만든 것인데, 실제 교전은 거의 벌어지지 않았고, 억제력으로도 쓸모가 없었다.[44] 그 후로도 오랫동안 거대 전함이 해군 함대의 일부로 유지되었지만, 해상 군주로서의 위엄은 사라진 뒤였다. 유지되었던 소수의 거대 전함은 더 새롭고 더 나은 무기인 항공모함을 지원하는 임무로 마지막을 장식했다.[45]

결국 모든 무기의 운명은 편익과 비용의 문제로 환원된다. 무기 경쟁 초기에는 거대 무기의 편익이 대단히 클 수 있다. 그러나 상황은 변한다. 비용이 치솟고 사기꾼이 침입해서, 큰 무기를 유지할 수 없을 정도에 이를 때까지 편익을 잠식한다. 적은 보상은 더 이상 비용을 정당화하지 못하게 된다. 그 시점부터 거대 무기는 그저 부담스러울 뿐이다.

***

일몰은 아름다웠다. 바로콜로라도섬에서는 거의 언제나 그랬다. 화려한 깃털의 앵무새들이 울어 대며 사방에서 몰려들어 물가의 보금자리 나무에 내려앉았다. 무지개큰부리새가 부드럽게 휙 날아 우리 앞의 '개간지'를 가로질러갔다. 때는 1992년 2월. 나는 파나마 숲에서 할 일을 다 마치고, 대학원생으로서의 정상적인 생활로 돌아갈 준비를 하고 있다. 모든 쇠똥구리 관찰을 마쳤고, 개미 농장은 분해되었고, 플라스틱 원통 수천 개는 박스에 담아 짐 보따리에 안전하게 챙겼다. 실험실은 깨끗했고, 가방도 거의 다 꾸렸다. 거의 2년 동안 바로콜로라도섬의 스미소

니언 연구소에서 연구를 했고, 생명을 이해하기 위해 부지런히 연구하는 여러 생물학자들과 어울려 지냈다. 이제 집에 갈 시간이었다.

우리 일행 여러 명은 편안히 포치에 앉아 운하를 바라보았다. 우리의 차가운 맥주병에는 구슬 같은 이슬이 서려 있었다. 대서양에서 태평양으로, 또는 그 역으로 정기 운항하는 커다란 배들이 보였다. 대부분 화물선이어서, 컨테이너를 잔뜩 싣고 있었다. 이따금 유람선도 보였다. 그러나 지금까지 가장 볼 만했던 배는 역시 전함이었다. 이날 저녁, 미 해군의 한 개 함대 전체가 조용히 지나갔다. 여러 척의 구축함, 순양함, 그리고 무엇보다도 쥐색의 괴물 같은 전함이 거대한 대포들로 경외심을 불러일으켰고, 안테나와 레이다, 위성 접시안테나가 반짝였다. 파나마 운하를 통과할 수 있는 최대의 배가 바로 미국 전함이라고 우리는 들었다. 길이 270미터에 폭이 30미터가 넘는 '아이오와급' 전함이 운하를 통과할 때 여유 공간은 '27센티미터'에 불과하다.

평생 이날 밤을 잊지 못할 것이다. 나는 엄청난 폭발 때문에 잠이 깼다. 눈이 멀 듯한 섬광 속에서 침대 밖으로 2미터쯤 내동댕이쳐진 나는 벽에 부딪친 다음 바닥에 나동그라졌다. 느닷없는 어둠 속에서 떨며 몸을 웅크리고 가만히 앉아 있었다. 우리는 전쟁이 일어난 것으로 확신했다. 순간 처음 떠오른 것이 전함이었다. 그런데 왜 현장 연구소를 폭격한 것일까? 그게 전혀 터무니없는 일로만 여겨지진 않았다. 어쨌든 불과 25개월 전(1989년 12월)에 미국은 정당한 명분이라는 작전명으로 파나마를 침공해서 마누엘 노리에가Manuel Noriega 대통령을 축출했다. 불과 20킬로미터쯤 떨어진 감보아의 건물들 벽에는 아직도 총알구멍이 잔뜩

나 있다.

물론 우리는 전쟁에 휘말린 게 아니었다. 전함이 지나간 것은 그저 우연의 일치였다. 비좁은 내 숙소의 반대쪽 벽에는 30미터 높이의 무선 통신탑이 붙어 있었다. 접지가 되어 있었을 텐데도, 이날 밤 나를 방바닥으로 패대기칠 정도로 번개가 무선 통신탑을 때린 것이다. 몇 년 후 숙소 건물이 해체되어 개간지가 다시 숲으로 돌아간 것도 분명 이런 사정 때문일 것이다.

당시에는 몰랐지만, 희미한 불빛 속으로 자랑스럽게 순항하던 그 영광스런 전함은 세계에서 마지막으로 현역으로 활약한 USS 미주리호였다. 같은 해 한 달 후 이 전함은 퇴역했다. 나는 마지막 전함의 마지막 항해를 목격했던 것이다.

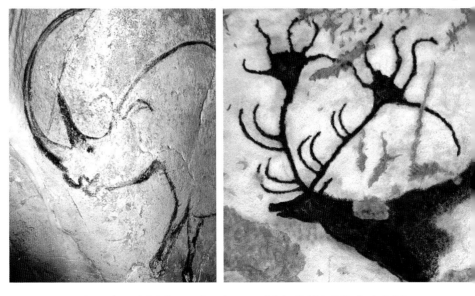

프랑스 쇼베 동굴벽화의 털코뿔소(왼쪽), 라스코 동굴벽화의 큰뿔사슴(오른쪽). 약 3만 년 이전, 인류 최초의 그림에 극한 무기를 가진 동물이 나타난다.

엘크는 자기 무기의 대가를 혹독하게 치른다. 수컷은 뿔을 키우기 위해 다른 뼈에서 필수 무기질을 뽑아내고, 평소 에너지 필요량의 두 배를 소모한다.

여치를 비롯한 많은 동물들은 포식자에게 잡아먹히지 않도록 위장을 한다. 나뭇잎 흉내를 내는 이 여치는 걸을 때 바람에 흔들리는 잎사귀처럼 앞뒤로 건들거린다.

4

5

특수군 저격병들 또한 위장을 한다. 임무의 특수성에 가장 잘 어울릴 것 같은 특수 복장을 택하는 것이다. 다른 대부분의 상황에서는 정교하게 배경과 어울리도록 큰 비용을 들여도 효과가 없기 때문에, 대다수 병사들은 적당한 수준의 위장복만 입는다. 즉, 폭넓은 여러 배경에 무난히 어울리도록 디자인된 보편적인 색깔과 문양의 위장복을 입는다.

동물들은 가시와 갑옷을 비롯한 다양한 방어 무기를 이용한다.

6

7

저자의 집 뒤에 사는 퓨마(위), 캐나다스라소니(아래). 고양잇과 동물은 민첩한 포식자다. 커다란 먹잇감을 죽이기 위한 선택과, 민첩성 및 속도를 위한 선택 사이의 균형을 맞춘 적당한 크기의 무기를 사용한다.

8. ⓒ저자
9. ⓒKeith Williams(Wikimedia Commons)

사마귀파리(위), 공작사마귀새우 (아래). 매복하는 포식자의 무기는 다른 포식자의 무기와는 사뭇 다른 선택을 거쳐 진화한다. 먹잇감을 잡기 위해 빨리 날거나 달리거나 헤엄치지 않고, 매복하고 있다가 재빨리 먹잇감을 잡아채야 하기 때문에, 대부분 커다란 무기를 가지고 있다.

10

11

12

장수풍뎅이 뿔(위), 앞장다리하늘소 앞다리(아래). 대부분 수컷만 극한 무기를 지녔고, 암컷에게 접근하기 위한 결투를 할 때 이 무기를 쓴다.

13

쇠똥구리의 다양한 뿔. 이들은 모두 굴을 파는
쇠똥구리로, 암컷이 있는 굴을 차지하기 위해
싸울 때 이 뿔을 쓴다.

14

16

15

17

18

19

20

21

매미잡이벌(왼쪽), 투구게(오른쪽). 수컷들이 공중처럼 개방된 공간에서 싸우거나,
혼란스러운 쟁탈전을 벌일 때는 큰 무기보다 민첩성이 더 중요하다.

22

23

암컷들이 모여 잠을 자는 개울가 식물의 잔뿌리를 지키는
대눈파리 수컷(위), 쓰러진 나무의 껍질 속 산란 구멍을 지키
는 사슴뿔파리(아래). 이런 파리를 비롯한 다수의 동물 종 수
컷은 경제적으로 방어 가능한 제한된 자원을 두고 싸운다.
그럴 때 큰 무기가 도움이 된다.

24

25

1대 1 대결은 무기 경쟁의 필수 요소다. 경쟁자 수컷들이 1대 1로 대결할 경우, 자연선택은 더 큰 무기를 선호해서 극한 무기 쪽으로 진화가 촉진된다.

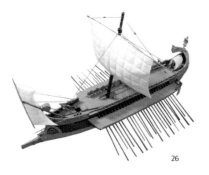

26

27

1 대 1의 운송 수단 전투도 종종 벌어졌다. 동물의 경우와 마찬가지로 이는 무기 경쟁을 촉발할 수 있다. 고대 지중해의 노 젓는 갤리선 "다섯five"(왼쪽)은 후미에 공성추를 추가하면서 크기가 파격적으로 커졌다. 갤리온 범선(오른쪽) 역시 대포를 장착하면서 크기가 커졌다.

존 크리스천 셋키, 〈1798년 4월 21일 영국 함대(HMS MARS)와 프랑스 함대('74 HERCULE)의 브레스트 해전〉

28

다마사슴(위)과 무스(아래) 수컷은 발정기 싸움에 이기기 위해 큰 대가를 치른다. 무기 제작과 유지 비용이 막대한 데다, 결투로 상처를 입고, 병균에 감염되고, 에너지가 고갈되기도 한다. 다마사슴의 4분의 3은 영역을 지키는 데 성공할 만큼 충분히 무장을 갖추기도 전에 죽고, 90퍼센트는 평생 한 번도 짝짓기를 하지 못한다. 수컷 무스는 뿔이 자라는 동안 평소 에너지 요구량의 두 배를 소모하고, 3분의 1이 결투 도중 입은 상처로 죽는다.

29

싸우고 있는 수컷 오릭스영양(위), 싸움 도중 뿔이 얽혀서 죽은 영양(아래). 암컷에게 접근하기 위한 싸움은 매우 위험해서, 심한 부상을 입기 쉽고 때로 죽기도 한다.

26. ⓒRama(Wikimedia Commons)
27. ⓒJohn Christian Schetky(Wikimedia Commons)
28. ⓒMark Bridger(Shutterstock)
29. ⓒErwin and Peggy Bauer(Wikimedia Commons)
30. ⓒJohan Swanepoel(Shutterstock)
31. ⓒErick Greene

신체 크기에 대비해 가장 큰 무기를 지닌 동물은 농게 수컷이다(위). 싸우는 것은 위험하기 때문에 수컷들은 사전에 무기를 서로 대 보고, 힘으로 밀쳐 보며 상대의 전투력을 평가한다(아래). 집게발은 대결 억제력으로 기능한다. 서로 막상막하일 때만 싸움이 고조된다.

32. ⓒGeoff Gallice(Wikimedia Commons)
33. ⓒAndrea Westmoreland(Wikimedia Commons)

34

토머스 윗콤 〈승객을 가득 태우고 플리머스항에 접근 중인 블루 제독의 기함〉

선박 역시 전투 억제력으로 기능한다. 17~19세기의 일명 "전선의 배ships of the line"(위)는 가장 비싸고 강력한 무기였다. 강대국만 보유 가능한 이런 배로 먼 바다까지 군대를 파견했다. 니미츠급 항공모함(아래)도 위의 배와 마찬가지로 전쟁 억제력으로 기능한다.

35

미 해군

34. ⓒThomas Whitcombe(Wikimedia Commons)
35. ⓒOfficial Navy Page(Wikimedia Commons)
36. ⓒ저자
37. ⓒSmithsonian Tropical Research Institute

36

37

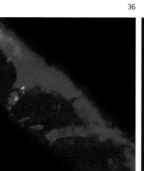
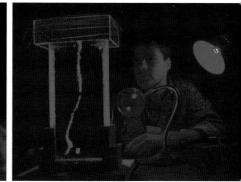

밀통하는 쇠똥구리 수컷 연구. 굴 안에서 싸우는 쇠똥구리 수컷들(왼쪽). 암컷이 오른쪽에 있다. "개미 농장"을 이용하면 굴 내부 행동을 관찰할 수 있다(오른쪽). 작고 뿔이 없는 수컷은 때로 옆 굴을 파서 땅속 본굴로 몰래 들어가 밀통을 한다.

군대개미는 다수의 힘으로 먹잇감을 압도한다. 군대개미 병사는 머리가 크고 턱이 강하다. 그러나 원정을 떠날 때 일개미들과 함께 행진해야 하기 때문에 기동력도 필요하다.

흰개미 병사(위)는 군대개미 병사보다 머리가 더 크다. 그 한 가지 이유는, 군대개미와 달리 먼 거리를 이동할 필요가 없기 때문이다. 굴 입구에 자리를 잡고, 들어오려는 모든 동물을 물어뜯는다. 흰개미는 군대개미의 공격을 막기 위해 요새를 짓는다(아래). 소수의 굴 입구를 지킴으로써 군대개미의 수적 우위를 쓸모없게 만든다. 좁은 통로에서는 흰개미에게 유리한 1 대 1 대결을 할 수밖에 없다.

38. ⓒGeoff Gallice(Wikimedia Commons)
39. ⓒSydeen(Shutterstock)
40. ⓒAli Mufti(Shutterstock)

41

성 역시 흰개미 굴처럼 좁은 입구를 지키면 된다.
문루가 흰개미 둥지의 굴 구실을 해서, 공격군의
수적 우위를 쓸모없게 만든다.

43

요새 양식은 더욱 효율적인 대포의 개발
과 앞서거니 뒤서거니 하면서 진화했다.
초기에는 사각형 구조에, 탑이 돌출해서
성벽 측면을 향해 활을 쏠 수 있게 지었
는데, 투석기 돌덩이에 모서리가 쉽게 부
서졌다(아래). 후기의 성은 포탄이 직격
할 수 없도록 원통형으로 탑을 지었다(오
른쪽). 이런 탑은 직격을 당해서 무너질
가능성이 더 적었다.

42

대포가 가장 웅장한 성조차 파괴하고, 탑을 부수고, 성벽을 깨뜨림으로써, 새로운 양식의 성이 출현할 때까지 무기 경쟁은 잦아들었다. 새로운 별 모양의 성은 낮게 자리를 잡았고, 포탄의 충격을 흡수할 수 있도록 두껍게 흙을 쌓아 올렸고, 포탄이 어떤 각도에서도 빗맞도록 성벽 끝을 뾰족하게 지었다(위). 폭발하는 포탄의 등장으로 별 모양의 성 조차 종말을 고했다. 제2차 세계대전 이후 가장 안전하게 숨을 수 있는 곳은 깊은 지하에 분산된 벙커뿐이었다(아래). 냉전 시대 북미대공방위사령부NORAD 본부가 있던 샤이엔산의 벙커가 좋은 예다.

44. ⓒGebruiker(Wikimedia Commons)
45. ⓒU.S.A.F.(Wikimedia Commons)

파울루스 헥토르 마이어, 〈전투의 예술 II〉

중세 기사들은 경쟁 기사들과 1 대 1로 결투를 했다. 가장 흔한 결투는 마상 창 경기(엄격한 규칙 아래 진행된 볼거리)였다(위). 물론 더 중무장을 하고 더 잘 훈련된 경기자가 우세했다. 전면전에서도 기사들은 흔히 1 대 1로 다른 기사와 접전을 벌였다(아래).

46. ⓒPaulus Hector Mair(Wikimedia Commons)
47. ⓒJOHN GILBERT(Wikimedia Commons)

4부

유사성

앞서 3부까지는 동물 무기에 초점을 맞추고, 주장을 입증하거나 인간 무기와의 유사성을 예증하기 위해 필요한 인류의 군사 역사를 더러 둘러보았다. 이 유사성은 어디까지 미칠까? 이제 마지막 제4부에서 역사상 가장 심각했던 인류의 무기 경쟁에 대해 더욱 깊고 철저하게 살펴보며, 동물과의 놀라운 유사성과 중요한 차이점을 밝힐 것이다.

12
모래와 돌의 성

아프리카 군대개미는 중미와 남미의 친족처럼 사나운 포식자다. 가장 큰 군대개미의 턱은 연필을 부러뜨릴 수 있을 정도인데, 이 개미들의 진정한 힘은 그들의 수에서 나온다. 5,000만 마리에 달하는 돌격대가 둥지에서 쏟아져 나와 관목을 뚫고 떼로 줄지어 나아간다. 개미의 물결은 막강해서, 움직일 수 있는 모든 것을 길 밖으로 몰아낸다. 물러서지 않으면 무엇이든 처참한 죽음을 맞이한다. 돌격대에 붙잡힌 동물은 개미 크기의 덩어리로 썰리고, 일개미들이 이 조각을 둥지로 나른다. 개미 초고속도로—짓밟아 다져져서 노출된, 커다란 혈관처럼 이어진 도로—를 따라 돌격대의 대학살 결과를 나르는 일개미들의 수송 행렬이 이어진다. 전리품을 가지고 집으로 돌아가는 일개미들은 도로 양쪽에 벽처럼 늘어선 병사들의 보호를 받는다. 어떤 곳에서는 병사들이 서로 격자로 몸을 엮어서 도로 전체를 엄호하기도 한다.[1]

케냐의 마사이족은 "시아푸siafu"라고 부르는 이 군대개미를 좋아한다. 집 안을 샅샅이 정찰해서, 바퀴벌레와 동식물 잔해, 다른 개미들, 심지어는 쥐까지 깨끗이 치워 주기 때문이다. 마사이족은 또 상처 응급 봉합용으로 시아푸를 이용한다. 내가 벨리즈에서 몇 년 전에 했던 것과 똑같은 방식으로 말이다. 그러나 아프리카 군대개미에게는 어두운 면이 있다. 때로 가축이 덫에 걸려 도망칠 수 없게 되면, 이 가축도 남김없이 먹어 치운다. 비좁은 닭장 속의 닭, 고삐에 묶인 염소와 젖소 따위는 불과 몇 시간 만에 뼈만 남을 수 있다. 더러는 노인이나 술에 취한 사람도 희생이 될 수 있다. 18세기 탐험가들이 군대개미를 잔인한 처형 방법으로 이용하는 모습을 기술해 놓았는데, 범죄자를 기둥에 묶어 군대개미의 길에 세워 두었다고 한다.[2] 그러나 가장 비극적인 인명 피해는 유아를 요람에 방치했을 때 일어난다. 군대개미는 열려 있는 창문으로 들어가 요람을 타고 올라가서, 아기의 입과 폐 안으로 쏟아져 들어가 아기를 질식시키고 살을 발라낸다. 이렇게 시아푸에게 살해당하는 유아가 해마다 20명에 이른다.

2005년 1월 베를린자유대학의 생물학자 카스파어 쇠닝Caspar Schöning은 머물고 있던 현장 연구소 뒤의 초원 언저리에서 군대개미의 돌격이 한창 전개되는 것을 지켜보았다. 전년도에 군대개미의 행동을 주제로 한 박사 학위 논문을 완성한 쇠닝은, 유명한 자연 사진작가 마크 모펫

Mark Moffett과 함께 군대개미의 돌격 모습을 촬영하기 위해 나이지리아에 와 있었다. 그들은 매우 보기 드문 모습을 포착했다. 처음에 개미들은 딱정벌레와 귀뚜라미—전형적인 사냥감—조각을 거미와 나방 조각과 더불어 나르고 있었다. 개미가 행진하면서 이들 조각이 이리저리 건들거렸다. 그러나 그 후 말랑하고 하얀 애벌레들이 잇따라 나타나기 시작했다. 흰개미 애벌레를 나르고 있었던 것이다. 둥지로 돌아가는 행렬은 계속 이어져서, 수천, 수만 마리가 지나갔다. 큰머리의 병정 흰개미들도 조각이 나서 지나갔다. 일개미 한 마리가 머리를, 다른 개미는 다리를, 또 다른 개미는 몸통을 운반했다. 뒤이어 수만 개의 흰개미 알과 애벌레 사체 운반 행렬이 끝없이 이어졌다. 쇠닝과 모펫은 그날 밤 흰개미 콜로니의 새끼들을 포함해서 모두 50만 마리 이상의 흰개미가 학살된 것으로 추산했다.[3]

군대개미가 성공적으로 흰개미 콜로니를 약탈한 것은 놀라운 일이다. 시아푸는 본래 흰개미를 먹지 않기 때문이다. 사실 쇠닝과 모펫이 발표한 이 돌격대 이야기는 오늘날까지 유일한 사례로 남아 있다.[4] 군대개미는 딱히 식성이 까다롭지 않다. 거미부터 암소까지, 그리고 그 사이의 모든 동물 종을 가리지 않고 먹는다. 흰개미 콜로니는 사방에 흩어져 있어서, 가장 풍부한 먹이원 가운데 하나이긴 하다. 흰개미는 부드럽고 통통하며, 지질과 단백질, 탄수화물을 함유하고 있는 데다, 병정개미를 제외하고는 완전 무방비 상태다. 지상에 노출되기만 하면 거의 모든 포식자가 흰개미를 먹는다. 그런데도 시아푸의 식단에서 흰개미가 빠진다는 것은 별일이 아닐 수 없다. 흰개미가 안전한 데는 비밀이 있다. 바로 요새이다.

흰개미의 토루(土壘)mound는 웅장한 구조물이다.[5] 그날 시아푸의 습격을 받은 흰개미 종, 마크로테르메스 수브히알리누스*Macrotermes subhyalinus*(거의 투명한 큰 흰개미라는 뜻-옮긴이)는 모래와 진흙으로 3미터 높이의 성을 쌓는다. 이는 흰개미 키의 2,000배쯤 되는 높이다. 토루의 원뿔꼴 바닥은 지름이 1.2미터에 이를 수도 있는데, 위로 올라갈수록 지름이 줄어들어 윗부분 2.4미터 정도는 난로 연통처럼 뻗어 올라간다. 바깥 부분은 단단한 벽으로 되어 있다. 수백만의 일개미가 꼼꼼하게 세운 이 벽은 배설물과 모래 알갱이를 섞어 단단하게 굳힌 것이다. 태양열에 구운 외벽은 가마에 구운 벽돌만큼 내구성이 있다. 쇠망치나 도끼로 쳐야 깨질 정도인데, 망치로 치면 불꽃이 튀기도 한다.

어렵게 이 벽을 깨뜨리면 빈 공간이 나타난다. 흰개미는 아직 보이지 않는다. 외벽 안에 내벽이 또 있는 것이다. 곤충 버전의 해자(垓子)라고 할 수 있는 빈 공간 너머의 내벽은 첫 번째 외벽과 분리되어 있다. 15센티미터쯤 비어 있는 이 공간은 공기로 채워져 있고, 이 두 번째 벽을 깨야만 콜로니 본채에 이르게 된다. 흰개미들은 아주 작은 여러 문을 통해 들락거리는데, 이 문에서 해자를 거쳐 바깥 세계로 나가는 원통형 통로가 나 있다. 통로 벽은 바위처럼 단단하고, 다수의 큰머리 병사들이 지킨다.

요새 안에는 북적거리는 도시가 있다.[6] 수백만의 일꾼들이 수십 개의 코코넛 크기의 방들 사이를 오간다. 코코넛과 마찬가지로 각 방은 단단한 보호벽으로 둘러싸여 있다. 다발처럼 묶인 방들은 미로 같은 터널로 연결되어 있고, 동심원 같은 외벽들에 감싸여 바깥세상으로부터 보호된다. 그런 방 일부는 콜로니를 위한 식량, 곧 지하의 시원한 어둠 속에서 재배하는 버섯을 보관하는 창고로 쓰인다. 또 다른 방들은 알이나 애벌레를 기르는 육아실로 쓰인다. 이 복합 단지의 심장부에는 무엇보다 잘 보호되어야 할 방이 있다. 중세 성의 중앙 탑처럼, 여왕개미가 사는 이 방은 다른 방과 따로 떨어져 있고 입구가 하나밖에 없는데, 구멍이 너무 작아서 여왕은 통과할 수가 없다.

병정개미가 전투를 전담하는 것처럼, 흰개미 여왕은 번식을 전담한다. 알 낳는 기계나 다름없는 여왕 흰개미는 배가 내 엄지보다 더 굵다. 여왕은 날마다 수천 개의 알을 낳는다. 아주 작은 일꾼들이 여왕 옆에 대기하고 있다가, 알이 나오면 몸에서 새 알들을 뽑아서 육아실로 나른다. 여왕은 너무 비만해서 말 그대로 움직일 수가 없다. 먹이 섭취를 비롯한 온갖 시중을 들어주는 일꾼들에게 전적으로 의존해서, 보호실에 평생 안전하게 숨어 지내는 여왕은 왕실을 한 번도 떠나지 않고 10년 이상 살아간다.

수백만의 분주한 일꾼과 농장의 버섯은 엄청난 양의 산소를 소비하고 이산화탄소를 방출하면서 동시에 열을 발생시킨다. 콜로니가 번성하기 위해서는 이산화탄소와 열을 잘 배출시켜야 한다. 흰개미 토루의 건축술이 이를 잘 완수해 낸다는 것은 주목할 만한 사실이다. 토루의 벽은 다른 곤충들이 뚫고 들어올 수 없도록 바위처럼 단단하지만, 이 벽에는 수억의 미세한 구멍이 나 있어서 벽이 숨을 쉰다. 산소가 들어오고 이산화탄소는 빠져나가는 것이다. 굴뚝 위로 지나가는 바람—벽을 직접 통과하기도 하는 바람—이 콜로니의 묵은 공기를 빼내고 산소가 풍부한 신선한 공기로 바꿔 준다. 단열재처럼 기능하는 이중벽 디자인 덕분에 콜로니는 온도가 일정하고 시원하게 유지된다.[7]

흰개미 토루는 보호와 저장, 온도 조절 등의 기능을 두루 하는데, 무엇보다 주된 기능은 보호 기능이다. 불가침의 외벽은 공격으로부터 콜로니를 보호한다. 윗부분을 뜯어 버리는 고질라 같은 괴물—쇠닝이 연구한 흰개미의 경우에는 땅돼지 정도를 뜻한다—이 아닌 한, 토루 안으로 들어오는 유일한 길은 병사들이 철통같이 지키는 작은 문을 통과하는 것뿐이다. 이 문을 지키는 흰개미 병사는 머리가 워낙 커서 걷기가 힘들 정도이고, 눈을 비롯한 취약한 기관은 오래전에 퇴화했다. 커다란 집게 턱을 떡하니 벌린 병사들은 뒤뚱뒤뚱 걸으며, 안으로 침입하려고 하는 모든 곤충에게 떼로 몰려가 무기를 들이댄다. 집게 턱으로는 다리를 붙들고 몸통에서 머리를 떼어내고 촉수를 잘라 내는 등, 침입자들을 토막으로 만들어 놓는다. 그와 동시에 일꾼들은 내부에서 입구를 막아 버린다. 공격 순간이 감지되면, 경보 신호가 울려 퍼지고, 일꾼들이 문으로 몰려든다. 중세의 성안으로 진입하는 것을 막기 위해 격자 철문을 내리닫듯, 이들 작은 벽돌공들은 모래와 진흙을 통로로 밀어 넣어 길을 완전히 막아 버린다. 그리고 공격자들이 떠난 후 한참 지나서야 다시 길을 튼다.

***

과거에 우리 인류는 흰개미가 그러는 것과 똑같은 이유로 도시 둘레에 성벽을 세웠다. 군대 용어로 "전력 승수force multiplier"(전력을 곱으로 높여 주는 요인-옮긴이) 기능을 하는 것이 벽이다. 수가 더 많은 침략군에 맞서 버틸 수 있도록 하기 때문이다. 사람들은 정착해서 인구가 안정되는 순간 취약해졌다. 농경 사회는 농작물이 한 장소에 뿌리를 내리기 때문에 사람들이 유목민처럼 떠돌아다닐 수 없었다. 잉여 식량은 나중에 어려울 때 배급할 수 있도록 저장해 둘 수 있어서, 인구 증가를 가능케 했다. 그러나 저장 식품은 도난당할 수 있었다. 흰개미와 마찬가지로, 초기 문명사회의 사람들은 늘 위험에 처해 있었다. 무엇보다도 유목민 습격자들로부터 먹거리와 가족을 지킬 방법을 찾아야 했다. 티그리스와 유프라테스, 나일과 같은 강 유역에 흩어져 있던 고대 정착지의 유물을 살펴보면, 마을을 벽으로 둘러싸서 요새화한 증거가 나오는데, 더러 그 시점이 기원전 5500년 이전까지 거슬러 올라간다.[8]

목책 앞에 도랑을 판 것이 최초의 방어책이었던 것으로 보인다. 그러나 기원전 3500년 무렵에 이르면, 도시는 진흙 벽돌과 돌로 지은 성벽으로 둘러싸였다.[9] 아스쿠트, 셈나, 우루크, 여리고 등의 고대 도시는 인구가 수만 명에 이르렀다. 각각 높은 벽돌담이나 돌담으로 보호되었고, 철통같이 요새화된 문을 통해서만 들어갈 수 있었다.[10] 기원전 1500년 무렵, 도시는 실험적으로 이중벽을 세워 연속적인 두 개의 방어선을 설치했다. 성벽 위에는 보행로를 냈고, 몸을 감춘 궁수들이 흉벽의 총안이나 긴 구멍으로 침략자들에게 화살을 쏘았다. 일정한 간격을 두고 벽에서 돌출한 탑이 있었고, 이 탑에서 수비병들은 벽을 부수려는 침략자들의 옆구리나 심지어 등을 향해서 활을 쏠 수 있었다. 흉벽에 나 있는 보행로는 성벽의 전면에서 몇 걸음 밖으로 발코니처럼 돌출해 있었다. 돌출한 이 흉벽의 바닥에 난 구멍을 통해 침략자들의 머리 위로 바위를 떨어뜨리거나, 끓는 기름을 붓거나, 심지어는 빈 요강이나 오물을 적의 얼굴에 떨어뜨렸다.[11]

유대 도시 라기스는 고대의 요새화 양식을 고스란히 보여 준다. 평야보다 60미터 높은 가파른 노두(기반암이 융기해 지표면에 드러나 있는 언덕배기-옮긴이)에 자리 잡은 이 도시에는 8,000명의 주민이 살았고, 시장과 회당, 그리고 240미터 깊이의 돌담 우물이 하나 있었다.[12] 가파른 노두 측면으로 좁은 돌길이 나 있었고, 이 길은 커다란 두 개의 돌탑 사이로 이어졌다. 이 돌탑, 곧 문루(門樓)gatehouse 사이에 성문이 있었다. 각각의 문루는 높이가 15미터에 이르렀다. 활을 쏠 수 있는 흉벽과 바닥 구멍이 있는 발코니를 두른 문루에서는 사방으로, 그리고 아래로도 집중 사격을 할 수 있었다. 성문으로 파고들려는 적에게 치명적인 교차사격을 가할 수 있었던 것이다. 이 성문 내부에는 또 성문이 있고, 다음에 또 성문이 있었다. 라기스의 문루는 연속적으로 모두 여섯 군데의 "사망자 다발 구역 kill zone"이 있었고, 이곳을 통과할 수밖에 없는 침략자들은 사방에서 화살과 기름, 바위 공격을 받았다.[13]

라기스의 노두 위로는 두 줄의 높다란 성벽이 둘러싸고 있었다. 높이 12미터에 두께 3미터의 외벽이 가파른 비탈 위를 둘러싸고 있어서, 사실상 언덕을 오르는 것이 불가능하거나, 가능하더라도 너무 위험했다. 노두 꼭대기에는 또 다른 도시 성벽이 세워져 있었고, 처음의 외벽보다 더 높고 더 두꺼웠다. 두 줄의 성벽에는 모두 발코니처럼 돌출한 흉벽이 모자처럼 얹혀 있었다.[14] 당시로서는 결코 특별한 게 아니었지만, 라기스의 요새는 정말 웅장했다. 바위 언덕 위에 지어 높고 접근 불가능한 위치인 데다 장벽까지 쌓아 올림으로써, 이 도시는 어떤 침략군에게도 난공불락이었다.

그러나 아시리아 군대는 그냥 어떤 군대가 아니었다. 이들은 당시 필적할 상대가 없었고, 이 도시에 도전할 준비가 되어 있었다. 시아푸와 마찬가지로, 아시리아 사회는 전쟁을 중심으로 돌아갔고, 그들에게는 잘 훈련된 대규모의 직업 상비군이 항상 대기하고 있었다. 활짝 트인 야전에서는 그 어느 군대도 감히 아시리아 궁수와 전차에 맞서 싸우지 못했다. 이는 그들이 요새화된 도시를 점령하는 연습도 많이 했음을 뜻한다. 기원전 710년, 라기스로 진격해서 인접한 언덕에 군영을 설치한 아시리아 군대는 성벽을 깨뜨릴 준비에 들어갔다.

아시리아의 포위 전략은 요새의 여러 부분에 압도적인 힘을 동시에 가하는 것이었다. 방어하는 군대를 얇게 분산시켜, 여러 공격 지점을 동시에 방어하도록 강요함으로써, 아시리아는 그중 하나만큼은 성공할 확률을 크게 높였다. 그러나 요새의 성벽을 공격하려면 계획과 준비가 필요했다. 성공적인 포위 공격에 필요한 도구는 너무 커서 현장에서 제작할 수밖에 없었다. 이를 위해서는 여러 달 작업을 해야 했다. 그래서 아시리아군은 보병과 전차병 외에도 수천 명의 기술자와 건설인부를 데려왔다. 군영 주변에 임시 요새를 세우고 철통같은 요새를 전복하기 위해 필요한 공성탑을 만들고 굴을 파는 데 숙련된 일꾼들이었다.[15]

아시리아의 공성탑은 3층 높이로, 공격군이 성벽 수비군과 같은 높이에서 싸울 수 있었다. 나무로 된 흉벽은 궁수들이 사격을 할 때 엄호해 줄 수 있도록 성벽 맨 위층에 있었다. 각각의 공성탑은 성벽에 충분히 접근하면 성벽 위에 걸칠 수 있는 도개교를 앞면에 달고 있었다. 탑 중간에는 도개교를 내리자마자 사다리를 타고 올라갈 준비를 갖춘 추가 부대가 탔다. 공성탑 바닥에는 공성추가 들어 있었다. 통나무 끝에 커다란 무쇠를 씌운 공성추는 앞뒤로 그네처럼 흔들리며 요새 벽을 들이받을 수 있도록 탑 구조물에 매달려 있었다. 거대한 쇠 지렛대와 마찬가지로, 일단 벽에 금이 가기 시작하면 공성추로 성벽에서 돌을 헐어 낼 수 있었다.[16]

공성탑의 문제점은 진격을 막는 장애물이 있다는 것이다. 도랑과 해자, 그리고 외벽 말이다. 이런 장애물을 넘기 위해서는 먼저 물을 뺀 다음 해자에 바위와 흙을 채우고, 성벽까지 길을 내야 한다. 라기스의 경우, 문제는 해자가 아니라 벼랑이었다. 게다가 벼랑 위로 12미터 높이의 성벽이 세워져 있었다. 성벽 아래의 인공 제방도 공성탑을 올리기엔 너무 가팔라서, 먼저 경사로를 만들어 올라가야 했다.

아시리아군은 차곡차곡 돌을 쌓아올려, 너비 60미터의 거창한 둑길을 만들었다. 둑길은 조금씩 좁아져서, 도시 성벽에 이르렀을 때는 너비가 15미터였다. 이렇게 완성된 경사로 끝은 아래 평원보다 훨씬 높았고, 벼랑의 중간쯤에 이르렀다. 이 높이에서는 공성탑 꼭대기가 도시 외벽의 흉벽 높이와 거의 일치했다. 아시리아군은 인근 마을에서 사로잡은 포로들을 동원해 불덩어리가 떨어지는 흉벽 아래에서 돌을 쌓았고, 이 때문에 라기스 수비군이 경사로 건설을 막기 위해서는 자기 민족을 사

살할 수밖에 없었다.[17]

아시리아군은 경사로를 건설하는 것과 동시에 다섯 개의 공성탑을 만들기 시작했다. 공성탑은 거대한 나무 바퀴 위에 올려졌다. 또한 성벽에 걸칠 수 있는, 갈고리가 달린 기다란 사다리를 수십 개 만들었다. 이 모든 준비를 마친 아시리아군은 협조 공격coordinated attack을 개시했다. 공성탑 바닥에 있는 병사들은 성벽으로 올라가는 경사로 위로 공성탑을 밀어 올렸다. 공성탑은 양면에 판자를 붙여 화살 공격을 막았고, 노출된 곳은 모두 물에 적신 가죽을 덮어 화공에 대비했다. 궁수들은 경사로를 올라가는 공성탑을 따라가며 수비군의 흉벽을 향해 화살을 쏘아 올렸다. 각 궁수들이 자유롭게 활을 쏠 수 있도록 방패를 든 병사가 옆에서 그들을 보호해 주었다.[18]

바퀴 달린 공성탑이 라기스 성벽에 도착하자, 사다리를 운반하는 다른 병사들이 추가 공격을 개시했다. 속사를 하는 궁수들이 옆에서 엄호하는 가운데 방패와 창, 칼을 든 보병 병사들이 민첩하게 성벽을 올라가서, 공성추가 부수고 있는 성문과 성벽 위의 수비군들을 공격했다. 공성탑이 방어선을 무너뜨리자, 아시리아 병사들이 도시 안으로 쏟아져 들어갔다. 전투는 야만적이고 전면적인 파괴로 막을 내렸다. 도시의 성벽은 무너지고, 건물이 파괴되고, 도시의 지도자들은 산 채로 껍질이 벗겨졌다. 공격군은 수비군을 형주에 못 박아 처형하거나 칼로 눈을 찌르고, 도시민 수천 명을 학살했다. 현장에서 살해되지 않은 사람들은 아시리아군에게 멀리 끌려가 남은 평생을 노예로 살았다.[19] 시아푸에게 약탈당한 흰개미 콜로니처럼, 라기스는 초토화되었다.

***

두 전투는 매우 뚜렷한 유사점이 있다. 둘 다 더 큰 규모의 침략군의 공격에 맞서 정착민이 스스로를 방어했다. 두 도시 모두 튼튼한 벽으로 둘러싸여 있었고, 이 벽은 철통같이 요새화된 소수의 문으로만 출입이 가능했다. 두 경우 모두 일반적으로는 다수의 잠재적 침입자로부터 정착민을 충분히 보호할 수 있었다.

라기스 시대의 군대 대부분은 숙련된 기술자도, 보급품도 없었고, 장기적인 포위공격을 할 만한 시간적 여유도 없었다. 문을 잠근 도시의 수비군들을 아사시키거나 성벽을 무너뜨리기 위해서는 수개월, 때로는 수년 동안, 수비군보다 몇 배나 많은 병사들이 야영을 해야 했다. 집에서 멀리 떨어진 적지에서 말이다. 침략군은 이 동안 스스로 방어를 해야 했기 때문에, 종종 군영 주변에 요새를 건설했다. 그러려면 당연히 엄청난 식량과 목재가 필요했다. 또 그들은 오랜 기간 고국을 떠나 있어야 했기 때문에, 고국에도 많은 군대를 남겨 둘 필요가 있었다. 즉, 군대의 규모가 엄청나게 커야 했고, 아주 잘 조직되어야 했다. 고국이 침략을 받지 않도록 대비를 해 두고 외국으로 수많은 병사를 이동시켜야 했으니 말이다. 한마디로, 가장 부유한 군대가 아니면 공성전은 감히 꿈도 꿔 보지 못한다.[20] 대부분의 역사 시기에 공성전에 나선 침략군이 선택할 수 있는 방법은 오직 성문이나 성벽을 부수고 문루를 빼앗는 것뿐이었다. 이런 상황에서 문루는 방어에 너무나 효율적이었다.

도시의 성벽은 그 기능이 본질적으로 굴과 동일하다. 침략자가 좁은 문을 통해 들어오게 함으로써, 도시는 침략군의 수적 이득을 무효화시킨다. 도시의 성벽 밖에 얼마나 많은 병사가 침략해 왔든, 한 번에 몇 명씩밖에는 들어올 수 없었다. 좁은 문루에서 수비군은 안전하게 방어를 하는 반면, 공격군은 안전하지 못했다.[21]

좁은 문은 흰개미에게도 같은 방식으로 기능한다. 시아푸 군대의 힘은 수에 있다. 수많은 군대개미가 먹잇감에 달라붙어 일제히 물고 뜯는다. 불운한 메뚜기나 거미가 압도당하는 것은 수많은 병사가 일시에 공격하기 때문이다. 란체스터의 제곱의 법칙은 이런 결과를 이해하는 데 도움이 된다. 적군에게 화력을 집중시키는 병사들과 마찬가지로, 수많은 개미의 일제 공격은 최고의 싸움꾼도 압도할 수 있다. 그러나 흰개미의 토루는 그런 수적 이득을 무효로 만든다. 입구로 한 번에 들어올 수 있는 군대개미의 수가 소수이기 때문이다. 좁은 문은 대규모의 공격을 개인적인 1 대 1 대결로 치환시켜 버린다. 쇠똥구리가 굴을 방어하는 것과 비슷하게 말이다.[22] 이런 유형의 싸움에서는 더 잘 무장한 병사가 이긴다.

군대개미 병사들은 머리가 크고 턱이 억세지만, 흰개미 병사의 무기는 그보다 훨씬 더 크다. 군대개미는 여러 가지 작업을 할 수 있도록 균형이 잡혀 있어야 하지만, 흰개미는 그럴 필요가 없기 때문이다. 군대개미 병사들은 공격을 개시하기 위해 둥지에서 멀리까지 행군을 해야 하고, 먹잇감을 잡기 위해서는 달리기도 해야 한다. 군대개미의 경우 기동성을 선택하는 것은, 더 큰 머리와 턱을 선택하는 것과 균형을 이루어야한다. 즉, 타협을 해야 한다. 반면에 흰개미 병사는 거의 움직일 일이 없다. 그들이 하는 일이라고는 입구를 막고 있다가 다가오는 모든 것을 물어뜯는 것뿐이다. 흰개미 병사는 시아푸보다 더 크고 강해서, 단단한 굴 내부에서는 흰개미가 이긴다. 흰개미는 영역을 굳게 지키고, 군대개미 떼는 더 손쉬운 먹잇감을 찾아 계속 움직인다.

이런 유형의 두 도시는 벽이 깨지지 않는 한 안전하다. 그러나 장벽이 무너지면 좋지 않은 일이 벌어진다. 라기스의 경우, 성벽을 무너뜨리기 위해서는 세계 최강 군대의 협조 공격이 필요했다. 흰개미의 경우에는 땅돼지가 필요했다.[23] 걸어 다니는 불도저인 땅돼지는 체중이 60킬로그램쯤 되니, 흰개미 병사보다 1,000만 배는 더 무겁다. 땅돼지는 강한 다리와 긴 발톱을 가진 둔중한 짐승으로, 흰개미 토루를 파헤치는 데 특화된 포유류다. 땅돼지는 토루의 측면을 뜯어내고 길고 끈적끈적한 혀로 흰개미를 찍어 먹는다. 일단 배를 채우면 토루를 방치하고 느긋하게 떠나는데, 무너진 토루를 보수하는 데는 시간이 걸린다. 벽이 무너지는 순간 전술적 편익은 다시 군대개미 같은 공격자들에게 돌아온다. 수가 훨씬 더 많기 때문이다. 침략군이 밀려들면 도시는 멸망한다.

***

이 책에서 나는 내내 동물의 무기와 인간의 무기를 비교했다.[24] 두 무기의 진화를 둘러싼 역사적 과정의 유사성을 밝혔고, 무기가 기능하는 환경과 무기 선택의 강도, 시간 경과에 따른 변화 방식 등을 또한 밝혔다. 특히 극한 무기를 유발하는 주변 상황—무기 경쟁을 촉발시키는 요소 셋—과 무기의 진화가 전개되는 일련의 국면이 서로 동일함을 밝혔다. 그 과정 또한 유사한데, 과연 얼마나 유사한 걸까?

이빨과 뿔은 동물 신체의 일부다. 예를 들어 엘크의 뿔은 동물의 신체가 발달하면서 제작되는데, 이 제작 관련 지침이 엘크의 DNA에 기록된다. 수컷이 정자를 만들 때, 정자는 DNA 복사본을 운반한다. 암컷의 난자에 성공적으로 수정되면, 이 DNA는 아들들의 뿔을 제작하는 주형 구실을 한다. DNA에 암호로 기록된 정보는 부모로부터 자식에게 전달되고, 그 결과 아들의 뿔은 아버지의 뿔과 닮는다. 그렇게 아버지로부터 아들에게로 DNA가 전달되며 무기가 복제된다.[25]

문화적 전통—옷을 입는 방법부터 행동 방법, 의사소통 방법, 안식처나 무기를 만드는 방법에 이르기까지 모든 것에 대한 지침—또한 부모로부터 자식에게 전달된다. 특정 시간과 장소의 특징을 반영하는 이 문화적 전통은 분명 변화하며, 동물들의 신체 부위가 서로 차이를 보이듯 모집단에 따라 차이를 보인다. 그러나 문화 정보는 DNA에 기록되지 않는다. 아주 오랫동안 생물학자들은 "생물학적biological" 진화와 "문화적cultural" 진화 사이에는 넘나들 수 없는 심연이 가로놓여 있다고 단호히 선을 그었다.[26] 그런데 이제 그 심연이 사라지고 있다.

나는 두 진화 과정이 다를 게 없다는 점이 아주 계몽적이고 흥미진진한 사실이라고 믿지만, 잠깐은 그 차이를 생각해 볼 필요가 있다. 우리는 세상에서 구한 재료로 무기를 만들고, 이 무기는 우리 신체와는 별개의 물질로 존재한다. 원하기만 하면 언제든 무기를 버릴 수도 있고, 바꿀 수도 있다. 반면에 동물은 무기가 신체에 달라붙어 있다.

그러나 동물도 신체 이외의 무기를 만든다.[27] 흰개미 요새가 바로 완벽한 본보기다. 비버 댐, 새 둥지, 거미줄, 쥐의 땅굴 모두가 무기와 다름

흰개미 요새

없다. 그것이 동물 신체의 일부는 아니지만, 동물들은 그것을 똑같이 복제한다. 그 구조물을 만드는 정보는 한 개체에서 다음 개체로 전달되며, 결과적으로 동일한 구조물이 세세손손 건설된다. 종종 이 정보가 유전적으로 상속되지만, 때로는 세부 제작 지침이 견습과 꼼꼼한 실습을 통해 학습된다. 이는 인간에게 일어나는 과정과 정확히 동일하다. 그리고 이 모든 구조물은 진화한다.

문화적 진화와 생물학적 진화의 두 번째 차이점은, 문화 정보가 DNA 정보보다 더 광범위하고 더 빠르게 전달될 수 있다는 것이다. 문화 정보는 보통 부모로부터 자식에게 전달되지만, 꼭 그럴 필요는 없다. 효율적인 소총이나 요새를 만드는 방법은 배워 익힐 수 있고, 주둔군이 외국으로 전하거나, 심지어는 스파이가 훔칠 수도 있다. 문화 정보는 유전된다기보다 학습되는 것이기 때문에, DNA보다 더 자유롭게 인간들 사이에 전달될 수 있다. 적어도 우리는 그렇게 여겨 왔다.

DNA를 통한 전달은 생물학자들이 처음 생각한 것보다 훨씬 덜 엄격하다는 것이 밝혀졌다. 염기 서열을 분석해 본 결과, DNA 조각들이 줄곧 교환되고 있다는 사실이 밝혀진 것이다.[28] 박테리아는 다른 종의 DNA 기본단위를 게걸스레 흡수한다. 심지어 바이러스와 식물, 동물 등 관계가 먼 종의 DNA까지도, 스파이가 외국 정부나 기업의 비밀을 훔치듯 빼 가는 것이다. 박테리아 게놈의 5분의 1은 외래 DNA를 빌려 쓸 수 있다. 주변의 거대 세계를 생각할 때 우리는 박테리아를 하찮게 여기기 쉽다. 박테리아는 사실 너무 작고 구별하기도 어렵다. 그러나 세상에는 1,000만 종이나 되는 박테리아가 존재한다. 그중 줄잡아 4만 종은 지금 이 순간에도 우리의 인체 내부에서 번성하고 있다.[29] 우리 지구의 생물 대다수는 형태를 달리한 박테리아라고 할 수 있다. 그러므로 박테리아가 우리의 문화보다 훨씬 더 쉽게 정보를 교환한다는 사실을 생물학적 진화 개념으로 수용해야 한다.

DNA만이 정보 전달 매체가 아니라는 것은 사실이며, 이는 다른 것들 역시 진화할 수 있다는 뜻이다. 어떤 바이러스는 유전 암호를 DNA가 아닌 리보핵산, 곧 RNA 분자에 보관한다. 바이러스는 가장 명백하게 진화하는 생명체다. (바이러스 또한 여기저기서 게놈 일부를 교환한다. 조류독감 바이러스가 인간 독감 바이러스와 섞여 치명적인 1918년형 독감을 형성했을 때, 또는 돼지 독감과 조류독감, 인간 독감 바이러스가 섞여 2009년형 "돼지 독감swine flu"을 형성했을 때가 바로 그예다.)[30] 가상현실 세계에서 자기 복제 단위인 프로그래밍 코드 작업파일은 자연 세계의 모집단과 놀랍도록 유사한 방식으로 진화한다. RNA도 DNA도 없이 말이다.[31] 따라서 정보 전달과 복제 수단은 진화에 꼭 필요하지만, 얼마간의 메커니즘만으로도 진화는 가능한 것으로 보인다.

그러나 몇 가지 점에서는 생물학적 진화와 문화적 진화가 뚜렷이 구분된다. 생물학 체계에서 새로운 변이의 궁극적인 원인은 돌연변이다. DNA가 세포 분열 도중 자기 복제를 할 때, 복제 오류가 유전 암호에 섞여 들어간다. 돌연변이는 자주 일어나지 않는데, 일단 일어날 때는 무작위로 일어난다.[32] 제작 무기의 디자인이 새로워지는 일 역시 무작위로 일어날 수 있다. 번식 도중에 발생하는 실수 같은 것을 통해서 말이다. 그러나 동물 무기의 개선은 일반적으로 의도적으로 이루어진다. 인간의 설계자나 기술자가 의도적으로 개선하고자 하는 경우와 마찬가지다. 아르키메데스와 레오나르도 다빈치, 로버트 오펜하이머처럼 뛰어난 정신력을 지닌 사람들은 더 나은 새 무기를 개발하기 위해 노력했고, 의도적으로 다양한 실험을 했다. 이는 생물학적 변이보다 문화적 변이가 더 빨리 새로운 변이를 일으킬 수 있다는 뜻이다. 이 변이는 파괴적이기보다는 건설적일 가능성이 더 크다. 그러나 일단 변이가 일어나면, 변이는 역시 변이라서, 이 의도적인 선택으로도 역시 진화는 이루어진다.

가장 중요한 차이는, 문화적 유전의 성공이 번식 성공과는 관련이 없다는 점이다. 엘크의 뿔이 진화할 경우, 그 진화의 이유는 남들보다 더 많은 번식을 할 수 있기 때문이다. 뿔은 번식을 통해 복제되며, 번식을 위한 전투의 승자는 패자보다 자기 유형의 뿔을 더 많이 복제하게 된다. 엘크가 진화하면 뿔도 진화한다. 무기 복제 메커니즘은 엘크 복제 메커니즘과 동일하기 때문에 이 과정은 불가분의 관계에 있다. 사슴뿔의 모집단 하면, 이는 곧 엘크 모집단을 뜻할 정도다.

문화적 진화의 경우는 그렇지 않다. 소총을 생각해 보라. 소총은 자궁이 아닌 공장이나 상점에서 생산된다. 소총 제조 지침은 한 사람에게서 다른 사람에게 복사 전달되지만, DNA가 아닌 문서에 기록된다. 무엇보다 중요한 것은, 소총 생산 대수가 사본의 수와 무관하다는 것이다. 소총의 여러 유형 가운데 한 가지 유형의 성공은, 소총을 만들고 사용하는 사람의 번식 성공과 무관하다. 그리고 소총의 모집단―어떤 시점에 존재하는 모든 소총―은 인간 모집단과 동일하지 않다.

따라서 문화적 진화는 생물학적 진화와 다른 차원에서 전개된다. 때로 이 두 차원의 사건은 상호 교차한다. 예를 들어 라기스의 종말은 주민의 번식 성패에 영향을 미쳤다. 하지만 대부분의 경우 두 과정은 고립되어 전개된다. 인간이 진화하고, 인간의 무기도 진화하지만, 이러한 사건은 독립적으로 전개된다. 이렇게 분명히 구별을 하는 한, 동물 무기의 진화를 우리 인간 무기의 진화와 비교하지 못할 이유가 없다.

***

제1차 세계대전이 끝날 무렵, 보병에게 새로운 무기가 필요하다는 것이 분명해졌다. 기술자들은 소총의 휴대성을 기존 기관총의 속사 능력과 결합하고자 했다.[33] "돌격 소총assault rifle"이 된 첫 번째 자동소총, 곧 러시아의 페도로프 아프토마트는, 이 소총이 사용한 탄약, 곧 피스톨 탄약의 화력이 약해 수십 미터가 넘어가면 정확도가 떨어진 탓에 대량생산되지 못했다. 프랑스의 쇼샤 소총은 더 나은 편이었다. 전쟁이 끝날 때까지 약 25만 정이 생산되었으니 말이다. 그러나 이 총은 화력이 너무 강력한 탄약을 사용해, 자동 발사 도중 반동을 통제할 수 없었다. 프랑스의 리베롤 1918, 덴마크의 웨이벨 M/1932, 그리고 그리스의 EPK가 곧 뒤를 이었고, 새로 개발된 중간 구경의 탄약을 사용함으로써, 수백 미터 거리에서의 정확도, 그리고 반동과 제어의 최소성에 대한 요구를 적절히 수용했다. 그러나 이 무기는 미국 M1918 브라우닝 자동소총과 마찬가지로 거추장스럽고 무거웠다. 1942년에 독일군은 돌격 소총으로 MKb42(H)와 Stg44를 도입했다. 3년 후 미국은 M1을 개량해, 20발들이 탈착식 탄창을 추가하고, 자동과 수동 발사 겸용으로 만들었지만, 이 소총용의 탄약 역시 너무 화력이 강했다(미국은 나중에 이 화력을 축소해, 중간 구경 탄약을 사용하는 M16을 도입했다).

1949년 러시아의 아프토마트 칼라슈니코프(AK-47)가 이 돌격 소총 경쟁 대열에 참여했다. 이 모델은 다른 모델들의 장점을 결합해 사실상 불멸의 구성이라 할 수 있었다. AK-47은 중간 구경의 카트리지를 사용했고, 매끄러운 발사를 위해 곡선형의 탈착 가능한 탄창을 사용했다. 총신은 이전의 돌격 소총보다 짧았고 상당히 가벼웠다. 무엇보다 좋은 것은, 신속하고 값싸게 생산될 수 있었다는 점이다. 만들기 쉽고, 사용하기 쉽고, 가장 극한의 조건에서도 신뢰성이 높았던 AK-47은 전장을 휩쓸었다. 도입된 지 60년이 넘는 오늘날, AK-47은 지구상에서 가장 인정받고 가장 많이 보급된 화기로, 1억 정이 제작된 것으로 추산된다. 당장 지구인 70명 중 한 명에게 이 돌격 소총을 쥐어 줄 수 있다는 뜻이다.[34]

언뜻 보기에도, 돌격 소총의 역사는 분명 진화 과정의 모든 요소를 지니고 있다. 소총 제작에 관한 정보가 DNA가 아닌 문서와 컴퓨터를 통해 전달되긴 하지만, 같은 소총에서 소총으로 디자인이 충실하게 복제된다는 결과는 동일하다. AK-47 조립라인에서 나오는 소총은 모두 AK-47이지, M16이나 Stg44가 아니다. 그러나 우연으로든 계획적으로든, 기술자들은 지속적으로 소총 설계를 재조정하고, 여러 가능성을 조사하고 변형 실험을 한다. 실험의 대부분은 실패하지만, 이따금 새로운 디자인이 효과를 발휘해서 신속하게 더 새로운 모델로 구현된다. 무엇보다 중요한 것은, 시장과 전장의 현실이 선택 대리인처럼 행동한다는 사실이다. 그래서 생산하기에 너무 비싸거나, 고장이나 불발을 일으키거나, 다른 대안보다 더 불편하거나 부자연스러운 돌격 소총을 추려 낸다. 현대 전쟁의 여러 조건이 돌격 소총의 진화를 결정하는 것이다. 자연선택의 대리자, 예를 들어 엘크 수컷들 간의 전투가 뿔의 진화를 결정하는 것과 거의 같은 방식으로 말이다.

동물들이나 인간 자체보다 그들의 무기—뿔과 소총—에 초점을 맞추어 비교해 보면 배울 점이 많다. 각각의 진화 경로가 서로 관련이 깊기 때문이다. 인간의 진화와 소총의 진화를 혼동하면 곤란하다. 돌격 소총이 인간의 생존에 영향을 끼친 것은 분명하다. 돌격 소총에 수많은 인간이 죽었으니 말이다. 죽으면 더 이상 후손을 남길 수 없으니, 소총은 번식에도 영향을 끼친 셈이다. 그러나 그런 사실은 소총의 진화에 중요한 게 아니다. 특정 유형의 소총의 성패에서 중요한 것은, 동시에 존재하는 다른 소총 모델과 비교해서 얼마나 성능이 좋은가 하는 점이다. 선박이나 성, 투석기의 경우도 마찬가지다. 효과가 있는 디자인은 복제되고 확산된다. 부실한 것은 버려진다. 내가 동물과 인간을 비교하는 것은 다름 아닌 무기 진화로 이끄는 여러 조건을 살펴보기 위해서다. 그런데 이들 조건은 본질적으로 동일하다는 것이 내 주장이다.

***

내가 마야의 요새와 처음 맞닥뜨린 것은 순전히 우연이었다. 1990년 나는 프린스턴대학의 열대 생태학 수업의 일환으로 벨리즈 정글에서 야영을 하며 2주를 보냈다. 2주 내내 쉬지 않고 비가 내렸다. 텐트 둘레에 판 물길로는 미처 물을 다 뺄 수가 없을 정도였다. 뒤늦게 고무장화를 신고 철벅거리며 수습을 하는 동안 우리의 얼굴과 옷, 침낭, 그 밖의 모든 장비가 흙투성이가 되었다. 나무들 사이에 방수포를 펼쳐 "부엌"을 만들고, 야자 잎사귀로 지붕을 올려 "실험실"을 만들었다. 열대림에서 지내는 것은 처음이었는데, 마체테에 엄지가 거의 잘릴 뻔한 것과 어느 날 밤 텐트 바닥에서 올라온 전갈에 찔린 것만 빼면 성공적인 여행이었다. 나는 이 여행에 매료되었다. 우리의 수업 과제는 각자 선택한 생물학 실험을 설계하고 수행하는 것이었다. 그러나 탐험 첫날, 울창한 밀림에 들어선 나는 흥분하고 말았다. 그래서 교수들을 설득해 당초 과제와는 전혀 다른 것을 하기에 이르렀다.

우리 야영지에서 2킬로미터 가까이 떨어진 깊은 숲속에 잃어버린 마야의 도시가 숨어 있었다. 멀리 어두운 숲속에 15미터 높이의 여러 피라미드가 어렴풋이 보였다. 상당수 피라미드는 폐허가 되어 땅에 묻혀 있었다. 수세기 동안 열대림이 자라고 썩으며 각각의 피라미드를 담요처럼 덮었다. 피라미드가 흙무덤처럼 누워 나무뿌리와 덩굴로 뒤덮였고,

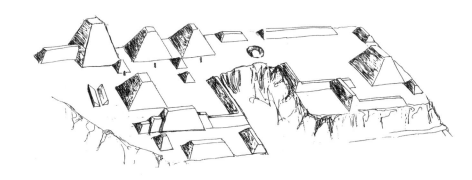

1990년에 스케치한 라 밀파

그 옆으로 나무가 울창하게 자랐다. 1,000년 전 이곳은 번영하던 도시 중심부였다. 정확히는 고대 도시 심장부에 있던 안뜰이었는데, 이제는 숲에 둘러싸여 아무도 기억하지 못했다.

새로운 내 과제는 이 마야 도시의 지도를 만드는 것이었다. 지도 제작 경험이 전혀 없던 나는 나침반과 스케치북을 들고 발걸음을 세며 출발했다. 날마다 숲속으로 들어가, 뒤얽힌 덩굴을 젖히고, 나뭇가지 사이로 기어가고, 진창과 빗물에 미끄러지며, 이윽고 눈앞에 나타난 높다란 흙무덤을 스케치했다. 옆에 파헤쳐진 구멍을 보면 도굴되었다는 것을 금세 알아볼 수 있었다. 여기저기 석판이 하나씩 세워져 있었다. 피라미드 앞의 흙에 박힌 석판은 오래전에 사망한 지도자의 위업을 기리기 위한 것이었다. 여정이 끝날 무렵 내가 벨리즈 열대림에서 발견한 피라미드는 25개가 넘었다.

이 마야 도시는 라 밀파La Milpa라고 불린다(내가 처음 발견한 것은 아니다). 이 도시는 내가 탐험한 지 2년이 지나 정식으로 발굴되기 시작했다.

라 밀파에는 기원전 400년부터 기원후 850년까지 주민들이 거주했고, 전성기 인구는 1만 7,000명쯤이었던 것으로 보인다.[35] 이 도시는 라기스처럼 주위 평원이 내려다보이는 가파른 벼랑 위에 자리 잡고 있었다. 그러나 이러한 위치 말고는 딱히 도시를 보호할 만한 게 없었다. 훨씬 더 큰 인접 도시 티칼Tikal은 깊은 도랑과 낮은 담으로만 보호되었다. 이 두 도시는 세계에서 가장 인상적인 고대 도시 문명의 전성기를 보여 준다. 그런데 왜 더 잘 방어되지 않았을까?

인류의 요새는 대다수 지역에서 비교적 변화가 적어서 그 역사가 지루한 편이다. 대부분의 군대는 멀리 떨어진 적지에서 효과적인 공성 공략을 하는 데 필요한 비용과 물류를 감당할 수 없었고, 군대가 충분한 여력을 지녔다 해도, 때로는 지형지물이 방해가 되었다. 수백 미터의 절벽과 장엄한 협곡 때문에 안데스 도시에 접근하는 것은 현실적이지 못했고, 습지와 광대한 열대우림 때문에 멕시코와 중미 지역에 접근하는 것도 호락호락하지 않았다. 바퀴 달린 공성탑과 투석기는 이런 환경에 실용적이지 못했다. 잉카와 올멕, 마야, 아즈텍 제국은 필요한 부와 힘, 정치 조직이 있었지만, 그들의 군사 전략에 공성 무기를 포함하지 않았다.[36]

공성 무기의 위협만 없다면 굳이 방어벽을 강화할 필요가 없었다. 단순한 벽만으로 충분해서, 진화된 요새를 설계할 일이 없었다. 기원전 5000년까지 거슬러 올라가는 잉카 마을 이전의 가장 초기 문명의 흔적부터, 1500년대 스페인 군대의 도착 시점에 이르기까지, 중남미의 요새는 그저 도랑과 토루, 목책이나 돌담 정도로 이루어져 있었다.[37] 대부분의 도시에 벽이 있었고, 고대 아즈텍 문명의 수도인 테노치티틀란과 같은 몇몇 곳은 물로 둘러싸여 있었지만, 요새는 기본적으로 그들이 직면한 위협의 유형에 맞춘 것이었다. 아시아와 아프리카, 북미 지역 대부분에서도 마찬가지였다. 도랑과 목책이 18~19세기의 이로쿼이족과 마오리족 마을의 것과 거의 똑같아 보이고, 7,000여 년 전의 비옥한 초승달 지역과 안데스 지역도 마찬가지였다.[38]

중동과 유럽, 아시아 일부 지역에서만 공성전이 벌어졌는데, 요새가 가장 크고 복잡하게 진화한 것도 그 지역에서였다.[39] 라기스처럼 돌출된 탑과 발코니가 있을 경우 멀리서 벽을 부수는 수단을 택하게 된다. 투석기가 공성전 레퍼토리에 추가된 것은 고대 그리스 시대였다.[40] 용수철 장치를 한, 바퀴 달린 거대한 투석기인 발리스타는 수백 미터까지 바위나 거대한 창을 날려 보냈다. 많은 사람이 동원된 거대한 캐터펄트 투석기 역시 커다란 돌을 날려 성벽에 구멍을 내거나 흙벽을 무너뜨렸다. 최고의 타격은 탑에 가하는 것이었다. 아무래도 모서리가 있는 탑이 성벽보다 약하기 때문이다. 모서리를 제대로 타격하면 탑의 일부를 무너뜨릴 수 있었고, 그로 인해 성벽까지도 종종 무너졌다.[41]

이런 투석기의 가공할 충격 때문에, 투석기를 사정거리 안으로 다가오지 못하게 하는 방법이 등장하게 되었다. 원래의 성벽 바깥에 새로운 성벽을 세운 것이다. 이 외벽은 비용이 너무나 많이 들었다. 내벽보다 훨씬 더 넓은 지역을 둘러싸야 해서, 길이가 막대했기 때문이다. 부서지거나 손상되기 쉬운 단순한 장벽으로는 충분치 않았다. 그래서 외벽은 온갖 방어 장치를 갖추어야 했다. 예컨대 총안이 있는 흙벽이나 보루, 돌출한 발코니, 규칙적인 간격의 탑 등이다. 한동안 새로운 이 외벽은 효과가 있었다. 그러나 공성 병기를 더 멀리 떼어 놓으려는 시도는 점점 더 큰 공성 병기를 낳았을 뿐이다. 로마 시대의 투석기 오나거는 50킬로그램의 돌을 1킬로미터 이상 날려 보냈다.[42]

요새 벽이 점점 더 두꺼워지고 높아지는 것과 동시에 공성탑과 공성추는 더욱 커졌다. 초기 아시리아의 공성탑은 2~3층으로, 수십 명이 공성추를 담당했다. 나중에는 이것이 더욱 커져서, 전성기의 공성탑은 10층이 넘었고, 2,000명 이상이 공성탑을 밀었다. 공성추는 길이가 45미터에

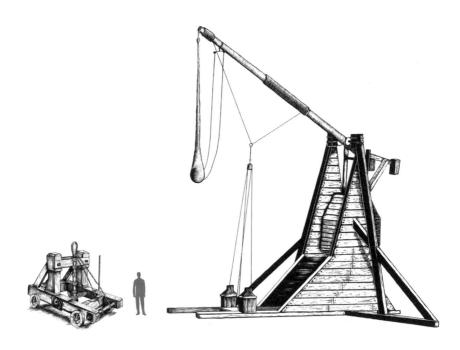

투석술은 요새의 크기와 디자인과 더불어 진화해서, 더 큰 돌을 더 멀리 던지게 되었다.
고대 그리스의 발리스타(왼쪽)와 중세의 트레뷰셋(오른쪽).

달했고, 1,000명이 이를 담당했다.[43]

성벽과 공성탑, 공성추, 투석기가 점점 커지면서 무기 경쟁도 계속되었다. 중세에는 새로운 양식의 투석기인 트레뷰셋이 개발되었다. 이는 탄성력이 아니라 평형추의 낙하 회전력, 곧 중력과 지렛대를 이용해 돌을 던지는 것으로 당시의 어떤 투석기보다 뛰어났다. 발리스타보다 더 정확하고 강력한 트레뷰셋은 150킬로그램의 돌을 대다수 성의 내부의 탑까지 날려 보낼 수 있었다. 사각의 탑이 또다시 취약해지자, 거의 자취를 감추고 둥근 원통형 탑이 등장했다. 이는 직격을 당해도 잘 무너지지 않았다. 더욱 좋은 것은, 모서리가 없이 둥근 탑이라 직격을 당하는 일이 거의 없었다는 점이다.[44]

13세기 무렵 중동과 유럽의 귀족들이 너나없이 성을 세워, 3만 개 이상의 성이 도처에 자리 잡게 되었다.[45] 성은 오늘날 우리에게도 익숙한 사치스러운 건축물로 빠르게 진화했다. 성은 동심원을 그리는 외벽과 내벽에 규칙적인 간격을 두고 단단한 원통형 탑을 두었다. 흉벽에는 총안과 긴 화살 구멍이 나 있었고, 공격군에게 불덩이를 떨어뜨리는 바닥 구멍이 있는 돌출한 발코니도 있었다. 또한 철통같이 지키는 좁은 굴 같은 출입구로의 접근을 제한하는 커다란 문루가 나란히 서 있었다. 출입구 통행을 막을 필요가 있을 경우에는 거대한 내리닫이 쇠창살문이 아래로 떨어져 내렸다. 성은 거의 항상 전략적으로 주변보다 높은 지역에 자리 잡아서 접근하기가 어려웠다. 바위 벼랑 위에 세우거나 물길로 둘러싸는 경우도 많았다. 벼랑이 없고 호수도 이용할 수 없다면, 해자를 파서 물을 채웠다. 당시의 성은 인간의 손으로 만든 것 가운데 가장 비싸고 가장 휘황찬란한 건축물이었다.

그러나 화약의 발명으로 모든 것이 바뀌었다. 대포의 파괴력은 가장 육중한 성벽조차 무용지물로 만들어서, 15세기 말에 이르자 성 양식의 요새는 그만한 비용을 투자할 가치를 잃고 말았다. 무기 경쟁은 종식되었다. 대포는 승리를 거두었고, 영국과 프랑스, 스페인, 독일, 벨기에 등은 수천 개의 성을 포기하기에 이르렀다.[46]

이어 무기 경쟁의 잿더미 속에서 새로운 양식의 요새인 "별 모양 요새star fort"(성형 요새)가 태어났다. 완전히 탈바꿈을 한 이 새로운 요새는 대포의 포격을 이겨 내기 위해 고안되었다. 높은 벽과 인상적인 탑은 사라졌다. 야트막한 이 요새는 해자와 성벽 사이에 충격을 흡수하는 흙 둔덕을 둘렀고, 각 성벽이 바깥쪽으로 별의 꼭짓점처럼 길고 뾰족하게 돌출했다.[47] 새로운 이 설계의 목적은 포탄이 넓적한 표면에 맞지 않도록 하는 것이다. 경사가 있고, "보루bastion"가 뾰족해서 어떤 각도에서든 포격을 빗나가게 할 수 있었다. 예를 들어 네덜란드의 보르탕에Bourtange 요새는 낮은 흙 둔덕과 해자가 번갈아 각을 이루는, 낮은 벽의 미로처럼 지어졌다. 지상에서 대포로 명중시킬 만한 높은 벽이 전혀 없다. 공중에서 보면 눈송이처럼 보인다.

별 모양 요새는 유럽 전역과 신세계를 비롯한 식민 정착지에 속속 등장했다. 비용과 편익 사이에 항상 존재하는 균형에 대한 고전적 사례로, 영국과 네덜란드 식민지는 대포 공격을 받을 가능성이 있는 지역에만 흙 둔덕과 석조 별 모양 성벽에 투자를 했다. 예를 들어 크라운포인트 요새, 리고니어 요새, 온타리오 요새, 프레더릭 요새는 항구나 내륙 수로를 내다보는 위치에 있어서, 해군의 전함 포격 사정거리 내에 있었다.[48] 내륙에 세워진 요새는 해군보다 원주민의 공격으로부터 정착민을 보호하기 위한 것이었는데, 이는 시대를 초월한 전통으로 회귀해서, 군데군데 돌출한 발코니가 있는 값싼 단순 목책으로 벽을 둘렀다.[49]

이후 폭발하는 포탄이 보급되자 별 모양 요새조차도 무용지물이 되었다. 포탄이 풍력 추진 전함의 종말을 고한 것과 마찬가지로, 강한 관통력의 파열 포탄을 쓰는 강선 대포에는 별 모양 요새도 버틸 수 없다는 것이 입증되었다. 곧이어 비행기에서 포탄이 투하되었고, 제2차 세계대전의 전략적 선제 포격의 시기에는 지상의 어떤 구조물도 공격으로부터 안전하지 못했다. 지하로 점점 더 깊이 내려가야만 안전할 수 있었고, 그물망처럼 분산된 굴과 벙커가 새로운 안전 기준이 되었다.[50]

1940년 영국 본토 항공전에서, 가장 안전한 피난처는 가장 깊은 피난처였다. 그런 피난처가 부족했기 때문에, 런던 시민 15만 명이 매일 밤 미궁 같은 지하철 터널에 모여야 했다. 독일군의 진격을 막기 위해 프랑스가 건설한 700여 킬로미터의 값비싼 요새인 마지노선Maginot Line은 거의 전부 지하에 자리를 잡았다. 일본군은 화산암으로 이루어진 태평양의 섬들에 그물망 같은 굴을 파고 포대와 막사를 지었다.[51] 단단한 바위를 방패로 삼은 이런 위치는 반복된 전함의 포격과 비행기 폭탄 투하를 모두 견뎌 내서, 끝내는 잔혹한 육탄전으로 공략할 수밖에 없었다. 아이젠하워 장군의 북아프리카 공격 지휘 초소인 지브롤터 요새도 산 아래 깊이 자리 잡고 있었다.

일단 지상 요새 시대가 끝나자, 다시는 되돌아오지 않았다. 오늘날까지도 알 카에다와 탈레반 같은 조직은 산속 깊숙이 미로 같은 동굴에 숨어 있다.[52] 미국 정부는 수십 억 달러를 들여 샤이엔산의 벙커 같은 것들을 유지하고 있다. 이런 벙커는 수백만 톤의 단단한 바위로 엄호된 표면 아래 수십 미터 깊이의 지하에 있다.

***

대포와 요새는 사람이 만든 것이지만, 동물의 무기와 마찬가지로 진화한다. 대포의 효율성 향상은 새롭고 더 나은 요새 설계로 이어지고, 그 역 또한 같아서, 무기 경쟁이 악순환될 수 있다. 요새는 한곳에 고정돼 있기 때문에, 이런 경쟁에서 두 라이벌은 동물의 포식자와 먹잇감처럼 공격자와 방어자로 그 역할이 제한된다. 마지막으로 살펴볼 사례는 쇠똥구리나 엘크들 간의 전투를 더욱 연상케 하는 막상막하의 싸움으로, 공격자와 공격자 간의 격돌이다.

13
선박, 비행기, 국가

그럴 계획이 없었지만, 나는 가끔 카누를 타고 가툰호수를 가로질러 파나마 운하의 주 수로로 들어갔다. 밤중에 컨테이너선이 지나갈 때면 노를 저어 가까이 다가갈 수 있었다. 옆으로 떠 있는 마천루 같은 컨테이너선을 건드려 보려고 한 것은 젊은 치기였다. 목표는 최대한 가깝게 접근하는 것이었다. '정말' 가깝게, 그러니까 1.8미터 이내로 접근하면, 노를 내밀어 컨테이너선을 건드리고서, 뱃머리에서부터 시작되는 큰 물살을 타고 컨테이너선에서 벗어날 수 있다.

컨테이너선에 탄 사람이 나를 볼 수는 없다. 일단은 밤중이라 어두워서 잘 안 보이기도 하지만, 항해 중인 배 안의 사람들이 도시의 한 블록 이상에 해당하는 거리만큼 나와 떨어져 있기 때문이기도 하다. 컨테이너선은 정말 컸다. 갑판만 해도 끝에서 끝까지 축구장 세 개는 만들 수있는 넓이다. 1만 개가 훨씬 넘는 컨테이너만 싣지 않았다면 말이다. 그리고 맨 위층 창에 환하게 불을 밝힌 "선실"이 뱃고물 쪽에 30미터 높이로 우뚝 자리 잡고 있다. 물에 살짝 잠기는 뱃머리부터 항해사가 있는곳까지는 거의 400미터쯤 떨어져 있다.

나는 수로 언저리에 숨어서, 컨테이너선이 부드럽게 너울을 일으키며 다가오기를 기다리곤 했다. 나직한 터빈 소리가 점점 또렷해지고, 거대한 선체의 어두운 그림자가 점점 커지다가, 이윽고 나를 어둠 속에 파묻었다. 어둠 속에서 나직이 철썩이는 하얀 포말은 길 안내자처럼 뱃머리의 정확한 위치를 가리켰다. 나는 9미터 이내로 다가간 다음 배가 다가오기를 기다렸다. 배 앞부분이 지나가고, 5층 높이의 벽이 다가오고, 내 머리 위 15미터의 구멍에 끼워진 트랙터 크기의 닻이 지나가는 순간 나는 최대한 힘차고 빠르게 노를 저어 배 옆으로 다가갔다. 거대한벽에 부닥치기 전에, 강철 선체에 노를 퉁 치고, 카누를 돌려 멀어지며1.5미터의 너울 속으로 직진했다. 컨테이너선은 아무런 영향도 받지 않고, 어리석은 내가 활극을 벌인 줄도 모른 채 포말을 뒤에 남기며 멀리사라졌다.

카누를 타고 신나게 놀던 그 밤들보다 더 뚜렷하게 선박 크기의 진화가 내 눈 앞에 활짝 펼쳐진 적은 그 전에도 후에도 없었다. 내가 어리석은 활극을 벌인 컨테이너선은 내 카누보다 200만 배는 더 무거웠고, 배수량은 6만 톤이 넘었다. 선박 설계는 계속 진화해서, 효율적인 수송을

274 동물의 무기

위한 선택은 그런 거대한 화물선을 만들기에 이르렀다.

***

운송 수단은 동물과 비슷하다. 이동할 때 에너지를 소모하고, 동물처럼 몸무게와 속도, 덩치와 민첩성이 균형을 이룬다. 그 형태는 상황이나 필요에 맞추어 시간이 지나면서 진화한다. 더러는 속도를 위해, 더러는 전투를 위해 특화된다. 운송 수단이 다른 운송 수단과 경쟁하기 시작하면, 수행 능력을 향상하는 쪽으로 선택이 이루어진다. 이는 종종 쟁탈전이나 추격전을 벌이는 경우처럼 더 빠르거나 더 민첩한 쪽을 선호하고, 정교한 갑옷이나 크고 무거운 무기는 배제하는 쪽으로 선택이 이루어진다는 뜻이다. 그러나 때로는 조건이 들어맞을 경우, 가장 큰 무기를 갖춘 운송 수단이 승리한다. 더 큰 것이 더 좋은 것이 되고, 운송 수단은 무기 경쟁에 휘말리게 된다.

운송 수단의 무기 경쟁도 동물의 무기 경쟁처럼 세 가지 요소를 필요로 하는 것은 마찬가지인데, 그 요소를 알아보기가 좀 더 까다롭다. 동물의 경우, 처음 두 가지 요소인 경쟁과 경제적 방어 가능성이 필수적인 것은, 그게 없으면 싸울 이유가 없기 때문이다. 그와 더불어 두 가지 요소는 또한 격렬한 전투를 유도하는 인센티브를 부여한다. 강력한 인센티브가 주어지면, 세 번째 요소가 무기 크기의 증가를 선택한다. 1 대 1 대결은 더 작은 무기보다 더 큰 무기의 효과를 높여, 무기 진화를 갈수록 극한으로 밀어붙인다.

선박이나 비행기와 같은 운송 수단의 경우, 처음 두 가지 요소는 그것을 만드는 국가가 제공한다. 타국 정부와 싸우고 있는 정부는 전쟁을 정당화하고 동기를 부여하여, 선박으로 선박을 공격하게 한다. 선박에 대포를 싣고 포탄을 발사한다. 그러나 무기 경쟁의 방아쇠가 당겨질 것인가—더 큰 운송 수단이 작은 운송 수단보다 진정 뛰어난가—의 여부는 대결의 세부사항에 달려 있다. 그리고 인간도 동물의 경우와 마찬가지로, 1 대 1 대결 여부가 경쟁의 최종 요소가 되는 경향을 보인다.

***

수세기 동안의 정체기를 거친 후, 단 하나의 기술 변화만으로 고대 지중해 전함의 행동은 영원히 바뀌었다. 기원전 700년 무렵 뱃머리의 흘수선에 장착된, 단순한 청동 주물 기둥은 수송선이던 것을 단숨에 무기로 바꾸어 놓았다.[1] 주로 노를 당기는 사람들의 인력으로 움직이던 갤리선이, 다른 갤리선의 측면을 들이받아 선체에 구멍을 내서 침몰시키기 시작한 것이다. 선박들은 근접해서 1 대 1 대결을 하여 무기 경쟁의 최종 요소를 충족시켰다. 이때는 더 빠른 배가 이겼다. 속도는 더 많은 노를 필요로 했고, 더 많은 노는 더 큰 배를 뜻했다.[2]

배에는 노가 추가되었고, 각각의 노에 노 젓는 사람이 추가되었고, 심지어 노는 1단에서 3단까지 단이 추가되었다. 너비 3미터에 길이 27미터, 노잡이 50명의 호리호리한 배가 불과 몇 세기 만에, 길이 126미터에 노잡이 4,000명에 이르는 이중 선체의 대형 선박으로 도약했다.[3] 가장 큰 배는 웅장했지만 너무 커서, 그 무게가 노 숫자의 이점을 깎아먹었다. 너무 커서 빨리 기동할 수 없었고, 너무 둔중해서 적선에 다가가 들이받을 수가 없었다. 선박 진화의 진자가 너무 멀리까지 돌아간 바람에 선박은 항행 가치를 잃고 말았다. 잠시 동안은 새로운 기능이 주어지긴 했다. 가장 큰 배는 갑판이 넓고 안정된 뗏목 스타일의 이중 선체로 이루어졌기 때문에, 투석기를 비롯한 무기를 운반하는 데 이용되었다.[4] 그러나 이 시점에서 가장 큰 배는 편익에 비해 비용이 너무나 과다했다. 무기 경쟁은 멈추었고, 진자는 다시 더 작은 배 쪽으로 돌아가서, 결국 "다섯five"(노 하나당 노잡이 5명의 배)에 정착했다. 길이 42미터에 노잡이 300명이 움직인 "다섯"은 크고 치명적이었으나, 과하거나 기동이 어색하지 않았다. 최초의 해군 무기 경쟁이 종식된 후 1,000년 이상 이 선박의 기본 설계는 바뀌지 않았다.[5]

기술 개발과 1 대 1의 해상 교전이 재개되어 또 다른 무기 경쟁이 촉발된 것은 16세기 들어서였다. 이번에는 돛을 단 전함, 곧 갤리온선의 탄생으로 경쟁이 불붙었다. 노가 아닌 풍력으로 추진되는 선박은 선체가 폭풍에 견딜 수 있을 만큼 튼튼했고, 더 적은 선원으로도 다룰 수 있어서, 대양을 멀리까지 오래도록 항해할 수 있을 만큼의 식량 저장이 가능했다.[6] 돛을 동력으로 하는 선박 덕분에 탐험과 상업 항해가 탈바꿈을 하면서, 최대 해군을 보유한 국가들은 전 세계에 식민지를 둘 수 있었다.

초기 갤리온선에는 한 쌍의 대포가 뱃머리에 장착되었는데, 이는 과거의 공성추에 해당하는 것이었다(최초의 갤리온선은 공성추와 어울리지 않았지만 실제로 공성추도 싣고 다녔다).[7] 그러나 배는 길고 날렵해서 뱃머리에 대포를 몇 대밖에 실을 수 없었다. 상부 갑판에 대포를 추가할 수는 있었지만, 그러면 자칫 엎어질 수 있었다. 갑판 위에 큰 무게가 실리면 배가 불안정해졌기 때문이다. 그러나 개폐할 수 있는 포문의 개발로 선체 아래 낮게 대포를 설치할 수 있게 되었다. 폭풍우 속에서 단단하게 나무 포문을 닫으면 물을 차단할 수 있어서, 흘수선 근처에 대포를 설치함으로써 사실상 배가 더욱 안정되었다.[8]

돛을 단 갤리온선은 이제 배 측면의 많은 대포로 포격을 가할 수 있게 되었다. 그러나 그렇게 하려면 배를 옆으로 돌려야 했다. 적에게 측면을 노출해야 했던 것이다. 또한 아주 가까운 거리에서 대포를 쏘아야 했다. 강선이 없는 대포는 최고의 상황에서도 정확도가 떨어졌기 때문인데, 선체가 앞뒤로 흔들리는 바다에서는 최고의 선원이라도 몇백 미터 거리의 표적만 맞출 수 있었다. 대부분의 경우 다른 선박을 적중시킬 기회를 노리려면 그보다 훨씬 가까워야 했다. 그래서 배들은 아주 가까운 거리—일명 "활대 거리yardarm to yardarm"—에서 1 대 1로 싸우기 시작했고, 또다시 무기 경쟁을 유도하는 환경이 조성되었다.[9]

큰 대포는 작은 대포보다 더 큰 피해를 주었으니, 큰 대포가 작은 대포보다 나았다. 점점 커지는 대포는 더 큰 배를 필요로 해서, 갤리온선은 점점 더 커졌다. 대포 한 줄은 두 줄이, 두 줄은 세 줄이 되었다. 15세기 전함은 각각 60문의 대포를 장착했는데, 곧이어 74문으로, 100문으로, 심지어 120문으로 늘어났고, 18세기 말에는 140문의 대포를 장착한 배도 있었다.[10] 돛을 단 전함의 크기와 사치스러움, 그리고 비용은 새로운 양식의 대포가 나올 때까지 계속 더해만 갔다. 폭발하는 포탄을 날리는 강선 대포가 나와서 선체가 나무로 된 전함을 무용지물로 만들 때까지 말이다.[11] 이전의 노 젓는 갤리선과 마찬가지로, 가장 큰 전함은 이제 더 이상 제값을 하지 못했다.

앞서의 두 차례 해군 경쟁의 경우, 배로 할 수 있는 일의 변화는 더 큰 배를 선호하는 새로운 스타일의 상호작용을 초래했다. 땅굴을 지키는 쇠똥구리나 경쟁자와 뿔을 부딪치는 북미 순록 수컷처럼, 선박도 크기가 크면 작은 것보다 더 효율적이었다. 크기가 중요해지자, 이 시점부터 항상 더 큰 배에 투자를 했다. 또 동물과 마찬가지로 최고의 선박 크기란 상대적이었고, "크다"는 것은 사실상 "다른 모든 것보다 더 크다"는 뜻이었다. 선박이 진화하면서 싸움도 진화했다. 한쪽의 발전은 즉시 따라잡히고 다른 쪽의 더 나은 발전을 불러오는 우열의 순환은 경쟁을 더욱 가열시켰다. 그러다 결국 가장 큰 배가 제값을 하지 못하게 됨으로써 경쟁의 소용돌이는 해소되었다. 경쟁의 세부 사항은 다양할 수 있어서, 예컨대 속도가 크기보다 더 중요할 수도 있지만, 1 대 1 대결이라는 동일한 기본 역학은 운송 수단의 모든 경쟁을 설명하는 데 도움이 된다. 갤리온선과 드레드노트 전함부터 탱크와 비행기에 이르기까지 말이다.

***

오빌Orville과 윌버Wilbur 라이트Wright 형제가 노스캐롤라이나주 키티호크의 모래언덕에서 비행을 한 지 불과 10년 만에, 항공기는 다른 항공기를 격추시키는 전투를 하기 시작했다. 제1차 세계대전 초에 비행기는 정찰 임무를 띠고 전장의 상공을 누비며 군대의 움직임과 주요 포병의 위치를 기록했다.[12] 천과 나무로 만들고 단일 프로펠러 엔진으로 구동된 복엽기biplane(위아래로 2장의 날개를 단 비행기-옮긴이)는 시속 160킬로미터를 주파했고, 조종사가 수집한 정보는 지상 참호의 지휘관들에게 매우 값진 것으로 판명되었다. 문제는 양국이 항공 정찰의 중요성을 인식하고 서로 정찰을 막으려고 했다는 것이다. 오래지 않아 양국의 비행기가 서로 격돌하기 시작했고, 조종사는 하늘에서 상대를 물리치기 위해 갖은 방법을 다 썼다. 적군 비행기 조종실을 향해 벽돌을 던지기도 했고, 프로펠러 앞에 밧줄이나 사슬을 매달기도 했다.[13] 많은 군인들이 권총을 소지하기 시작하면서, 옆으로 지나가는 적군 조종사에게 권총을 쏘기도 했다.

비행기에 기관총을 장착하려는 첫 시도는 잘 되지 않았다. 총알이 프로펠러를 향해 직진해서, 나무를 깎아 만든 회전날개가 망가졌기 때문이다. 프랑스군은 회전날개의 뒤쪽에 강철 쐐기를 덧씌워, 총알이 자기 프로펠러에 맞아도 튕겨나가도록 했다. 그러나 이 문제를 제대로 해결한 것은 독일군이었다. 기관총과 프로펠러를 동기화시켜, 총알이 프로펠러 사이로 지나갈 수 있을 때만 발사되는 동기화synchronizing 기관총을 만든 것이다.[14] 프랑스군은 몇 주 만에 이 설계를 복제하여 개선했고, 남은 전쟁 기간 동안 양국의 전투기는 전방을 향해 발사하는 기관총을 장착하고 비행했다.

이제 조종사들은 서로 직접 대결을 벌이게 되었고, 공중전이 탄생했다. 1 대 1 공중 대결은 비행기를 한계 성능까지 밀어붙였고, 조종사들은 자신과 상대의 기계 성능을 빠르게 익혀서, 종종 상대속도, 상승 속도, 선회 반경 등의 미묘한 차이를 이용하고자 했다.[15] 더 큰 것이 더 좋지는 않았지만, 더 빠르고 더 뛰어난 기동성은 좋은 것이 분명해서, 비행

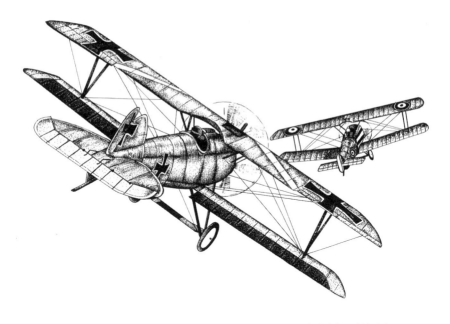

최초의 전투기가 하늘에서 1 대 1 대결을 벌임으로써 항공기 무기 경쟁에 불이 붙었다.

기 역시 무기 경쟁에 휩쓸리게 되었다. 조종사는 영리한 전술과 숙련도, 또는 속임수를 써서 기계의 한계를 때때로 극복할 수 있었지만, 더 우수한 비행기를 지닌 조종사가 단연코 더 우세해서, 각 진영에서는 점점 더 나은 비행기를 개발하려고 부단히 경쟁했다. 독일에 이어 프랑스와 영국, 그리고 다시 독일이 기계의 우수성을 확보하면서 경쟁의 주도권은 엎치락뒤치락했다. 지난번보다 조금 더 빠르고 조금 더 나은 기종이 등장하면서 최신 기종이 하늘을 장악했다.[16]

제2차 세계대전이 시작되었을 무렵 군대 항공기의 모양과 양식이 다양해졌고, 비행기는 점점 더 특수 임무에 특화되어 갔다. 수송기는 정찰기와 달랐고, 전투기는 경전투 폭격기와 달랐고, 이 모든 것은 중(重)폭격기와 또 달랐다. 어쨌거나 전투기는 여전히 하늘의 통제권을 두고 적 전투기와 교전을 벌여서, 속도와 민첩성 경쟁이 치열했다.

전쟁이 끝날 무렵, 미국 P-51D 머스탱과 같은 프로펠러 추진 전투기는 시속 700킬로미터에 이르렀고, 독일의 제트엔진 전투기 Me262는 시속 800킬로미터 이상의 속도를 냈다.[17] 한국전쟁 때, 미국의 제트엔진 전투기 F-86 세이버는 러시아가 만든 중국 미그15와의 속도 대결에 이기기 위해 아음속으로 비행했다.[18] 얼마 후 마하 2가 가능한 애프터버너 afterburner 기술과 공대공 미사일을 갖춘 미사일 기술이 전투기 설계의 혁명을 일으켰다. 이제는 비행기가 너무 빨리 날아서 선회 도중 발생하는 "중력가속도G-force"가 조종사의 신체 능력을 한계까지 밀어붙였다. 조종사가 의식을 잃어 수백만 달러짜리 항공기가 추락하는 일도 있었다.[19] F-16 파이팅팰콘 같은 현대 전투기의 경우, 조종사의 행동은 비행 도중 비행기를 제어하는, "전선(전기 신호)에 의한 비행fly-by-wire" 시스템이라고 부르는 정교한 컴퓨터 소프트웨어와 연계되어, 조종사가 견딜 수 없을 만큼 중력가속도가 발생하는 것을 사전에 방지한다.[20]

역설적으로, 곧이어 전투기는 얼마나 천천히 비행할 수 있는가를 한계로 삼게 되었다. 초음속(시속 1,224킬로미터 이상-옮긴이)으로 날 수 있더라도, 다수의 공중전은 근접 기동성을 필요로 했고, 이는 시속 800킬로미터 이하의 속도로만 수행할 수 있었다. 이때 비행기는 종종 실속stall을 했다(저속으로 이착륙을 할 때나 고속 급선회를 할 때 양력이 항공기 무게보다 작아져서 추락하는 것을 실속이라고 한다). 이 때문에 러시아의 수호이 Su-30 플랭커 및 미국 F-22 랩터와 같은 "초기동성supermaneuverability" 전투기 개발이 촉진되었는데, 이들 전투기는 비행 도중 제트엔진이 다른 방향으로 각도를 꺾어서 분사를 함으로써 양력을 발생시키는 회전식 노즐을 사용한다.[21]

2013년 8월 28일, 기록상 최초의 공중전 100주년이 되는 날, 비무장의 소프위드 타블로이드 복엽기를 타고 비행한 영국 조종사 노먼 스프랫Norman Spratt이 독일의 알바트로스 CI 2인승 전투기를 격추시켰다.[22] 이후 모든 무기 경쟁 가운데 항공기 경쟁이 무엇보다 빠르게 추진되었고, 전투기는 스텔스 기능을 지닌 초음속의 초기동성을 지닌 괴물로 급성장했다. 전자 비행 제어, 항법, 과녁 조준 등의 정교화, 공대공 및 공대지 유도미사일, 그리고 유도미사일 방어 조치 등을 갖춘 것이다. 그러나 이 경쟁 또한 곧 정점에 도달했다.

현대 전투기의 최대 걸림돌은 조종사다. 인간 조종사 때문에 최신 비행기는 가능한 수준보다 훨씬 낮은 수준의 기능을 발휘할 수밖에 없다. 사실, 컴퓨터로 강화된 제어의 주된 기능은 비행을 제약해서 조종사가 기절하지 않게 하는 것이다.[23] 무인 항공기unmanned aeriel vehicles, UAV는 그러한 제약이 없어서, 이미 무수한 군사작전에서 재래식 항공기 대신 쓰이고 있다. UAV는 F-16이나 F-22보다 대당 수천만 달러가 적게 드는데, 심지어 그보다 더 작고 저렴한 비행기, 곧 날개 길이가 15센티미터인 "소형 공중 운송 수단micro-air-vehicle"이 현재 활약 중이다.[24] 그리 멀지 않은 미래에, 유인 전투 항공기는 더 이상 제값을 하지 못하게 될 것이다.

또한 제2차 세계대전은 폭격기의 급속한 진화에 불을 붙였지만, 이 항공기는 사뭇 다른 도전에 직면했다. 적기와 교전하는 데 필요한 회피와 선회 및 급상승을 할 수 있는 전투기와는 달리, 폭격기는 엄격한 대형을 갖추고 직선비행을 할 수밖에 없었다. 목표 지점에 근접하면, 폭격기의 폭격수, 곧 폭탄을 떨어뜨리기 위해 실제로 버튼을 누르는 사람이 아래 과녁을 잘 조준할 수 있도록, 폭격기는 일정한 속도와 고도를 유지하는 것이 필수였다. 이는 매우 중요해서, 조종사는 최종 폭탄 투하 단계에서 폭격수에게 조종간을 넘겨주었다. 그러면 조종사가 아무리 원한다고 해도 항로를 변경할 수 없었다.[25]

폭격기가 일정한 비행 속도를 유지한다는 것은 예측 가능한 과녁, 일명 "앉아 있는 오리sitting duck"가 된다는 뜻이었다. 이는 고정된 마을이나 도시와 다를 게 없어서, 폭격기의 진화는 여러 면에서 벽을 두른 요새나 성의 진화와 유사했다.[26] 전투기가 전투기를 공격하는 것과 달리, 폭격기는 폭격기를 공격하지 않았다. 폭격기의 생존은 적군 전투기의 접근을 방해하고 어떻게 방어하느냐에 달려 있었다. 무방비하게 노출된 폭격기는 이미 격추된 것이나 다름없었다. 그래서 폭격기는 기체 위아래에 기관총을 장착한 회전 돌출 포탑을 덧붙였고, 기수와 꼬리, 측면에도 기관총을 장착했다. 요새와 마찬가지로 사방을 철통같이 방어하려고 한 것이다. 곧이어 폭격기는 모든 방향에서 엄호할 수 있는 기관총과 승무원을 싣고 비행했다. B-17 "하늘을 나는 요새flying fortress", 또는 B-29 "슈퍼요새superfortress"처럼 폭격기 이름에조차 이런 방어 논리가 반영되었다. 그렇긴 해도 승무원이 비행을 하려면 충분히 가벼워야 했기 때문에, 불행하게도 기체를 갑옷처럼 단단하게 만드는 데는 한계가 있었다. 결국 공중 요새를 만들려는 노력은 단명하게 끝났다.

전투기와 달리 폭격기는 목표물 위로 직선 경로를 따라 날아서, 적의 공격에 특히 취약했다. 폭격기의 진화는 성의 진화와 유사했다. 폭격기는 점점 요새화되어, 접근 가능한 모든 방향을 엄호하기 위한 방어용 선회탑과 기관총을 갖추었다.

***

무기 경쟁이 가장 큰 규모로 전개될 수 있는 것은 국가들 간의 경쟁이다. 국가는 운송 수단에 비해 동물을 훨씬 더 많이 닮았다. 자원을 탐내며, 자원을 통제하기 위해 다른 국가와 경쟁을 한다. 고대 세계에서 사람과 경작지, 물, 생활공간 이외에 가장 한정된 자원은 광산의 구리와 주석이었다.[27] 금속은 채굴량이 적어서 거의 모두 무기에 사용되었다. 오늘날에도 우리는 여전히 경작지와 물, 생활공간을 두고 다툼을 벌이지만,

한편으로는 주로 석유 형태의 에너지에 대한 접근권을 두고 경쟁을 한다. 국가는 생존하기 위해 천연자원에 의존한다. 천연자원은 충분치 않아서, 그 결과 경쟁이 촉발된다는 것은 놀랄 일도 아니다. 그러나 국가가 '어떻게' 경쟁을 하는지—어느 국가끼리 싸우고, 어떻게 군비경쟁을 하고, 어떻게 전투가 벌어지는지—는 대다수 사람들이 생각하는 것보다 훨씬 더 예측 가능하다.

국가가 다른 국가와 경쟁을 할 때, 서로 대립하는 "개체individual"는 경쟁국 정부이며, 관련 무기는 해당국의 군대다. 이따금 새로운 국가가 탄생하기도 하고 사라지기도 하지만, 여기서 중요한 것은 진화적 교체가 아니다. 국가 간의 무기 경쟁은 국가의 존망보다 훨씬 더 빠르게 전개된다. 관련국 정부의 정치 수명 안에 시작되고 끝나기 때문이다. 더 정확히 말하면, 성장하거나 퇴보하는 것은 각국의 군사시설이다. 경쟁국이 서로 대립하면서, 더 큰 군대가 작은 군대보다 갑자기 훨씬 더 우위에 서게 될 경우, 무기 경쟁은 불이 붙게 된다. 더 많거나 더 좋은 무기를 가진 국가가 우위를 차지함으로써, 다른 국가는 이를 따라잡기 위해 분발하게 되고, 우위가 엎치락뒤치락하면서 양국은 점점 더 사치스러운 군비 지출을 하게 된다. 국가는 점점 더 많은 자원을 무기 쪽으로 돌리고, 군대는 점점 더 팽창해서 무기 경쟁이 전면전으로 치닫게 되거나, 아니면 어느 한쪽이 능력 이상의 군비 지출로 인해 재정적으로 파탄이 나게 된다.

정치적 무기 경쟁은 동물의 두 경쟁자 수컷이 대결하는 것과 닮았다. 우리가 이제껏 초점을 맞춰 온 동물 모집단의 점진적 교체와는 달리, 정치적 무기 경쟁은 예를 들어 모래밭에서 대결을 벌이는 두 마리 수컷 농게의 경쟁과 닮은 것이다. 누가 물러설 것인가? 국가들 간의 무기 경쟁은 농게들 간의 경쟁과 같은 방식으로 격화된다. 어느 쪽도 양보를 하지 않고, 움켜쥐고 잽을 날리고, 씨름을 하고, 강타를 날리고, 이윽고 무제한 전투가 벌어진다. 전쟁에 이르게 되면 국가는 해변의 농게처럼 행동한다.

역사의 한 시점을 택해서 정치 지도를 펼쳐 보자. 큰 국가와 작은 국가가 있고, 그 사이에 온갖 수준의 국가가 있다. 일부 국가는 처음부터 부유하다. 즉, 국경 안에 방대한 천연자원이 있고, 기후가 좋고, 지형이 안전하고 방어가 가능하다. 천혜의 자원이 거의 없는 국가도 있다. 부유한 국가는 가난한 국가보다 이용 가능한 전체 자원 규모가 더 크거나, 국내총생산GDP이 더 많고, 무기에 더 많은 돈을 쓸 여력이 있다. 구체적으로 살펴보면, 2011년 미국의 GDP는 약 15조 달러였다.[28] 이 GDP는 중국의 2배, 러시아의 8배, 이란의 30배, 몬세라트와 투발루의 40만 배에 해당하는 금액이다. 군비에 얼마를 지출할 수 있는가는 국가에 따라 현저하게 다르다.

농게와 마찬가지로, 국가가 자원을 무기에 전용하기 전에 우선적으로 지불해야 할 의무 비용이 있다. 농게는 영양분을 제공하며 보호해야 할 수백만 개의 세포로 이루어진다. 세포가 죽으면 농게도 죽는다. 의무 비용의 대부분은 세포를 살아 있게 하는 데 쓰인다. 국가는 사람들로 이루어지고, 이 사람들을 먹이고 보호하는 데는 비용이 든다. 예컨대 교육과 복지, 경찰력과 고속도로 따위의 비용 말이다. 의무 비용을 지출하고

도 남는 게 있을 때만 국가는 군대와 무기 등의 사치품에 투자를 할 수 있다.[29]

가장 부유한 소수 국가는 무기 개발과 기술 개발, 선박, 비행기, 군수품, 훈련, 인적자원 등에 자유재량으로 쏟아부을 수 있는 막대한 자원을 지니고 있다. 대부분의 국가는 자유재량으로 쓸 수 있는 자원이 훨씬 더 적다. 자원이 전혀 없는 나라가 군비를 지출할 경우 생존에 필요한 자원을 심각하게 침식하게 된다.[30] 국가는 능력 한도 내에서 군대에 투자하지만, 군대의 크기는 국가마다 다양하다. 딱정벌레 뿔, 북미 순록의 뿔, 농게의 집게발 등의 경우와 같이, 국가별 군대의 상대 크기는 전투력을 알리는 정직한 신호가 된다. 군대 크기는 전쟁 억제력의 완벽한 도구인 것이다.

동물들과의 유사성은 여기서 그치지 않는다. 국가는 농게와 같은 태도를 취한다. 모두가 볼 수 있도록 무기를 과시하고 군사력을 광고하는 것이다. 농게들은 끊임없이 서로 도발하며 약점을 찾아 밀치락달치락하고, 집게발을 서로 문질러 댄다. 농게와 마찬가지로 국가 간의 대결은 실제 전투가 벌어지기 전에 끝난다. 한쪽이 다른 쪽보다 더 강하면, 약한 국가가 물러서거나 압도당함으로써, 갈등은 격화되기 전에 끝이 난다.

거대 군대는 효율적인 억제력으로 작용해서, 작은 국가가 강대국을 공격하지는 않는다. 작은 게가 거대 바다 동물과 싸우지 않는 것과 같다. 대신에 작은 국가는 다른 작은 국가에 도전한다. 중간 크기의 국가는 중간 크기의 국가와 겨루고, 큰 국가만이 큰 국가와 대결한다. 지구에는 온갖 크기의 국가가 있지만, 경쟁은 호적수(好敵手)끼리 이루어지는 경향이 있다. 이따금 알맞은 상대끼리 1 대 1의 진짜 대결이 이루어지고, 서로 대결을 충분히 오래 지속할 수 있는 자유재량의 자원이 있을 경우, 국가 대 국가 경쟁은 무기 경쟁으로 비화될 수 있다.

***

미국이 히로시마와 나가사키에 원폭을 투하한 순간, 게임을 뒤집는 새로운 무기가 등장한 것이 분명해졌다. 히로시마의 폭탄에는 60킬로그램 정도의 우라늄235가 포함돼 있었는데, 1만 6,000톤(16킬로톤)의 TNT에 해당하는 폭발력을 보였다. 단 한 번의 섬광으로 15만 명의 시민과 더불어 전체 도시가 사라졌다.[31]

전쟁이 끝난 후, 각국이 핵무기 개발에 나섰지만, 대부분의 기술은 접근 금지였고, 비용도 마찬가지였다. 비용이 점점 더 치솟자, 게임에 뛰어들 수 있는 국가는 점점 줄어들었고, 복잡한 전후 정치 풍토는 적대하는 두 초강대국을 중심으로 통합되기 시작했다. 바르샤바조약기구Warsaw Pact와 북대서양조약기구NATO가 서로 자기편으로 회원국을 끌어들이면서 세계 무대는 미국과 소련 간의 1 대 1 최후 대결로 낙착되었고, 이는 무기 경쟁을 위한 전제 조건에 완벽히 부합했다. 약 40년 동안 두 세력은 자유재량 예산을 무기 개발에 쏟아부었다.

소련과 미국이 동시에 모든 분야에서 기술을 발전시킴에 따라 무기 경쟁은 갈수록 치열해졌다. 냉전 시대 초기에 소련은 450정 이상의 잠수함으로 이루어진 엄청난 함대를 갖추었다. 이 함대는 미국을 여러 배 능가하는 규모였지만, 1955년에는 미국이 최초의 원자력 잠수함을 진수함으로써 군비 부담은 더욱 높아졌다. USS 노틸러스호는 다목적 만능의 보이지 않는 무기였다. 한번 잠수하면 여러 달 수중에 머물 수 있었고, 한 번도 부상하지 않고 대양을 횡단할 수 있었다. 이 한 걸음으로 미국은 거대한 함대를 무용지물로 만들어 버린 셈이어서, 소련은 전적으로 새로운 원자력잠수함을 개발하기 시작했다.[32]

미국 전투기는 더 빠르고 기동성이 더 뛰어난 소련의 미그15[33]와 처음 교전한 한국전쟁에서 열악한 모습을 보였다. 그래서 미국은 새 전투기 개발을 서둘러, 기술적으로 획기적인 초음속 전투기, F-100과 F-106을 포함한 "100시리즈century series"를 내놓았다. 이에 자극을 받아 이번에는 소련에서 자체 초음속 전투기를 개발해서 미그21, 미그23, 그리고 수호이 Su-15를 내놓았다.[34]

이렇게 양국의 우위는 엎치락뒤치락했다. 양국 탱크는 더 크고 튼튼해졌다. 장갑은 더 두꺼워지고, 엔진은 더 빨라지고, 대포는 더 커졌는데, 1960년대에 미국은 이에 더해 훨씬 더 뛰어난 탱크를 내놓았다. 셰리든 경전차Sheridan tank는 낙하산을 달아 비행기에서 투하할 수 있었고, 수륙 양용이었다. 무엇보다 좋은 점은 포탄 대신 대전차 유도미사일을 발사할 수 있었다는 것이다.[35] 셰리든 경전차가 기대한 만큼 성능이 월등하지는 않았지만, 그래도 게임을 뒤집을 만한 기술의 진보를 이룩한 것은 사실이었다. 그러자 소련 역시 이런 탱크 개발에 즉시 착수해서, T-34에서 T-54, T-55에 이어, T-62, T-64, T-72, 그리고 T-80 등 새로운 탱크가 봇물 터지듯 쏟아져 나왔다. 소련은 탱크 잡는 탱크, 항공기 잡는 탱크, 온갖 지뢰 제거 탱크와 교량 탱크 등을 만들었다. 1980년 무

렵, 소련은 12만 대 이상의 장갑차 함대를 거느렸다.[36]

해군 함대 규모는 대폭 커졌다. 폭격기 함대는 수송 능력과 수가 늘었고, 전투기는 속도와 살상력이 증가했는데, 미소 양국은 이를 점점 더 많이 만들었다. 하지만 이제까지 만들어진 가장 빠른 무기는 핵탄두와 이를 날리는 장치였다. 초기에는 핵탄두를 폭격기에 싣고 가서 공중에서 떨어뜨려야 했지만, 1950년대에는 미소 양국 모두 핵탄두를 미사일 앞부분 원추 속에 넣는 실험을 해서, 대륙간탄도미사일ICBM이라는 개념이 탄생했다.[37]

1957년에 소련은 인공위성을 우주에 발사해, 두 강대국 간 "우주 경쟁"이 일어났다. 그것이 표면적으로는 비군사적 민간 경쟁이었지만, 표면 아래서는 또 다른 국면의 무기 경쟁이었다. 스푸트니크 위성 발사에 성공함으로써 소련은 핵탄두를 세계 어디에나 투하할 수 있는 미사일 기술을 지녔다는 사실을 명백히 입증했고, 이는 미국으로 하여금 미사일 개발에 전력을 다하도록 몰아붙였다.[38] 로켓 기술이 급진전되면서 양국은 추진체와 연료, 유도 체계 실험을 계속했다. 이와 동시와 핵탄두는 기술 진보로 인해 더 작으면서도 더 치명적이 되었다. 핵탄두를 로켓 앞머리에 집어넣을 수 있게 된 것이다.

1960년대 들어서는 양국이 이미 무기 비용이 너무나 막대해졌지만, 그런 어려움을 무릅쓰고 더욱 밀어붙여 핵탄두와 미사일 수는 더욱 증가했다.[39] 선제공격에서 보복공격으로 무게중심이 옮겨 가면서, 양 국가는 선제공격을 어떻게 잘 막아 낼 것인가를 고려하게 되었다. 가장 명백한 해법은 더 많은 미사일이었다. 미사일이 살아남도록 하는 최고의 방법은 상대보다 더 많은 미사일을 보유하는 것이었다.[40] 한곳에 모여 있는 미사일은 공격당하기 쉬웠기 때문에, 양국은 미사일 지하 격납고를 도처에 분산 배치시켰다.

그보다 더 좋은 것은, 미사일을 계속 이동시키는 것이었다. 소련은 발사대를 궤도차에 실어 이곳저곳으로 옮겨 다닐 수 있게 했고, 양국은 미사일을 잠수함에 배치하기 시작했다. 잠수함은 항상 이동하면서 눈에 띄지 않아서 과녁으로 삼을 수가 없었기 때문에, 보복 공격력을 거의 확실히 확보할 수 있었다. 폭격기는 교대로 비행해서, 항상 하늘에 폭격기가 떠 있었고, 1970년대 말에는 잠수함처럼 눈에 띄지 않는 "스텔스 stealth" 폭격기를 개발하게 되었다. 궤도차, 감춰진 격납고, 잠수함, 그리고 폭격기 모두가 연계되어 미궁 같은 미사일 발사대를 형성해, 이를 타격하기는 너무나 어려워졌다.[41]

새롭고 더 나은 로켓이 옛 로켓을 대체했고, 단일 핵탄두 미사일은 다탄두 각개목표 설정 재돌입 비행체MIRV로 교체되었다. 로켓 하나에 세 개 이상의 개별 목표물을 지닌 핵탄두를 탑재한 것이다. 또한 유도 체계는 지형 대조 위치 측정 체계를 통합해 정확도를 높였다. 또 양국은 상대방 미사일을 감시하기 위해 광역 전자 레이다 탐지 체계를 개발했다. 1980년대 무렵 양국은 1만 기 이상의 핵탄두를 보유하고 있었고, 이 핵탄두는 파괴력이 킬로톤에서 메가톤으로 확대되었다. 그러면서 크기는 점점 더 작아져서 훨씬 더 다양한 장치에 탑재할 수 있게 되었다.[42] 경쟁해 온 이 무기는 이제 행성 규모의 문명을 단숨에 파괴할 수 있는데, 그것도 수천 번 거듭 파괴할 수 있다.

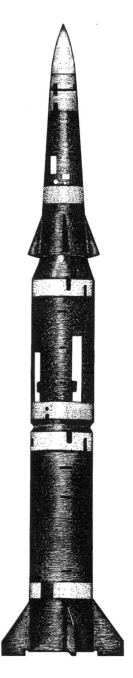

퍼싱2 미사일은 고체 연료를 사용해 능동적인 레이다 유도 비행을 했다. 1980년대 중반 유럽에 배치된 이 "벙커 버스터bunker buster"로 인해 냉전 시대 군비 부담이 가파르게 치솟았고, 미국과 소련 간의 긴장이 치명적인 수준으로 고조되었다.

1983년에 미국은 첨단 유도 체계를 갖춘 고체 연료 핵미사일을 가짐으로써 군비 부담을 또다시 늘렸다. 이는 내부 지도와 레이다 영상 신호를 대조함으로써 초정밀한 정확도를 얻을 수 있는 유도 체계다.[43] 가볍고 휴대 가능한 퍼싱2 미사일에는 필요에 따라 5~50메가톤급 폭탄을 선택해서 터트릴 수 있도록 조정 가능한 핵탄두를 탑재해서, 미국 대륙보다 소련에 더 가까운 유럽에 배치해 경고 시간을 대폭 줄였다. 또한 퍼싱2는 땅을 뚫고 들어갈 수도 있다. "벙커 버스터"용으로 설계된 것이다.

소련은 이 새로운 미사일이 지휘 통제 구조를 무력화시키려는 명백한 시도라고 해석했다. 불과 6분 이내에 그들의 머리 위에 떨어져 단단한 지하 벙커를 관통할 수 있기 때문이다. 그러나 소련 또한 새로운 무기를 만들었다. 지휘부가 파괴된 후라도 보복 미사일을 발사할 수 있는 자동 발사 체계를 갖춘 미사일이었다. 일명 "죽은 손dead hand"으로 불리는 이 체계는 위성 기반의 감지 네트워크로, 일단 활성화되면 인간이 발사 버튼을 누르지 않아도 미리 설정된 목표 지점 좌표로 소련의 ICBM을 자동 발사한다.[44]

***

냉전 시대의 경쟁은 역사상 다른 모든 군비경쟁을 능가했다. 모든 주요 무기 체계가 이 경쟁에 휘말렸고, 양측은 점점 더 많은 군사 예산을 쏟아부었고, 무기 비용은 급증했다. 1960년대 잠수함 한 대의 비용은 1억 1,000만 달러였는데, 1980년대에는 15억 달러에 이르렀다. 10배 이상 증가한 것이다. 같은 기간에 폭격기는 800만 달러에서 2억 5,000만 달러로 증가했다.[45] 모든 무기 비용이 동시에 폭증했다. 유도 체계, 미사일, 전투기, 탱크, 순양함, 항공모함, 핵탄두 등 목록은 끝이 없다. 냉전시대의 무기 비용은 너무 치솟아서 초강대국 한 나라의 전형적인 군사비 지출액은 수십 개국의 전체 GDP를 초과했다.[46]

미국과 소련만이 이 게임을 할 능력이 있었고, 이 기간에 핵무기는 궁극적인 전쟁 억제력이었다. 냉전 시대의 전쟁 억제력은 동물의 경우와 마찬가지로 기능해서, 양측은 위험도가 낮은 초기 대결 단계를 활용해 서로의 규모를 키웠다. 세계 무대의 정치적 난국은 북대서양조약기구와 바르샤바조약국들에 의해 뒷받침된 두 강대국 간의 양극화된 갈등으로 귀결되었다. 경쟁자의 집게발에 대항하는 농게처럼, 한국과 베트남, 아프가니스탄, 중동의 전쟁, 이른바 대리전proxy war은 초강대국들이 힘을 과시하기 위한 낮은 위험도의 재래식 수단이나 마찬가지였다.[47] 한쪽의 침략은 다른 쪽으로부터의 반격으로 싸움은 호각을 이루었고, 각분쟁은 본격적인 핵전쟁으로 확대되기 전에 소멸되었다. 이러한 대리전에서 가족이나 친구를 잃은 수십만 명의 사람들에게는 아무런 위안이 되지 않았지만, 양국이 버튼을 눌렀을 경우 발생할 수 있었던 행성 소멸과 비교하면, 냉전 시대의 억제력 덕분에 세상은 상대적으로 평화로웠다고 할 수 있다.

많은 저자들이 냉전 시대 무기 경쟁의 경제 비용을 추산하려고 노력해 왔는데, 그것은 측정하기 어려운 것으로 판명되었다.[48] 비용이 막대하리라는 것은 모두가 동의한다. 예를 들어 미국은 이 시기에 매년 GDP의

10퍼센트, 자유재량 예산의 70퍼센트에 이르는 수십억 달러를 방위비로 지출했다.[49] 군대에 할당된 자금은 어딘가에서 나와야 했으므로, 불가피하게 다른 용도의 자금을 전용해야 했다. 냉전 시대에 군비 지출의 직접적인 결과로, 사회복지 계획, 교육, 건강관리 및 주거 지원책이 모두 삭감되었다.[50] 소련은 GDP의 15~17퍼센트 이상, 어떤 추산에 따르면 40퍼센트까지 군비로 지출했다. 충격적인 수준의 군비 지출이 아닐 수 없다.[51] 경쟁을 유지하기 위해 소련은 자유재량 자원을 초과하는 지출을 했다. 거대한 뿔을 만들기 위해 자기 뼈에서 칼슘과 인을 뽑아낸 큰뿔사슴처럼, 소련은 살아남기 위해 필요한 자원을 지나치게 소모한 것이다. 그래서 소련의 사회복지 계획은 심각하게 악화되어, 소련 사회의 거의 모든 분야가 열악해졌다.[52] 그러한 지출 패턴은 지속 가능하지 않아서, 결국 1991년 12월 소련은 무너졌다. 라트비아와 에스토니아, 벨라루스, 우크라이나가 러시아로부터 독립을 선언했고, 소비에트사회주의공화국은 공식 해체되었다. 고르바초프는 이를 공식 선언하고 대통령직을 사임했다. 세계 역사상 가장 치명적이었던 무기 경쟁은 핵전쟁 없이 끝이 났다.

그렇다고 무기 경쟁이 거의 다 끝난 것은 아니다.

14
대량 살상

1983년 11월 8일 소련 최고 사령부는 공황 상태에 빠졌다. 미국과 소련 간의 긴장이 몇 주 동안 고조되어 왔는데, 이제 다시 소련은 1962년 쿠바 미사일 위기 이후 최고 경계경보를 울렸다. 소련은 5월에 유럽 전역의 정보 요원을 활성화시켜, 나토NATO 요인의 일상 활동을 감시한 끝에 공격이 임박했음을 나타내는 미묘한 행동 변화를 감지할 수 있었다. 곧 보고서가 사방에서 넘쳐 났다. 나토 기지는 전면 경보를 발령했고, 연합군 사령관들과 국가 수장들은 전시 작전 상황실에 격리되었다. 중간에 가로챈 나토 통신은 낯선 형식으로 바뀐 상태였는데, 비밀 메시지를 감춘 듯 보였다. 이제 그들은 모두 "무선 침묵radio silent" 상태에 들어갔다. 더욱 경악스러운 것은 나토군이 1급 전투준비태세DEFCON1를 발령한 것처럼 보인다는 점이었다. 소련의 최악의 공포가 구체화되었다. 최초의 핵 공격이 임박한 것이다.[1]

이런 사태는 너무나 두려워서 결코 예상치 못한 것이었다. 지난 한 해 동안 미국은 소련의 해안선 가까이 잠수함을 몰래 진입시켜, 얼마나 가까이 접근할 수 있는가를 시험하면서, 그 행동의 강도를 꾸준히 올려왔다. 항공모함은 모든 감지기 작동을 방해하고 소련 기지들을 광적인 공포에 빠뜨린 채, 소련 영공을 향해 곧장 전투기를 발진시켰다가 최후의 순간에 기수를 돌렸다. 나토군이 유럽에서 퍼싱2 미사일을 발사하는 것이 머잖아 가능해질 예정이었다. 최초의 미사일이 그해에 도착하기로 되어 있었던 것이다. 하지만 이미 몇 기가 몰래 들어왔을지도 모르는 상태였다. 이 벙커 버스터 중 단 하나만으로도 소련 지휘부를 충분히 무력화시킬 수 있었다. 그러니 이 시점부터는 어떤 대립이 있어도 선제공격이 가능한 것으로 간주되어야 했다.

미국은 거듭 도발했다. 때로는 전투기로, 또 때로는 폭격기로, 항상 소련 영공으로 직진할 수 있도록 설계된 비행경로를 선택해서, 항상 경보를 울려야 할 만큼 가까이 비행해서 소련군을 최고 경보 상태로 몰아붙인 후, 최후의 순간에 항상 기수를 돌렸다.

그에 앞서 4월 6일 여섯 대의 미 해군 항공기가 소련군이 주둔한 쿠릴열도 가운데 하나인 젤레니섬 상공을 저공비행했다. 국경선을 넘은 것이다. 소련은 격노했고, 이를 보복해서 체면을 살리기 위해 전투기로 알류샨군도 상공을 비행했다. 양측의 잘못된 경보는 소련 최고 지휘부의 긴장을 고조시켰고, 기지 지휘관들은 점점 더 신경이 날카로워졌다.

9월 1일 항공기 한 대가 캄차카 반도의 ICBM 발사 시험 범위 내의 상공을 똑바로 가로질러, 블라디보스토크의 태평양 함대 본부를 향했다. 그런데 예전처럼 최후의 순간에도 기수를 돌리지 않고 소련 영공으로 곧장 날아갔다. 이미 불안에 휩싸였던 소련군은 이를 격추시켰다. 이는 좋지 않은 결정이었다. 결국 대한항공 007편 여객기가 차가운 바다에 빠졌고, 269명의 승객 모두 사망했다. 세계는 격분했고, 이미 통제 불능이었던 정치적 난국은 엎친 데 덮친 격이 되었다.

그리고 9월 26일 0시 느닷없이 탄도미사일 경보가 발령되었다. 소련의 최첨단 조기 경보 탐지 체계가 미 대륙 내에서 대륙간탄도미사일 미니트맨Minuteman이 한 발 발사되었다고 경보를 울린 것이었다. 기지의 모든 체계가 즉각 완전 가동되었지만, 당시 당직 근무 중이었던 스타니슬라프 페트로프Stanislav Petrov 중령은 핵전쟁 개시 버튼을 누르지 않고, 오히려 취소시켰다. 지상 레이다가 발사를 확인하지 못했고, 미국이 핵전쟁을 하기 위해 단 한 발을 발사한다는 것은 말이 안 된다고 판단했던 것이다(이 경보는 훗날 컴퓨터 오류로 판명되었다).

1개월 후 6,000명의 미군 전투부대가 1만 4,000명 이상의 지원병과 함께 카리브해의 작은 섬, 그레나다를 전격 침공했다. 전 세계가 지켜보는 가운데 미국은 9일 만에 소련 지원군을 축출했다. 미국이 "반공주의" 수사학으로 침공을 정당화한 것에 대해, 소련은 바르샤바조약국에 대한 나토의 공격이 곧 이어질 것으로 우려했다. 니카라과 또는 쿠바가 다음 침공 대상일 수도 있었다.

이어 11월 4일 미 해군 프리깃함 USS 맥클로이 뒤에 예인되는 수중 음파 탐지기 케이블에 소련 공격 잠수함 K-324가 얽히고 말았다. 소련 잠수함은 사우스캐롤라이나 해안에서 수면에 부상해, 미 해군이 지켜보는 가운데 이후 '4일 동안' 쿠바까지 끌려가는 충격적인 굴욕을 당했다. 소련 지휘부의 굴욕도 굴욕이지만 더욱 중요한 것은, K-324가 미국의 여러 탄도미사일 잠수함의 활동을 추적하고 있었다는 것이다. 이 사고로 인해 소련은 미국 잠수함을 놓치고 말았다. 4일이 지나서도 여전히 위치를 파악하지 못했다. 며칠이나 지났으니, 미국 잠수함이 어디서 불쑥 나타날지 알 수 없었다. 예를 들어 러시아 심장부를 타격할 수 있는 거리에서 나타날 수도 있었다.

이윽고 11월 8일, 앞서 말한 바로 그날이 왔다. 이제 정보 보고서가 쏟아져 나오기 시작했다. 나토 기지는 경보 발령 상태였고, 국가 수장들은 전시 작전 상황실에서 격리되었고, 통신은 두절되었다. 지금이 그때인가? 모두가 두려워하던 종말의 순간이 온 것일까?

소련군은 즉시 전면전 준비 상태를 갖추었고, 폴란드와 동독의 공군 부대가 동원되어 즉각 이륙 준비를 마쳤다. 어떤 이들은 미국의 공격이 개시되었다고 생각했고, 또 어떤 이들은 단지 군사훈련 작전이라고 생각했다. 또 다른 사람들은 이것이 군사훈련이지만, 실제 선제공격을 감추기 위한 속임수라고 생각했다. 소련의 선제공격 계획이 바로 그런 속임수를 원래 포함하고 있었기 때문이다. 즉, 군사"훈련"을 하는 척하면서 실제 공격을 가하는 것 말이다. 미국 전략이라고 해서 다를 이유가 뭐가 있겠는가? 문제는 소련의 "죽은 손"이 작동하지 않았기 때문에, 소련이 보복 공격을 하려면 '먼저' 미사일을 발사하는 수밖에 없다는 것이었다. 사실상 선제공격이었지만, 지금 발사하지 않으면 앞으로 결코 발사할 시간이 없었다. 당장 발사해야 했다. 어떻게 해야 할까? 나토 미사일은 아직 발사되지 않았다. 실제 공격이 아니라면 어떡하나? 설상가상으로 소련은 리더십의 공백으로 위험한 상태였다. 유리 안드로포프Yuri Andropov 서기장이 임종을 앞두고 지난 2개월 동안 정치국 회의에 참석하지 못했던 것이다. 경악할 위기의 순간에, 정치적 경쟁 관계와 리더십의 불확실성까지 혼돈을 가중시켰다. 소련 지휘부가 과연 버튼을 누를 것인가를 논의하는 동안 세계의 운명은 한 치 앞도 내다볼 수 없게 되었다.

* * *

우리 지구의 생명이 종말에 임박한 11월 1일, 나는 뉴욕 이타카의 고등학교에서 생물학 수업을 진행하고 있었다. 나는 학생들에게 실험을 하라고 하고, 학교 뮤지컬 〈그리스Grease〉에서 내가 맡은 역의 대사 몇 줄을 암기하고 있었다. 범생이 학생회장 유진으로 캐스팅된 나는 이때 내 종말이 임박한 것을 까맣게 모르고 있었다. 우리 모두가 그랬다.

당시 내 장래의 장인은 대륙간탄도미사일 타이탄2가 배치된 데이비스-몬산 공군 기지의 작전 지휘관으로 있다가 막 퇴역한 뒤였다. 적어도 그는 알고 있었을 거라고 생각하기 쉽지만 아니었다. 우리가 얼마나 핵전쟁에 가까이 다가갔는가를 소련 외부인이 알게 된 것은 사실 그로부터 2년 후였다. KGB 요원인 올레그 고르디에프스키Oleg Gordievsky가

망명해서 영국 정보기관에 모든 이야기를 털어놓았을 때 비로소 알게 된 것이다. 이제 냉전 시대 문서의 기밀 해제와 더불어 전체 내용이 밝혀지기 시작했다.[2] 정말 소름끼치는 교훈이었다. 쿠바 미사일 위기에 이어 두 번째로, 인류는 그렇게 종말의 위기를 맞이했다.

소련 전시 작전 상황실의 소수 인물들이 실은 우리의 생명의 은인이라고 해도 아마 과장이 아닐 것이다. 어쨌든 소련 지도자들은 그날 올바른 결정을 내렸다. 잇따른 위기일발의 순간들과 되풀이된 도발, 최고 지도자의 부재로 인한 정치적 혼란, 부정확한 정보에도 불구하고, 지구 역사상 가장 위급한 상황이 펼쳐지고 있을 때, 그들은 허둥지둥 미사일을 발사하는 대신, 숨을 죽이고 지켜보기를 선택했다.

위급한 상황은 갑자기 고조되었다가 갑자기 끝났다. 지휘부는 벙커에서 나왔고, 기지는 정상 활동을 재개했다. 실은 나토가 1급 전투준비 태세를 발령한 게 아니었다. 연례행사인 83 에이블아처Able Archer(유능한 궁수-옮긴이) 작전, 곧 모의 핵 공격 훈련을 했을 뿐이었다. 미국은 대대적인 전면 핵 선제공격 군사 "모의 훈련dry run"을 했던 것이다.[3] 그러면서 굳이 소련에는 알리지 않았고, 그 때문에 하마터면 아마겟돈이 펼쳐질 뻔했다는 것을 아무도 알지 못했다. 83 에이블아처 위기 도중 가장 가공할 만한 사실은, 나토가 그런 위기를 조금도 인식하지 못했다는 것이다.

***

나는 지정학이나 국가 안보에 대한 전문가가 아니다. 쇠똥구리를 연구했으니 그야 자명한 사실이다. 하지만 이제까지 동물과 인류의 무기 경쟁을 비교해 왔으니, 냉전과 그 유산에 대해 잠시 돌이켜보는 것도 의미가 있을 것이다. 동물 무기가 오늘날의 우리 인간 세상에 대해 무엇을 가르쳐 줄 수 있을까?

우리가 냉전 시대에 살아남은 것이 전쟁 억제력 덕분이라고 생각하는 사람이 많다. 이 책을 쓰기 위한 연구를 마친 후, 나는 그 생각에 동의하는 쪽으로 기울었다. 우리는 핵전쟁이라는 극한의 고비를 두 번이나 넘기긴 했지만, 결국 억제력이 작용한 셈이다. 총체적 파괴 위협은 두 강대국의 발사를 막았고, 그 과정에서 다른 모든 국가들의 전쟁을 견제했다.

냉전이 끝난 지 20년이 넘었다. 그동안 미국은 유일한 초강대국으로 군림해 왔다. 미국은 다른 어떤 국가보다 더 큰 무기고와 더 큰 해군, 더 좋은 공군을 보유하고, 이를 유지하기 위해 해마다 수십억 달러를 쓴다. 미국은 해변에 남아 있는 가장 큰 농게이고, 가장 가공할 무기를 가지고 있다. 그 결과 미국은 더 안전할까?

어떤 면에서는 아마 그럴 것이다. 현대의 재래식무기는 동물 무기와 똑같이 작용하는 것처럼 보인다. 최신 초음속 초기동성 전투기, 제럴드 R. 포드급의 슈퍼 항공모함, 전례 없는 위성 감시 체계와 정보 수집 슈퍼컴퓨터, 이 모든 것은 설계와 제작, 유지 보수에 막대한 비용이 든다. 이것은 가장 부유한 국가만이 가질 수 있는 무기 기술로, 전투 시 이점이 뚜렷하다. 가장 크고 값비싼 동물 무기와 마찬가지로, 미국의 재래식무기가 무제한적인 전쟁을 사전 예방할 수 있는 억제력을 지녔다는 것은 의심할 여지가 없다.

감히 도전할 수 없던 로마군과 영국 해군의 패권이 상대적인 평화(로마의 지배에 의한 평화, 곧 팍스 로마나Pax Romana와 영국의 지배에 의한 평화, 곧 팍스 브리타니카Pax Britannica)를 초래했듯이, 일부 사람들은 미국 군대의 우세가 "팍스 아메리카나Pax Americana"[4]를 맞아들였다고 주장했다. 다른 국가가 미국과 군사적으로나 경제적으로 필적할 수 있을 때까지, 미국에 대한 전면적인 재래식 공격 위험은 미미하다. 전면전은 생각도 할 수 없고, 미국의 경쟁자들에게 남아 있는 유일한 선택지는 1 대 1 대결이 아닌 비대칭적인 것, 곧 규칙을 깨는 영악한 전술뿐이다.

미국을 결코 공격할 수 없는 국가들은 게릴라전술로 끊임없이 미국 병사들을 저격해 싸우려는 의지를 꺾고자 한다. 자살 폭탄, 차량 폭탄, 사제 폭탄 등의 공격은 재래식무기의 효율성을 떨어뜨린다. 그러한 공격은 자극적이고 소수의 사람에게 치명적일 뿐, 대다수 주민의 안전이나 미국의 주권에 직접적인 위협이 되지 않는다. 표면적으로 억제력은 정상 작동하는 것처럼 보인다. 동물의 무기가 엄청난 희생을 치르는 것을 감안하면, 현대 무기의 엄청난 비용도 정당화될 여지가 있음을 알 수 있다.

문제는 대량 살상 무기다.

***

안타까운 사실은 냉전 시대의 무기 경쟁이 우리에게 치명적인 무기를 남겼다는 것이다. 과거에 존재한 어떤 무기와도 다른 무기를 남김으로써 우리는 지도도 없이 위험지역에 버려진 셈이다. 현대의 핵과 생물 무기는 이루 헤아릴 수 없이 파괴적이다. 수십억 명의 사람들이 갑자기 죽어 버린다는 것을 상상하기는 어렵다. 인류 문명의 종말 이후, 우리 행성은 어떻게 보일까? 기후, 농작물, 숲, 음식, 그 모든 것이 돌이킬 수 없이 바뀔 것이다. 인류에게는 재앙일 수밖에 없게끔 말이다. 생물 다양성은 사라지고, 생태계는 파괴될 것이다. 기본적으로 우리가 알고 있는 삶의 모든 측면, 그리고 우리가 알고 있거나 사랑하는 모든 사람, 우리가 들어 본 적도 없는 모든 타인들까지, 모두 재와 먼지가 될 것이다.

할리우드 영화 같은 소리로 들리지만, 이것은 허구가 아니다.[5] 대량 살상 무기로 인한 부수적인 피해는 이루 말할 수 없어서, 이로 인해 분쟁의 이해관계마저 달라진다. 대량 살상 무기는 너무 치명적이어서, 그 어느 것이라도 사용하면 우리 모두의 존재 자체가 위협받게 된다. 좋든 싫든, 이 시대에 우리는 오직 그 무기의 억제력을 선택할 수밖에 없는 상황인데, 다른 선택을 한다면 그것은 자살일 뿐이다. 그러나 억제력에도 한계가 있다. 우리는 지금 그 한계에 직면해 있는지도 모른다.

농게와 쇠똥구리, 파리, 북미 순록 등의 경우—극한 무기를 지닌, 그야말로 '모든' 동물의 경우—억제력이 작용할 만한 충분한 이유가 있는데, 그러려면 특정 조건을 충족해야 한다. 억제력 덕분에 동물들은 현명하게 전투를 선택하게 된다. 이길 수 있는 싸움을 피하면 얻을 게 없지만, 질 것 같은 싸움을 멀리하는 것은 득이 된다. 요는 미리 결과를 예측할 수 있어야 한다. 그러기 위해 예비 전투원은 상대의 전투력을 평가할 믿을 만한 방법을 숙지해야 한다.

전투력을 알려 주는 정직한 신호가 있을 때는 더 작은 무기를 가진 수컷이 물러서는 게 보통이다. 힘의 불일치는 명백하게 나타난다. 무기의 크기가 건강 상태와 신체 크기, 영양 상태, 수컷의 상태 등, 전투의 결과를 예측하는 데 중요한 모든 요소를 나타내기 때문이다. 이들 동물은 무기를 과시하는 것이 일이다.

반면에 정직한 신호가 없을 경우에는 승자를 미리 예측할 수 있는 안전한 방법이 없다. 이때는 이길 수 있는 전투에서 물러남으로써 짝짓기를 할 결정적인 기회를 날려 버릴 수도 있다. 적어도 동물의 경우에는 정직한 신호가 없을 경우 갑자기 위험하고 치명적이기까지 한 경쟁으로 치달을 수 있다. 우리가 농게와 북미 순록에서 얻는 교훈이 있다면, 평화의 전제 조건이 전투력의 정직한 신호로 기능하는 무기라는 것이다.

동물의 무기가 정직한 신호 기능을 하기 위해서는 값이 비쌀 수밖에 없다. 그것도 과도하게 비싸다. 실제로 너무나 비싸서, 최고의 조건을 갖춘 수컷만이 비용을 댈 여력이 있다. 비용은 신호를 정직하게 유지한다. 누구라도 큰 무기를 갖출 여력이 있다면, 모든 수컷이 큰 무기를 갖게 되고, 무기 크기의 차이는 무의미해질 것이다. 대부분의 수컷들이 그럴 여력이 없을 때만 큰 무기가 전투력을 나타내는 믿을 만한 신호가 될 수 있다. 그럴 때, 오직 그럴 때만, 작은 무기를 가진 수컷이 물러나는 게 득이 된다.

냉전 시대 초기에는 대량 살상 무기가 바로 그런 조건을 충족시켰다. 그 무기는 과도하게 비쌌고, 오직 가장 부유한 두 강대국만 핵무기를 가졌다. 그러나 경쟁이 진행되면서 핵탄두는 값이 싸졌다. 재래식무기, 예를 들어 잠수함, 전투기, 항공모함 등의 비용은 상승했지만, 핵탄두 자체는 더 작고 더 싸진 것이다. 얼마 지나지 않아 영국과 프랑스가 핵탄두를 실험했고, 이어 중국과 남아프리카공화국이 실험했다. 1970년대에 인도 역시 핵탄두 실험을 성공적으로 마쳤고, 1990년대에는 파키스탄도 성공했다. 이제 이스라엘과 북한도 핵을 가졌다. 억제력의 가장 중요한 전제 조건이 이렇게 사라지고 있다.

생물무기는 훨씬 더 싸다. 제2차 세계대전 중 연구가 잘 진행되었고, 미국과 소련 양국은 수십 년 동안 치명적인 병원균을 무기화할 방법을 적극적으로 추구해 왔다.[6] 1972년에 생물및독소무기금지협약Biological and Toxin Weapons Convention으로 생물무기 연구를 금지하기 전에, 미국은 치명적인 반(反)인간, 반(反)가축, 반(反)농작물 병원균을 개발하기 위해 해마다 3억 달러를 지출했고, 심지어 곤충을 이용해 병원균을 목표물에 전달하는 실험까지 했다.[7] 금지협약 이후에도 소련은 열과 추위에 강한 치명적인 탄저병, 흑사병, 야토병, 보툴리누스 중독, 천연두, 마르부르크 바이러스 등을 수백 톤이나 완벽하게 만들어 비축했다.[8]

생물무기는 처음부터 그리 비싸지 않았고, 최근 몇 년 사이 가격이 급락했다. 오늘날에는 세계에서 가장 위험한 병원균을 완벽하게 복제해 낼 수 있다. 대략 1억 명의 사망자를 낸 1918년의 조류인플루엔자, 일명 스페인독감과 같은 질병의 병원균은 수천 달러만 있으면 지하 실험실에서 간단히 만들어 낼 수 있다. 이런 무기를 누구나 만들 수 있고, 누구나 사용할 수 있다면, 억제력의 근본 논리를 창밖으로 패대기쳐 버릴 수 있다.

***

우리는 재래식 전투력의 상대적 강도나 크기와 무관하게, 수많은 국가가 대량 살상 무기를 보유하게 되는 세상을 향해 치닫고 있다. 핵무기와 생물무기는 규칙을 깨뜨린다. 자원이 거의 없는 국가들이 더 부유한 경쟁국을 무너뜨릴 수 있는 사기적인 수단을 거머쥘 수 있는 것이다. 역사에서 교훈을 얻는다면, 대량 살상 무기가 값비싼 재래식 병력의 비용 효율성을 떨어뜨릴 수 있다는 것이다. 장궁과 머스킷이 중세 갑옷의 종말을 예고했듯이, 폭발하는 포탄이 돛을 단 전함과 요새의 종말을 또 예고했듯이, 저비용의 핵과 생물무기가 값비싼 재래식 군대에 종지부를 찍을 시점이 다가오고 있는지도 모른다.

그러나 내가 보기에는 무기 자체와 무기로 인한 부수적인 피해가 더욱 큰 문제다. 억제력이 여전히 작용한다고 해도, 나는 그런다고 확신하지 못하지만, 어쨌든 이들 무기가 절대 사용되지 않을 것이라는 보장이 없다. 억제력이란 그저 사용 가능성이 떨어진다는 뜻일 뿐이다. 그 가능성이 100번의 대립 가운데 단 1번, 또는 북미 순록처럼 1만 1,600번의 대립 가운데 6번에 지나지 않을 수도 있다. 그러나 동물이 우리에게 가르쳐 주듯, 갈등은 결국 본격적인 전투로 이어진다. 냉전 시대 이전에는 이런 사실이 그리 중요하지 않았을 것이다. 하지만 이제는 대량 살상 무기로 인해 모든 것이 달라졌다. 내가 생각하기에 그나마 다행인 것은, 무제한의 전쟁으로 비화될 가능성이 무엇보다 높은 갈등은 예측이 가능하다는 점이다. 호적수 사이의 1 대 1 대결도 이에 포함된다.

냉전 시대의 무기 경쟁은 해변에서 가장 큰 농게 두 마리와 같은 경쟁자를 중심으로 전개되었다. 그러나 이제는 그것이 반드시 큰 게가 아니어도 가능하다. 해변에는 어디나 게들이 많다. 집게발을 흔들고 밀치고, 서로 크기를 재는 그 모든 대립은 고조될 수 있는 잠재력을 지녔다. 훨씬 더 큰 적과 마주한 게가 물러서기를 선택할 수는 있지만, 그렇다고 일몰 속으로 사라지지는 않는다. 이길 가능성이 더 높은 전투를 추구할 뿐이다. 물러선 뒤에는 좀 더 비슷한 적에게 접근할 것이다. 중간 크기의 게가 다른 중간 크기의 게와 대립할 때, 초기의 몸짓들만으로는 분쟁을 사전에 해결하지 못한다. 서로를 밀치고 젖히려고 하면서, 양측이 한 걸음도 물러서지 않는다. 밀어붙이기가 더욱 강렬해지고, 후려치며 조이기에 돌입하다가, 어느 쪽도 물러서지 않으면 이윽고 불가피하게 다음 단계로 넘어간다. 고삐 풀린 전면전으로.

　해변에서 중간 크기의 게 두 마리가 전면전에 들어간다 해도, 다른 게들에게는 그게 그리 중요하지 않을 것이다. 그러나 우리는 그런 해변에 있는 게 아니다. 대량 살상 무기는 이제 워낙 싸서, 대부분 중간 규모 국가가 이를 보유하고 있다. 혹시 지금은 가지고 있지 않더라도 곧 갖게 될 것이다. 이들 무기의 파괴력이 너무나 커서, 어느 곳에서든 단 한 번만이라도 사용되면 범세계적 규모의 문명을 무너뜨릴 수 있는 잠재력을 지니고 있다. 대량 살상 무기를 너나없이 가졌다면, 우리는 그 어떠한 대립도 고조시켜서는 안 된다. 결코 말이다. 그러나 그 모든 대립을 그치라는 것은 어려운 주문이다. 현재의 정치 지도를 잠깐만 보아도, 치명적인 잠재력을 지닌 화약고가 금세 눈에 띈다. 경쟁이 치열하고, 언제라도 전쟁이 터질 준비가 된 곳 말이다. 북한과 남한, 인도와 파키스탄, 이란과

이스라엘, 이들 모두가 호각을 이룬 채 서로 인접해서 갈등을 일으키고 있다. 이들 모두가 이미 대량 살상 무기를 보유하고 있거나 곧 보유할 예정이다.

***

우리는 어떻게 될까? 이제까지 모두 14장의 글에서 나는 인간의 무기와 동물의 무기가 닮았다고 주장했다. 그러나 이는 어느 시점까지만 사실이다. 오늘날의 가장 치명적인 무기는 전례가 없다. 그처럼 행성 규모의 생명을 파괴할 수 있는 능력을 동물이 발휘한 적은 일찍이 없었고, 너무 위험해서 사용할 수 없는 무기가 전에는 결코 없었다.

오늘날의 세계는 경쟁과 분열, 민족 분쟁, 종교전쟁의 이전투구장이다. 헤아릴 수 없이 많은 문제에 봉착한 사람들이 저마다 대량 살상 무기로 무장하는 일만큼은 결코 없어야 할 것이다. 세계의 안전이 단지 두 정부의 수중에 있을 때조차도, 두 강대국이 치명적인 무기의 파괴적 결과를 예리하게 인식하고 있을 때조차도, 그리고 양국 모두 오발을 방지하기 위한 몇 겹의 안전장치를 가졌음에도, 적어도 두 번은 핵전쟁이 터질 뻔했다. 이제는 더 많은 정부의 손에, 어떤 경우 심지어는 악한 개인들의 손에, 참혹한 생사의 갈림길이 결정될 수 있다. 그런데 그들 모두가 매번 올바른 결정을 내릴 수 있을까?

테러 조직들이 혼란에 빠질 경우의 그림은 더욱 가공할 만하다. 지금까지 테러리스트는 재래식무기만으로 무장했다. 그들이 교전 수칙대로 싸우지 않더라도, 그들의 무기는 아직 보통의 무기고에서 나오는 것이어서 그 피해가 상대적으로 미미하다. 그런데 이들 조직 가운데 하나가 대량 살상 무기를 손에 쥐면 어떻게 될까?

이 책을 쓰기 위해 나는 열대우림과 쇠똥구리, 진흙탕, 비, 엘크 등으로부터 시작해서 참으로 멀리까지 나아갔다. 세상에서 가장 장엄한 동물에 대한 이야기로 시작된 이 모험은 점점 더 깊이 인간의 역사 속으로까지 나아갔다. 도중에 나는 매혹되기도 했고, 때로는 깜짝 놀라기도 했다. 두렵기도 하고, 마음이 흔들리기도 했다. 동물과 인간 무기의 유사성에 흥분하기도 했고, 미래를 전망하며 두렵기도 했다. 나에게 최종 메시지는 분명하다. 대량 살상 무기는 전투의 이해관계와 논리를 변화시킨다. 또다시 무기 경쟁을 하면 우리는 살아남지 못할 것이다.

감사의 말

동료와 가족, 그리고 친구들의 도움이 없었다면 이런 프로젝트는 불가능했을 것이다. 무엇보다 먼저, 이번 일에 내가 전념할 수 있도록 참고 기다려 준 우리 가족, 아내 케리와 아이들 코리와 니콜에게 고마움을 전한다. 내가 도서관에 숨어 이 책을 쓰는 동안 격려를 아끼지 않은 동료와 협력자, 학생들, 특히 로라 콜리 러빈, 이안 워렌, 이안 드워킨, 히로키 고토, 제니퍼 스미스, 에린 맥컬러프, 제마 러시, 세리스 앨런, 로비 지나, 데빈 오브라이언, 그리고 애니카 듀크에게 감사드린다. 국립과학재단NSF의 일원, 특히 조 에플리, 어윈 포세스, 다이애나 패딜라, 애덤 서머스, 킴벌린 윌리엄스, 그리고 윌리엄 재머가 이번 연구 계획에 자금을 지원해 준 것에 대해 감사한다. NSF는 기초 연구를 지원하는 데 절대적으로 중요한 역할을 한다. 이들은 미국 장학금의 생명의 피와도 같아서, 이들이 없었으면 내 연구는 불가능했을 것이다.

이런 성격의 책을 쓸 때는 많은 "재교육deprogramming"이 필요하다. 예를 들어 내가 학생들에게 그토록 열심히 가르치는 학문적 문체의 규칙을 스스로 버려야 했다. 20년 동안 써 온 보조금 제안서와 기술 저널에 기고한 학술 논문들이 자산이 아니라 걸림돌이라는 게 바로 드러났다.

글쓰기를 새로 배워야 했다. 이는 유쾌한(동시에 진땀 나는) 경험이었다. 내 담당 편집자인 길리언 블레이크와 그녀의 보조인 캐롤라인 잰컨, 내 동료이자 친구인 칼 짐머의 소중한 지적과 인내가 없었으면 이 일을 해내지 못했을 것이다. 그들 모두 여러 차례 내 글을 냉정하게 비평해 주었다.

그 밖에도 많은 사람이 읽고 평가해 준 덕분에 이 책은 훨씬 좋아질 수 있었다. 여러 형태의 원고 전부나 일부를 평가해 준 이들, 브렛 애디스, 해리슨 앰브로스 3세, 해리슨 앰브로스 4세, 캐서린 앰브로스, 티나 베넷, 알렉시스 빌링스, 켈리 브라이트, 케리 브라이트, 레이 브라이트, 크리스틴 크랜델, 애니카 듀크, 코리 엠린, 나탈리아 디몽 엠린, 스티븐 엠린, 대프니 페어베언, 해리 그린, 멜리사 해머, 매슈 헤런, 에린 카이퍼, 타라 매기니스, 크리스틴 밀러, 데빈 오브라이언, 앨리슨 퍼킨스, 마이크 라이언, 데이비드 터스, 그리고 칼 짐머에게 감사한다. 특히 캐서린 앰브로스와 케리 브라이트, 스티븐 엠린, 에린 맥컬러프, 앨리슨 퍼킨스, 데이비드 터스는 두 번 이상 전체 원고를 통독하고, 최종 원고를 극적으로 개선시킬 수 있는 귀중한 조언을 해 주었다.

데이비드 터스와 함께하는 작업은 정말 즐거웠다. 그는 참을성 있게 삽화를 계속 수정해 보내 주었다. 그는 거듭 수정을 하다가 때로는 우리 둘 다 매료될 정도로 완전히 새로 그리기도 했다. 또 존 크리스티, 제럴드 윌킨슨, 데이비드 제에게 감사하며, 인간의 무기에 대한 문헌을 찾는 데 누구보다 먼저 조언을 해 준 앨리슨 캘럿에게도 감사를 보낸다.

알고 보니 군사 역사의 문헌은 방대하고 압도적이었다. 내가 보기에 뛰어난 군사 역사 작가가 몇 명 있었는데, 로버트 오코넬Robert O'Connell의 글은 특히 참신했다. 생물학 분야에서 벗어나 군사 역사로 접어들 때 처음에는 주저했지만 이후 더욱 악착같이 파고들었는데, 내가 이 책에서 시도한 것을 오코넬은 자기 책에서 여러 면에서 나와는 역으로 집필했다. 그는 군사 역사 전문가였지만, 큰 그림이 필요할 때 생물학을 끌어왔다. 나는 생물학 책을 쓰면서, 정확히 그와 같은 이유에서 군사 역사를 끌어왔다. 생물학과 역사의 이런 통섭에 관심이 있는 독자에게 그의 책 『무기와 인간에 대하여: 전쟁, 무기, 그리고 공격의 역사Of Arms and Men: A History of War, Weapons, and Aggression』(Oxford University Press, 1989) 그리고 『칼의 영혼: 선사 시대부터 현대까지 삽화가 있는 무기와 전쟁의 역사Soul of the Sword: An Illustrated History of Weapons and Warfare from Prehistory to the Present』(Free Press, 2002)를 적극 추천한다. 그가 너그럽게도 귀중한 시간을 들여 이 원고를 통독하고 내가 쓴 군사 역사의 세부 사항들 상당수를, 특히 냉전과 관련된 내용을 바로잡아 준 데 대해 감사한다.

또한 다음 세 권을 적극 추천한다. 트레버 듀푸이Trevor Dupuy의 저서 『무기와 전쟁의 진화The Evolution of Weapon and Warfare』(Da Capo Press, 1984)는 군사 기술의 주요 변천사를 이해하는 데 도움이 되었다. 또 존 키건John Keegan의 『전투의 얼굴: 아쟁쿠르, 워털루, 솜강 전투 연구The Face of Battle: A Study of Agincourt, Waterloo, and the Somme』(Penguin Books, 1983)는 과거 전투의 실상을 너무나 생생하고 적절하게 그려 내고 있다. 데이비드 호프먼 David Hoffman의 『죽은 손: 냉전 무기 경쟁과 그 위험한 유산에 대한 비화 The Dead Hand: The Untold Story of the Cold War Arms Race and Its Dangerous Legacy』

(Doubleday, 2009)는 신랄하고 뛰어난 저술로 역사상 가장 치명적인 무기 경쟁의 여파를 섬뜩하게 그려 내고 있다.

마지막으로 내 에이전트 티나 베넷과 그녀의 어시스턴트 스베틀라나 카츠에게 고마움을 전하고 싶다. 두 사람은 앞서 언급한 모든 집필 과정 내내 적극적인 안내와 지원을 아끼지 않았다. 그들 없이는 이번 집필을 할 수 없었다.

주

1. 위장과 갑옷

1. Oliver Pearson and Anita Person, "Owl Predation in Pennsylvania, with Notes on the Small Mammals of Delaware County," 〈Journal of Mammology 28〉(1947): 137-47; Charles Kirkpatrick and Clinton Conway, "The Winter Foods of Some Indiana Owls," 〈American Midland Naturalist 38〉(1947): 755-66.

2. 위의 글.

3. F. B. Sumner, "An Analysis of Geographic Variation in Mice of the *Peromyscus polionotus* Group from Florida and Alabama," 〈Journal of Mammology 7〉(1926): 149-84; Sumner, "The Analysis of a Concrete Case of Intergradation Between Two Subspecies," 〈Proceedings of the National Academy of Sciences of the U.S.A. 15〉(1929): 110-20; Sumner, "The Analysis of a Concrete Case of Intergradation Between Two Subspecies. II. Additional Data and Interpretations," 〈Proceedings of the National Academy of Sciences of the U.S.A. 15〉(1929): 481-93; Sumner, "Genetic and Distributional Studies of Three Subspecies of *Peromyscus*," 〈Journal of Genetics 23〉(1930): 275-376.

4. Lynne Mullen and Hopi Hoekstra, "Natural Selection Along an Environmental Gradient: A Classic Cline in Mouse Pigmentation," 〈Evolution 62〉(2008): 1555-70.

5. F. B. Sumner and J. J. Karol, "Notes on the Burrowing Habits of *Peromyscus polionotus*," 〈Journal of Mammology 10〉(1929): 213-15; Jesse Weber and Hopi Hoekstra, "The Evolution of Burrowing Behavior in Deer Mice (genus *Peromyscus*)," 〈Animal Behavior 77〉(2009): 603-9.

6. Donald W. Kaufman, "Adaptive Coloration in *Peromyscus polionotus*: Experimental Selection by owls," 〈Journal of Mammology 55〉(1974): 271-83.

7. 호피 훅스트라와 그녀의 동료들은 해변 모집단에서 두 유전자의 돌연변이가 어떻게 발생하고 확산되어, 이 지역의 쥐가 어떻게 흰색 털로 바뀌는가를 밝혀냈다. 쥐를 비롯한 포유동물의 털색은 색소의 합성 조절을 통해 관리된다. 이 과정에 관여하는 분자 중 하나는 멜라노코르틴-1 수용체Melanocortin-1 receptor(Mc1r)로, 이는 색소를 생성하는 세포의 표면 막 안팎이 코르크

마개 뽑이처럼 꼬불꼬불한 단백질이다. 이 단백질의 주름이 표면 막을 통해 확장되기 때문에, Mc1r은 세포 외부에서 일어나는 사건(생태 환경의 변화 등)을 내부에서 일어나는 과정과 결합시킬 수 있다. Mc1r은 꼬부라진 두 가지 모양을 번갈아 바꿀 수 있는 스위치처럼 작동한다. 그래서 이 모양이 바뀌면 생성하는 색소가 바뀐다. Mc1r이 두 가지 모양 중 하나와 엮이면 그 세포는 상대적으로 비활성이 되고, 색소 세포는 "페오멜라닌pheomelanin"이라고 불리는 연노랑 색소를 생성한다. 다른 쪽 모양을 더욱 활성화시키는 쪽으로 스위치가 켜지면, 색소 세포는 멜라닌 색소를 생성하기 시작한다. 멜라닌은 어둡고 진한 갈색으로, 털에 멜라닌 색소가 섞이면 갈색 쥐가 된다.

Mc1r이 페오멜라닌을 생성할 것인지, 멜라닌을 생성할 것인지는, 부분적으로 세포 밖의 다른 분자의 존재에 달려 있다. 예를 들어 활성인자 단백질을 외부 고리 중 하나에 결합시키면 세포가 멜라닌 생성을 시작하도록 하는 반면, 억제인자 단백질을 결합시키면 멜라닌 합성을 차단하여 세포를 밝은색 계통의 페오멜라닌을 생성하도록 되돌릴 수 있다. 색소 세포가 외막을 통해 수천 개의 Mc1r 사본으로 가득 채워지면, 세포 내부에 밝은색과 어두운색이 모두 생성된다. 그러면 두 가지 색소가 뒤섞여 밝은색부터 어두운색까지 두루 발현된다. 활성인자 분자의 농도가 높으면, Mc1r 대부분의 사본이 활성화되고, 멜라닌 합성이 우세해진다. 억제인자의 농도가 높으면 멜라닌 수치가 급격히 떨어진다. 이러한 기본적인 방식으로 활성인자와 억제인자의 수준이 변화함에 따라 털색이 다양해진다.

올드필드쥐의 내부 모집단은 친족 쥐의 여러 종들처럼, 새끼 쥐의 신체 발달 과정에서 Mc1r의 사본 대다수가 활성화됨으로써 등 쪽 털이 갈색이다. 그러나 혹스트라의 팀이 걸프 만 해변의 쥐를 관찰했을 때 Mc1r이 훨씬 덜 활성화되었다는 것을 알아냈다. 해변의 새끼 쥐가 다 자랐을 때, 멜라닌이 적게 생성되었고, 등 쪽 털이 주로 흰색이었다. 혹스트라의 팀은 내륙과 해변 쥐의 Mc1r과 그 활성인자와 억제인자(억제인자는 아구티Agouti라고 불린다)를 암호화하는 유전자의 DNA 염기쌍들의 서열을 차례로 비교한 결과, 두 가지 차이점을 발견했다. 해변 모집단에서 채취한 표본은 내륙 올드필드쥐가 가지고 있는 사본과는 조금 다른 Mc1r과 아구티 유전자 사본을 가지고 있었다. 과거 어느 시점에서 돌연변이가 이 두 유전자의 염기 서열을 변경시켰고, 이러한 변화로 인해 해변 쥐가 더 밝은색의 털을 갖게 되었다. Hopi E. Hoekstra, Rachel J. Hirschmann, Richard A. Bundey, Paul A. Insel, and Janet P. Crossland, "A Single Amino Acid Mutation Contributes to Adaptive Beach Mouse Color Pattern," 〈Science 313〉(2006): 101-4; Cynthia C. Steiner, Jesse N. Weber, and Hopi E. Hoekstra, "Adaptive Variation in Beach Mice Produced by Two Interacting Pigmentation genes," 〈Public Library of Science(PLoS) Biology 5〉(2007): e219; Cynthia C. Steiner, Holger Römpler, Linda M.

Boettger, Torsten Schönenberg, and Hopi E. Hoekstra, "The Genetic Basis of Phenotypic Convergence in Beach Mice: Similar Pigment Patterns but Different Genes," 〈Molecular Biology and Evolution 26〉(2008): 35-45.

해변 쥐의 Mc1r 유전자 돌연변이로 인해 이 수용체는 활성화 상태의 시간이 줄어들어 섬세한 균형이 더 밝은색을 선호하는 쪽으로 기울었다. 아구티 유전자가 돌연변이를 일으킨 해변 쥐는 수용체가 더 활성화됨으로써, 순환하는 아구티 단백질의 농도가 더 높아졌다. 아구티가 Mc1r의 활성을 억제하기 때문에, 아구티 유전자의 대립유전자를 가진 쥐들은 Mc1r의 활성화 수준이 낮아서, 이런 돌연변이를 가진 새끼 쥐는 커서 더 밝은 색깔의 털을 갖게 되었다. 이 두 가지 돌연변이가 모두 쥐 털색을 더 밝게 했고, 모두가 아주 하얀 새끼를 낳았다.

8. Task Force Devil Combined Arms Assessment Team(Devil-CAAT), "The Modern Warrior's Combat Load, Dismounted Operations in Afghanistan, April-May 2003," 〈U.S. Army Center for Army Lessons Learned〉(2013).

9. A. Dugas, K. J. Zupkofska, A. DiChiara, and F. M. Kramer, "Universal Camouflage for the Future Warrior," 〈U.S. Army Research, Development, and Engineering Command, Natick Soldier Center, Natick, MA 01760〉(2004); K. Rock, L. L. Lesher, C. Stewardson, K. Isherwood, and L. Hepfinger, "Photosimulation Camouflage Detection Test," 〈U.S. Army Natick Soldier Research, Development and Engineering Center, Natick, MA〉(2009), NATICK/TR-09/021L.

10. 위의 글.

11. Eric Coulson, "New Army Uniform Doesn't Measure Up," Military.com, 2007. 4. 5.; Matthew Cox, "UCP Fares Poorly in Army Camo Test," 〈Army Times〉(2009. 9. 15.).

12. U.S. Government Accountability Office, "Warfighter Support: DOD Should Improve Development of Camouflage Uniforms and Enhance Collaboration Among the Services," 〈Report to Congressional Requesters〉(2012. 9.).

13. 위의 보고서. 또한 다음을 참조. L. Hepfinger, C. Stewardson, K. Rock, L. L. Lesher, F. M. Kramer, S. McIntosh, J. Patterson, K. Isherwood, G. Rogers, and H. Nguyen, "Soldier Camouflage for Operation Enduring Freedom(OEF): Pattern-in-Picture(PIP) Technique for Expedient Human-in-the-Loop Camouflage Assessment," Report presented at the 27th Army Science Conference, JW Marriott Grande Lakes, Orlando, FL.(2010. 11. 29.-2010. 12. 2.); Joseph Venezia and Adam Peloquin, "Using a Constructive Simulation to Select a Camouflage Pattern for Use in OEF," Proceedings of the 2011 Military Modeling and Simulation Symposium, Society for Computer Simulation International(2011).

14. A. Bartczak, K. Fortuniak, E. Maklewska, E. Obersztyn, M. Olejnik, and G. Redlich, "Camouflage as the Additional Form of Protection During Special Operations," 〈Techniczne Wyroby Włókiennicze 17〉(2009): 15-22; M. A. Hogervorst, A. Toet, and P. Jacobs, "Design and Evaluation of (urban) Camouflage," 〈Proc. SPIE 7662, Infrared Imaging Systems: Design, Analysis, Modeling, and Testing XXI, 766205〉(2010. 4. 22.).

15. 이 책은 동물의 형태학적 무기에 중점을 두고 있어서, 화학무기의 풍부한 레퍼토리를 다룰 공간이 없다. 관심 있는 독자들에게 다음 책을 추천한다. Thomas Eisner, 『For Love of Insects』(Cambridge, MA: Belknap Press of Harvard University Press, 2005), and Thomas Eisner, Maria Eisner, and Melody Siegler, 『Secret Weapons: Defenses of Insects, Spiders, and Other Many-Legged Creatures』(Cambridge, MA: Belknap Press of Harvard University Press, 2007).

16. P. F. Colosimo, C. L. Peichel, K. Nereng, B. K. Blackman, M. D. Shapiro, D. Schluter, "The Genetic Architecture of Parallel Armor Plate Reduction in Threespine Sticklebacks," 〈PloS Biology 2〉(2004): E109; M. D. Shapiro, M. E. Marks, C. L. Peichel, B. K. Blackman, K. S. Nereng, B. Jónsson, D. Schluter, and D. M. Kingsley, "Genetic and Developmental Basis of Evolutionary Pelvic Reduction in Threespine Sticklebacks," 〈Nature 428〉(2004): 717-23.

17. T. E. Reimchen, "Injuries on Stickleback from Attacks by a Toothed Predator (Oncorhynchus) and Implications for the Evolution of Lateral Plates," 〈Evolution 46〉(1992): 1224-30.

18. Michael Bell, Matthew P. Travis, and D. Max Blouw, "Inferring Natural Selection in a Fossil Threespine Stickleback," 〈Paleobiology 32〉(2006): 562-77.

19. Pamela F. Colosimo, Kim E. Hosemann, Sarita Balabhadra, Guadalupe Villarreal Jr., Mark Dickson, Jane Grimwood, Jeremy Schmutz, Richard M. Myers, Dolph Schluter, and David Kingsley, "Widespread Parallel Evolution in Sticklebacks by Repeated Fixation of Ectodysplasin Alleles," 〈Science 307〉(2005): 1928-33; Rowan D. H. Barrett, Sean M. Rogers, and Dolph Schluter, "Natural Selection on a Major Armor Gene in Threespine Stickleback," 〈Science 322〉(2008): 255-57.

20. Jun Kitano, Daniel I. Bolnick, David A. Beauchamp, Michael Mazur, Seiichi Mori, Takanori Nakano, and Catherine Peichel, "Reverse Evolution of Armor Plates in the Threespine Stickleback," 〈Current Biology 18〉(2008): 768-74.

21. F. Wilkinson, "Arms and Armor," 〈Journal of the Royal Society of Arts 117〉(1969):

361-64; Trevor N. Dupuy, 『The Evolution of Weapons and Warfare』(New York: Da Capo Press, 1984).

22. 위의 책.

23. 위의 책.

24. F. Kottenkamp, 『History of Chivalry and Ancient Armour』(London: Willis and Sotheran, 1857); Wilkinson, "Arms and Armor," 361-64; Dupuy, 『Evolution of Weapons and Warfare』; Robert. L. O'Connell, 『Of Arms and Men: A History of War, Weapons, and Aggression』(Oxford: Oxford University Press, 1989).

25. Wilkinson, "Arms and Armor," 361-64; Dupuy, 『Evolution of Weapons and Warfare』; Dave Grossman and Loren W. Christensen, 『The Evolution of Weaponry: A Brief Look at Man's Ingenious Methods of Overcoming His Physical Limitations to Kill』(Seattle: Amazon Publishing, 2012).

26. Dupuy, 『The Evolution of Weapons and Warfare』.

27. John Keegan, 『The Face of Battle: A Study of Agincourt, Waterloo, and the Somme』(London: Penguin Books, 1983); Dupuy, 『Evolution of Weapons and Warfare』.

28. Dupuy, 『The Evolution of Weapons and Warfare』; Grossman and Christensen, 『Evolution of Weaponry』.

29. Dupuy, 『The Evolution of Weapons and Warfare』.

30. Grossman and Christensen, 『Evolution of Weaponry』.

2. 이빨과 발톱

1. S. B. Williams, R. C. Payne, and A. M. Wilson, "Functional Specialization of the Pelvic Limb of the Hare (*Lepus europaeus*)," 〈Journal of Anatomy 210〉(2007): 472-90.

2. Benjamin T. Maletzke, Gary M. Koehler, Robert B. Wielgus, Keith B. Aubry, Marc A. Evans, "Habitat Conditions Associated with Lynx Hunting Behavior During Winter in Northern Washington," 〈Journal of Wildlife Management 72〉(2007): 1473-78; John R. Squires and Leonard F. Ruggiero, "Winter Prey Selection of Canada Lynx in Northwestern Montana," 〈Journal of Wildlife Management 71〉(2007): 310-15.

3. Christopher J. Brand, Lloyd B. Keith, Charles A. Fischer, "Lynx Responses to Changing

Snowshoe Hare Densities in Central Alberta," 〈Journal of Wildlife Management 40〉(1976): 416-28; Kim G. Poole, "Characteristics of an Unharvested Lynx Population During a Snowshoe Hare Decline," 〈Journal of Wildlife Management 58〉(1994): 608-18; Brian G. Slough and Garth Mowat, "Lynx Population Dynamics in an Untrapped Refugium," 〈Journal of Wildlife Management 60〉(1996): 946-61.

4. Ronald E. Heinrich and Kenneth D. Rose, "Postcranial Morphology and Locomotor Behaviour of Two Early Eocene Miacoid Carnivorans, *Vulpavus* and *Didymictis*," 〈Palaeontology 40〉(1997): 279-305; Blaire Van Valkenburgh, "Déjà vu: The Evolution of Feeding Morphologies in the Carnivora," 〈Integrative and Comparative Biology 47〉(2007): 147-63.

5. L. D. Martin, "Fossil History of the Terrestrial Carnivora," in 『Carnivore Behavior, Ecology, and Evolution』, ed. J. L. Gittleman(Ithaca N.Y: Cornell University Press, 1989), 335-54; Van Valkenburgh, "Déjà vu," 147-63; Julie Meachen-Samuels and Blaire Van Valkenburgh, "Craniodental Indicators of Prey Size Preference in the Felidae," 〈Biological Journal of the Linnean Society 96〉(2009): 784-99.

6. Van Valkenburgh, "Déjà vu," 147-63.

7. Blaire Van Valkenburgh, "Skeletal Indicators of Locomotor Behavior in Living and Extinct Carnivores," 〈Journal of Vertebrate Paleontology 7〉(1987): 162-82; Van Valkenburgh, "Déjà vu," 147-63; Julie Meachen-Samuels and Blaire Van Valkenburgh, "Forelimb Indicators of Prey-Size Preference in the Felidae," 〈Journal of Morphology 270〉(2009): 729-44.

8. Van Valkenburgh, "Déjà vu," 147-63.

9. 위의 글.

10. 나는 고등학교 시절 케냐의 삼부루국립보호구역에서 아버지와 같이 야영을 하면서 그런 모습을 직접 보았다. 우리는 강가 개간지의 가지 무성한 나무 아래 텐트를 쳤다. 텐트를 치고 있는 우리에게 경비원이 다가와서, 3주 전에 그 지점에서 두 여자가 살해당했다는 이야기를 들려주었다. 강물로 돌아가던 하마가 두 여자의 텐트를 밟고 가는 바람에 변을 당했다는 것이다. 그러나 그곳 말고는 달리 텐트를 칠 데가 없었다. (그 작은 개간지는 공인 캠프장이었다.) 결국 텐트는 그곳에 자리 잡았다. 우리는 차를 몰고 공원을 둘러보기 위해 한 시간 정도 캠프를 떠나 있었다. 돌아와 보니 난장판이 되어 있었다. 비비원숭이 떼가 우리 천막을 급습해, 모든 것을 찢어발긴 것이다. 텐트 옆을 찢어 커다란 구멍이 쩍 벌어져 있었고, 폴대 두 개를 깔끔하게 뽑아 놓았다. 심지어 우리 침낭에 소변을 누어 영역 표시를 해 놓았다. 그러나 이 무

렵 이미 날이 저물어 우리는 갈 곳이 없었다. 그래서 어떻게든 잠을 자기 위해 최선을 다해 텐트 파편을 갈무리했다.

그런 상황에서 잠을 자는 게 쉬울 리가 없다. 오늘날의 텐트는 활처럼 굽어지는 긴 폴대로 지탱을 하기 때문에, 폴대가 부러지면 제대로 펼쳐지지 않는다. 고약한 냄새가 나는 천과 억지로 이어 붙인 끈으로 세운 텐트는 안정감이 없었다. 또한 텐트의 안전감이란 텐트 천이라는 시각적 장벽에서 비롯한다는 것을 경험으로 깨달을 수 있었다. 바깥의 동물들이 우리 소리를 듣고 냄새도 맡을 수 있고, 우리의 나일론 껍질을 벗겨 버릴 수도 있는 상황이었다. 동물들이 하지 못하는 유일한 것은 우리를 보는 것이다. 포식자는 우리가 세운 껍데기 두께가 1밀리미터도 되지 않는다는 것을 알 길이 없다. 그런 까닭에 텐트는 밤중에 다가오는 대부분의 것으로부터 우리를 실제로 지켜 준다(물론 그것이 코끼리나 하마처럼 텐트를 짓밟아 버릴 정도로 크지만 않다면 말이다). 그러나 그날 밤 우리의 장벽은 망가졌다. 우리는 내다볼 수 있었고, 녀석들은 들여다볼 수 있었다. 우리는 새로 찢어진 "창"으로 보이는 별빛을 등지고 기린의 실루엣이 지나가는 것을 지켜본 후 마침내 잠을 이루긴 했다.

밤중에 우리는 비명 소리에 잠이 깼다. 우리 머리 위 나무에서 날카로운 외침과 울부짖음과 나뭇가지 부러지는 소리가 이어졌다. 비비원숭이가 우리 머리 위 4.5미터 높이의 나뭇가지 보금자리로 돌아왔고, 표범이 녀석들을 공격하고 있었던 것이다! 우리는 그런 일이 종종 일어난다는 것을 나중에야 알았다. 표범은 밤에 나뭇가지 위에 잠자리를 마련하는 비비원숭이 떼거리를 흩어 놓기를 좋아한다. 우리는 그 나무 바로 아래에서 1.2미터나 찢어져 구멍이 뻥 뚫린 텐트 속에 앉아 있었다. 나는 겁에 질린 채 침낭을 쥐고 차가 있는 곳으로 허둥지둥 달려갔다. 돌이켜 보니 그것은 내가 할 수 있었던 최악의 행동이었다. 내가 뛰어갈 때 바로 머리 위의 표범에게 완전히 노출되었기 때문이다.

11. Sharon B. Emerson and Leonard Radinsky, "Functional Analysis of Sabertooth Cranial Morphology," 〈Paleobiology 6〉(1980): 295-312; Martin, "Fossil History of the terrestrial Carnivora," 335-54; Van Valkenburgh, "Déjà vu," 147-63; Graham J. Slater and Blaire Van Valkenburgh, "Long in the Tooth: Evolution of Sabertooth Cat Cranial Shape," 〈Paleobiology 34〉(2008): 403-19.

12. Van Valkenburgh, "Skeletal Indicators of Locomotor Behavior," 162-82; Blaire Van Valkenburgh and Fritz Hertel, "Tough Times at La Brea: Tooth Breakage in Large Carnivores of the Late Pleistocene," 〈Science 261〉(1993): 456-59.

13. 위의 글.

14. Martin, "Fossil History of the Terrestrial Carnivora," 335-54.

15. P. W. Freeman and C. A. Lemen, "The Trade-Off Between Tooth Strength and Tooth Penetration: Predicting Optimal Shape of Canine Teeth," 〈Journal of Zoology 273〉(2007): 273-80.

16. Blaire Van Valkenburgh and Ralph E. Molnar, "Dinosaurian and Mammalian Predators Compared," 〈Paleobiology 28〉(2002): 527-43.

17. Van Valkenburgh and Hertel, "Tough Times at La Brea," 456-59; Van Valkenburgh, "Feeding Behavior in Free-Ranging, Large African Carnivores," 〈Journal of Mammology 77〉 (1996): 240-54; Van Valkenburgh, "Costs of Carnivory: Tooth Fracture in Pleistocene and Recent Carnivores," 〈Biological Journal of the Linnean Society 96〉(2009): 68-81.

18. Francis Juanes, Jeffrey A. Buckel, and Frederick S. Scharf, "Feeding Ecology of Piscivorous Fishes," chapter 12 in 『Handbook of Fish Biology and Fisheries』(vol. 1), 『Fish Biology』, ed. Paul J. B. Hart and John D. Reynolds (Malden, MA: Blackwell Publishing, 2002), 267-83.

19. P. W. Webb, "The Swimming Energetics of Trout. I. Thrust and Power Output at Cruising Speeds," 〈Journal of Experimental Biology 55〉(1971): 489-520; P. W. Webb, "Fast-Start Performance and Body Form in Seven Species of Teleost Fish," 〈Journal of Experimental Biology 74〉(1978): 211-26; Patrice Boily and Pierre Magnan, "Relationship Between Individual Variation in Morphological Characters and Swimming Costs in Brook Charr (Salvelinus fontinalis) and Yellow Perch (Perca flavescens)," 〈Journal of Experimental Biology 205〉(2002): 1031-36.

20. Bent Christensen, "Predator Foraging Capabilities and Prey Antipredator Behaviours: Pre-Versus Postcapture Constraints," 〈Oikos 76〉(1996): 368-80; Frederick S. Scharf, Francis Juanes, and Rodney A. Rountree, "Predator Size-Prey Relationships of Marine Fish Predators: Interspecific Variation and Effects of Ontogeny and Body Size on Trophic-Niche Breadth," 〈Marine Ecology Progress Series 208〉(2000): 229-48.

21. Susan S. Hughes, "Getting to the Point: Evolutionary Change in Prehistoric Weaponry," 〈Journal of Archaeological Method and Theory 5〉(1998): 345-408.

22. Michael J. O'Brien, John Darwent, and R. Lee Lyman, "Cladistics Is Useful for Reconstructing Archaeological Phylogenies: Palaeoindian Points from the Southeastern United States," 〈Journal of Archaeological Science 28〉(1991): 1115-36; Briggs Buchanan and Mark Collard, "Investigating the Peopling of North America Through Cladistics Analyses of Early

Paleoindian Projectile Points," 〈Journal of Anthropological Archaeology 26〉(2007): 366-93; R. Lee Lyman, Todd L. VanPool, and Michael J. O'Brien, "The Diversity of North American Projectile-Point Types Before and After the Bow and Arrow," 〈Journal of Anthropological Archaeology 28〉(2009): 1-13.

23. George C. Frison, "North American High Plains Paleo-Indian Hunting Strategies and Weaponry Assemblages," in 『From Kostenki to Clovis: Upper Paleolithic-Paleo-Indian Adaptations』, ed. O. Soffer and N. D. Praslov (New York: Plenum Press, 1993), 237-49; Hughes, "Getting to the Point," 345-408; Briggs Buchanan, Mark Collard, Marcus J. Hamilton, and Michael J. O'Brien, "Points and Prey: A Quantitative Test of the Hypothesis That Prey Size Influences Early Paleoindian Projectile Point Form," 〈Journal of Archaeological Science 38〉 (2011): 852-64.

24. Hughes, "Getting to the Point," 345-408.

25. G. H. Odell and F. Cowan, "Experiments with Spears and Arrows on Animal Targets," 〈Journal of Field Archaeology 13〉(1986): 195-212; George C. Frison, "Experimental Use of Clovis Weaponry and Tools in African Elephants," 〈American Antiquity 54〉(1989): 766-84; J. Cheshier and R. L. Kelly, "Projectile Point Shape and Durability: The Effect of Thickness: Length," 〈American Antiquity 71〉(2006): 353-63; M. L. Sisk and J. J. Shea, "Experimental Use and Quantitative Performance Analysis of Triangular Flakes (Levallois Points) Used as Arrowheads," 〈Journal of Archaeological Science 36〉(2009): 2039-47.

26. D. C. Waldorf, 『The Art of Flint Knapping』(Cassville, MO: Litho, 1979); Hughes, "Getting to the Point," 345-408.

27. Stuart J. Feidel, 『Prehistory of the Americas』(Cambridge, MA: Cambridge University Press, 1992).

28. Buchanan et al., "Points and Prey," 852-64.

29. 위의 글.

30. Lyman, VanPool, and O'Brien, "The Diversity of North American Projectile-Point Types," 1-13; Douglas H. MacDonald, 『Montana Before History: 11,000 Years of Hunter-Gatherers in the Rockies and Plains』(Missoula, MT: Mountain Press Publishing Company, 2012).

31. Hughes, "Getting to the Point," 345-408.

32. 위의 글.

33. 위의 글.

34. 위의 글.

3. 조이기, 잡아채기, 커다란 턱

1. 안타깝게도 우리의 여행은 오래가지 못했다. 셋째 날, 나는 두드러기가 나서 온몸이 가려웠다. 전에 알레르기 반응을 보인 적은 한 번도 없었다. 그러나 나는 그것이 무엇인지 알았다. 과민증anaphylaxis(특정 조건에서 항원-항체 반응이 일어났을 때 면역과 반대로 장애가 일어나는 급성 알레르기 반응의 일종-옮긴이) 상태에서 이곳은 최악의 장소였다. 일찍이 나는 재앙에 대비했다. 항생제와 진통제, 봉합사, 화상 붕대, 그리고 뱀독 해독제를 지참했지만, 과민증은 미처 예상치 못했다. 알레르기 응급 처치약인 에피펜이나 항히스타민제가 내게는 없었다. 과민증이 종종 그러듯이 급성이었다면 나는 목숨을 부지하지 못했을 것이다. 다행히 증상은 서서히 나타났다. 눈꺼풀과 손가락이 부어오르더니 목구멍이 뻣뻣해지기 시작했다. 몇 시간 지나자 목이 쉬었고, 붓기로 인해 호흡이 곤란해졌다. 이때가 바로 결정적인 분기점이었다. 우리는 서둘러 야영 장비를 거두었고, 해가 질 때 코카를 향해 상류로 급히 차를 몰았다.

그날 밤 클레버와 셀포가 나를 찾아왔다. 그들의 안내를 받던 내가 죽을까 봐 두려워하고 있는 게 분명했다. 이제 막 시작한 여행 가이드 사업이 망할까 봐 말이다. 하지만 그들은 약이 있는 곳으로 나를 데려가기 위해 자기들 목숨과 배를 걸었다. 당시 나포강은 어둠이 내린 후 "눈에 띄면 사살"을 알리는 만종이 울렸다. 이는 마약과의 전쟁의 일환이었다. 물 위로 피어오른 짙은 안개 덕분에 우리 배는 눈에 띄지 않았다. 그러나 불빛 한 점 없이 하구의 모래톱과 쓰러진 나무 둘레로 배를 모는 것은 위험천만한 일이었다. 배를 타고 가는 동안 나는 내내 정신착란으로 헛소리를 했다. 그러는 동안 어둠 속에서 물에 떠 있는 거대한 나무가 옆으로 휙 지나갈 때 한 지점을 물끄러미 쳐다보았다는 것밖에 기억이 나는 게 없다.

2. L. G. Nico and D. C. Taphorn, "Food Habits of Piranhas in the Low Llanos of Venezuela," 〈Biotropica 20〉(1988): 311-21; V. L. de Almeida, N. S. Hahn, and C. S. Agostinho, "Stomach Content of Juvenile and Adult Piranhas (*Serrasalmus marginatus*) in the Paraná Floodplains, Brazil," 〈Studies on Neotropical Fauna and Environment 33〉(1998): 100-5.

3. J. H. Mol, "Attacks on Humans by the Piranha *Serrasalmus rhombeus* in Suriname," 〈Studies on Neotropical Fauna and Environment 41〉(2006): 189-95.

4. F. Juanes, J. A. Buckel, and F. S. Scharf, "Feeding Ecology of Piscivorous Fishes," in 『Handbook of Fish Biology and Fisheries』, ed. P. J. B. Hart and J. D. Reynolds (Malden, MA: Blackwell Publishing, 2002); J. R. Grubich, A. N. Rice, M. W. Westneat, "Functional Morphology of Bite Mechanics in the Great Barracuda (*Sphyraena barracuda*)," 〈Zoology 111〉(2008): 16-29.

5. H. B. Owre and F. M. Bayer, "The Deep-Sea Gulper *Eurypharynx pelecanoides* Vaillant 1882 (Order Lyomeri) from the Hispaniola Basin," 〈Bulletin of Marine Science 20〉 (1970): 186-92; J. G. Nielsen, E. Bertelsen, and A. Jespersen, "The Biology of *Eurypharynx pelecanoides* (Pisces, Eurypharyngidae)," 〈Acta Zoologica 70〉(1989): 187-97.

6. Gavin J. Svenson and Michael F. Whiting, "Phylogeny of Mantodea Based on Molecular Data: Evolution of a Charismatic Predator," 〈Systematic Entomology 29〉(2004): 359-70.

7. H. Maldonado, L. Levin, and J. C. Barros Pita, "Hit Distance and the Predatory Strike of the Praying Mantis," 〈Zeitschrift Für Vergleichende Physiologie 56〉(1967): 237-57; Taku Iwasaki, "Predatory Behavior of the Praying Mantis, *Tenodera aridifolia* II. Combined Effect of Prey Size and Predator Size in the Prey Recognition," 〈Journal of Ethology 9〉(1991): 77-81; R. G. Loxton and I. Nicholls, "The Functional Morphology of the Praying Mantis Forelimb (Dictyoptera: Mantodea)," 〈Zoological Journal of the Linnean Society 66〉(2008): 185-203.

8. Sheila N. Patek, W. L. Korff, and Roy L. Caldwell, "Deadly Strike Mechanism of a Mantis Shrimp," 〈Nature 428〉(2004): 819-20.

9. D. Lohse, B. Schmitz, and M. Versluis, "Snapping Shrimp Make Flashing Bubbles," 〈Nature 413〉(2001): 477-78.

10. 계급caste 발달 유전학에 대한 아름다운 연구들을 살펴보면, 화학적 단서가 신체 발달 호르몬과 어떻게 상호 작용함으로써, 어떻게 각 계급에 특유한 방식으로 유전자 발현을 조절하고, 어떻게 성장의 세부 사항을 조정하는가를 밝힌다. 예를 들어 다음과 같이 계급 발달에 대한 영양과 호르몬의 효과를 다룬 훌륭한 연구가 많다. Ehab Abouheif and Greg A. Wray, "Evolution of the Genetic Network Underlying Wing Polyphenism in Ants," 〈Science 297〉(2002): 249-52; Julia H. Bowsher, Gregory A. Wray, and Ehab Abouheif, "Growth and Patterning Are Evolutionarily Dissociated in the Vestigial Wing Discs of Workers of the Red Imported Fire Ant, *Solenopsis invicta*," 〈Journal of Experimental Zoology, Part B: Molecular and Developmental Evolution 308〉(2007): 769-76.; Diana E. Wheeler, "The Developmental Basis of Worker Caste Polymorphism in Ants," 〈American Naturalist〉(1991): 1218-38.

11. Sheila N. Patek, J. E. Baio, B. L. Fisher, and A. V. Suarez, "Multifunctionality and Mechanical Origins: Ballistic Jaw Propulsion in Trap-Jaw Ants", 〈Proceedings of the National Academy of Sciences 103〉(2006): 12787-92.

12. Olivia I. Scholtz, Norman Macleod, and Paul Eggleton, "Termite Soldier Defence Strategies: A Reassessment of Prestwich's Classification and an Examination of the Evolution of Defence Morphology Using Extended Eigenshape Analyses of Head Morphology," 〈Zoological Journal of the Linnean Society 153〉(2008): 631-50.

13. Trevor N. Dupuy, 『Evolution of Weapons and Warfare』(New York: Da Capo Press, 1984); R. L. O'Connell, 『Of Arms and Men: A History of War, Weapons, and Aggression』 (Oxford: Oxford University Press, 1989); M. van Creveld, 『Technology and War: From 2000 B.C. to the Present』(New York: Free Press, 1989); O'Connell, 『Soul of the Sword: An Illustrated History of Weaponry and Warfare from Prehistory to the Present』(New York: Free Press, 2002).

14. R. L. O'Connell, 『Sacred Vessels: The Cult of the Battleship and the Rise of the US Navy』(Oxford: Oxford University Press, 1991); Robert Jackson, 『Sea Warfare: From World War I to the Present』(San Diego: Thunder Bay Press, 2008).

4. 경쟁

1. 나는 1주일 전 아버지와 아들 사이의 유대감을 혹독한 시련에 빠뜨렸다. 아버지가 차 안에 있는 동안, 나는 나무 옆의 풀밭에 숨겨 놓은 카누를 꺼내, 자카나 영역으로 홀로 배를 저어 갔다. 자카나의 철야 방어 모습을 관찰하기 위해서였다. 그날 아침 옆바람이 심해서, 나는 카누 한복판에 낮게 웅크리고, 강풍을 이기고 배를 제 길로 이끌기 위해 안간힘을 다해 노를 저었다. 자카나 영역 가운데 하나의 옆에 이르렀을 때, 나는 바람을 피해 물가에 있는 키 큰 나무의 그늘 아래로 들어갔다. 그러자 바람이 잦아들었다. 나는 닻을 내리고, 삼각대와 망원경을 조립한 후, 맨발을 벤치 의자 아래에 찔러 넣고, 두 무릎을 쫙 벌려 카누 바닥에 내 무게를 실어 배를 안정시키고, 작업을 하기 시작했다. 그 무렵 먹파리black fly가 사방에 있었는데, 보나마나 먹파리인 것이 분명한 녀석 하나가 내 종아리 위로 기어오르는 것을 느끼는 데는 얼마 걸리지 않았다. 구태여 눈으로 확인할 이유도 없다고 생각했다. 망원경에서 눈을 떼지 않고도 먹파리 정도는 가뿐히 때려잡을 수 있으니까 말이다. 그러나 나는 보고 말았다. 그리고 움찔했다.

내 맨다리 위로 기어오르던 녀석은 먹파리가 아니라 타란툴라였다. 15센티미터의 거미라니! 나는 인정하지 않을 수 없다. 내 반응은 나빴다. 나는 펄쩍 뛰었고, 카누가 흔들렸고, 1,000달러는 나가는 망원경과 삼각대가 옆으로 쓰러져, 빠르게 흘러가는 흙탕물 속으로 깊이 영원히 사라져 버렸다.

2. C. Yeung, M. Anapolski, M. Depenbusch, M. Zitzmann, and T. Cooper, "Human Sperm Volume Regulation: Response to Physiological Changes in Osmolality, Channel Blockers, and Potential Sperm Osmolytes," 〈Human Reproduction 18〉(2003): 1029.

3. J. Rutkowska and M. Cichon, "Egg Size, Offspring Sex, and Hatching Asynchrony in Zebra Finches, *Taeniopygia guttata*," 〈Journal of Avian Biology 36〉(2005): 12-17.

4. W. A. Calder, C. R. Pan, and D. P. Karl, "Energy Content of Eggs of the Brown Kiwi, *Apteryx australis*; an Extreme in Avian Evolution," 〈Comparative Biochemistry and Physiology Part A: Physiology 60〉(1978): 177-79.

5. L. W. Simmons, R. C. Firman, G. Rhodes, and M. Peters, "Human Sperm Competition: Testis Size, Sperm Production and Rates of Extrapair Copulations," 〈Animal Behaviour 68〉 (2004): 297-302.

6. 부모의 육아를 일반적으로 수컷보다 암컷이 떠맡는 또 다른 이유는 친자 관계의 확실성과 관련이 있다. 많은 동물 종의 경우, 암컷은 수정된 후에도 몸 안에 알을 계속 간직한다. 이 알을 돌보는 암컷은 그 알이 다른 암컷의 것이 아니라 자기 것임을 확신할 수 있으므로, 투자된 에너지와 시간에 아무런 낭비가 없다. 그러나 수컷에게는 그런 확신이 없다. 암컷 내부에서 수정이 일어날 경우, 수컷들은 실제로 경쟁자 수컷의 정자가 수정을 시킬지도 모른다는 위험을 감수한다. 자기 씨가 아닌 자손을 돌보기 위한 자원의 양을 늘리는 것은 투자 효과가 없다. 결과적으로 암컷은 이미 가장 많이 투자했기 때문에, 그리고 일반적으로 그들의 짝보다 유전적 친자 관계의 확실성이 더 높기 때문에, 자연은 양친 양육보다 모계 양육의 진화를 더 자주 선택하게 된다.

7. 바퀴벌레는 실제로 흥미로운 온갖 종류의 육아 형태를 보여 준다. 그에 대한 좋은 개관으로 다음 글 참조. Christine Nalepa and William Bell, "Postovulation Parental Investment and Parental Care in Cockroaches," in 『The Evolution of Social Behavior in Insects and Arachnids』, ed. Jae Choe and Bernard Crespi (Cambridge: Cambridge University Press, 1997), 26-51.

8. T. G. Benton, "Reproduction and Parental care in the Scorpion, *Euscorpius flavicaudis*," 〈Behaviour 117〉(1991): 20-29.

9. G. Halffter and W. D. Edmonds, 『The Nesting Behavior of Dung Beetles (Scarabaeinae): An Ecological and Evolutive Approach』(Mexico, D.F.: Instituto de Ecologia, 1982).

10. 여기 설명된 개념을 "실효 성비operational sex ratio(OSR)"라고 한다. 성비는 단순히 인구 중 남성과 여성의 수의 머릿수를 나타낸다(그리고 아주 소수의 예외적인 종을 제외하고는 성비가 1 대 1에 가깝다). 반면에 OSR은 모든 개체가 어느 시점에서 실제로 다 번식 가능한 게 아니라는 사실을 설명한다. OSR은 생식 가능한 수컷 대 생식 가능한 암컷의 비율로 정의된다. OSR이 자카나의 경우처럼 암컷 과잉 방향으로 기울 수도 있지만, 일반적으로는 생식 가능한 수컷 과잉 쪽으로 기운다. 기울기 정도는 모집단에서 작용할 가능성이 높은 성선택의 강도를 나타내는 좋은 척도가 된다. 이 개념을 설명하는 기초 논문으로 우리 아버지, 스티븐 엠린Stephen Emlen과 루이스 오링Lewis Oring의 논문, "생태계, 성선택, 그리고 짝짓기 체계의 진화Ecology, Sexual Selection, and the Evolution of Mating Systems"〈Science 197〉(1977): 215-23.가 있다. 이 개념에 관한 좀 더 최근의 논문으로는 다음을 참조. H. Kokko and P. Monaghan, "Predicting the Direction of Sexual Selection," 〈Ecology Letters 4〉(2001): 159-65.

11. C. Darwin, 『The Descent of Man and Selection in Relation to Sex』(London: John Murray, 1871).

12. S. T. Emlen and P. H. Wrege, "Size Dimorphism, Intrasexual Competition, and Sexual Selection in the Wattled Jacana (Jacana jacana), a Sex-Role-Reversed Shorebird in Panama," 〈Auk 121〉(2004): 391-403; Emlen and Wrege, "Division of Labor in Parental Care Behavior of a Sex-Role-Reversed Shorebird, the Wattled Jacana," 〈Animal Behaviour 68〉(2004): 847-55.

13. 자카나의 경우 어린 것들을 돌보는 것이 수컷인 이유는 무엇일까? 이것이 바로 우리 아버지가 답을 찾기 위해 여러 해를 보낸 질문이고, 다른 책의 주제이기도 하다. 하지만 여기서는 아버지의 논문만 언급하겠다. Emlen and Wrege, "Division of Labor in Parental Care Behavior," 847-55.

14. J. H. Poole, "Mate Guarding, Reproductive Success, and Female Choice in African Elephants," 〈Animal Behaviour 37〉(1989): 842-49.

15. 위의 글.

16. J. A. Hollister-Smith, J. H. Poole, E. A. Archie, E. A. Vance, N. J. Georgiadis, C. J. Moss, and S. C. Alberts, "Age, Musth, and Paternity Success in Wild Male African Elephants, Loxodonta Africana," 〈Animal Behaviour 74〉(2006): 287-96.

17. H. F. Osborn, "The Ancestral Tree of the Proboscidea: Discovery, Evolution, Migration,

and Extinction Over a 50,000,000 Year Period," 〈Proceedings of the National Academy of Sciences 21〉(1935): 404-12; J. Shoshani and T. Pascal, eds., 『The Proboscidea: Evolution and Paleoecology of Elephants and Their Relatives』(Oxford: Oxford University Press, 1993); W. J. Sanders, "Proboscidea," in 『Paleontology and Geology of Laetoli: Human Evolution in Context』, vol. 2, 『Fossil Hominins and the Associated Fauna』, ed. T. Harrison (New York: Springer, 2011).

18. F. Kottenkamp, 『History of Chivalry and Ancient Armour』(London: Willis and Sotheran, 1857); G. Duby, 『The Chivalrous Society』, trans. Cynthia Poston (Berkeley: University of California Press,.1977); R. L. O'Connell, 『Of Arms and Men: A History of War, Weapons, and Aggression』(Oxford: Oxford University Press, 1989); J. France, Western Warfare in the Age of the Crusades』, 1000-1300 (Ithaca, NY: Cornell University Press, 1999).

19. Duby, 『Chivalrous Society』.

20. 위의 책.

21. 위의 책.

22. 위의 책.

23. 위의 책.

24. 위의 책.

25. 위의 책.

26. 위의 책.

27. 위의 책.

28. Duby, 『Chivalrous Society』; O'Connell, 『Of Arms and Men』.

29. O'Connell, 『Of Arms and Men』.

30. Duby, 『Chivalrous Society』; O'Connell, 『Of Arms and Men』.

31. Kottenkamp, 『History of Chivalry and Ancient Armour』; O'Connell, 『Of Arms and Men』.

32. 혼외 관계를 통한 자손 번식 또한 계급과 부로 묶여 있었다. 대단히 강력한 영주는 성 안의 젊은 여성들을 차출했다. 그들의 집에서 빼내 하녀나 시녀 일을 시켰던 것이다. 영주들이 이 하렘의 여성들과 관계를 맺어, 종종 수십 명의 사생아를 낳았다는 증거가 허다하다. 어떤 경우에는 이 여성들이 다른 남성과 결혼하는 것을 막기도 했다. 또 다른 경우 이들을 처녀 상 태로 격리시키고, 영주의 자식을 낳은 후에 결혼시켜 내보냈다. 이 문제들을 포괄적으로 다룬 논문과 책을 추천하면 다음과 같다. Laura Betzig, including "Medieval Monogamy," 〈Journal

of Family History 20〉(1995): 181-216; and 『Despotism and Differential Reproduction: A Darwinian View of History』(Hawthorne, NY: Aldine, 1986).

33. Michael Bell, Jeffrey Baumgartner, and Everett Olson, "Patterns of Temporal Change in Single Morphological Characters of a Miocene Stickleback Fish," 〈Paleobiology 11〉(1985): 258-71.

34. 이것에 대한 멋진 사례로, 피터 그랜트Peter Grant와 로즈메리 그랜트Rosemary Grant가 수행한 갈라파고스핀치Galapagos finch(참새목 풍금조과-옮긴이)의 부리 진화에 대한 장기 연구가 있다. 그들은 대프니 메이저라는 작은 섬에 서식하는, 씨앗을 먹는 땅핀치ground finch 모집단에서 부리 모양의 자연선택과 진화를 40년 이상 측정했다. 부리가 굵은 새는 크고 거친 씨앗을 더 잘 부수었고, 부리가 가는 종은 작은 종자를 더 빨리 먹었다. 그랜트 부부는 해마다 강우량의 변동에 따라 새들이 먹을 수 있는 종자의 종류와 양이 급격히 바뀌었음을 증명했고, 이로 인해 몇 년 동안은 굵은 부리를 선호했지만, 다른 경우에는 가는 부리를 선호했다는 것을 밝혔다. 자연선택은 이 시기 대부분의 기간 동안 방향성이 뚜렷하고 강했지만, 선택의 패턴이 왔다 갔다 해서 순수 효과는 정체되었다. 급격한 변화가 여러 번 있었는데도, 표본 기간이 끝날 때의 새들은 부리 모양이 처음과 거의 동일했다. 이 연구의 처음 30년이 다음 논문에 잘 기술되어 있다. Peter Grant and Rosemary Grant, "Unpredictable Evolution in a 30-Year Study of Darwin's Finches," 〈Science 296〉(2002): 707-11.

35. 찰스 다윈은 『인간의 유래와 성선택』(이종호 역, 지만지, 2011)에서 성선택의 특별한 속성을 처음으로 인식했으나, 끊임없는 변화의 논리는 다음 두 논문에 가장 잘 (그리고 가장 아름답게) 설명되어 있다. Mary Jane West Eberhard, "Sexual Selection, Social Competition, and Evolution," 〈Proceedings of the American Philosophical Society 123〉(1979): 222-34; and "Sexual Selection, Social Competition, and Speciation," 〈Quarterly Review of Biology 58〉(1983): 155-83.

36. 많은 종에서 새끼 사망률이 아주 높기 때문에 이게 모두 "성인adult" 이야기라는 것을 짚고 넘어가지 않을 수 없다. 번식 연령까지의 생존을 용이하게 하는 형질에 대한 선택은, 번식과 관련된 형질에 대한 선택만큼 강하거나, 더 강하다. 그 예로 소금쟁이의 자연선택과 성선택에 대한 다음 연구 참조. R. F. Preziosi and D. J. Fairbairn, "Lifetime Selection on Adult Body Size and Components of Body Size in a Waterstrider: Opposing Selection and Maintenance of Sexual Size Dimorphism," 〈Evolution 54〉(2000): 558-66.

5. 경제적인 방어 가능성

1. 퉁가라개구리에 관한 많은 연구를 한 학자로 마이클 라이언Michael Ryan이 있다. 그의 다음 책과 논문 참조. 『The Túngara Frog: A Study in Sexual Selection and Communication』(Chicago, University of Chicago Press, 1992); "Female Mate Choice in a Neotropical Frog," 〈Science 209〉(1980): 523-25.

2. 극락조에 관한 너무나 멋진 책이 여기 있다. Tim Layman and Edwin Scholes, 『Birds of Paradise: Revealing the World's Most Extraordinary Birds』(Washington, DC: National Geographic, 2012). 이 새들의 암컷 선택에 관한 초기 연구는 다음 논문 참조. S. G. Pruett-Jones and M. A. Pruett-Jones, "Sexual Selection Through Female Choice in Lawes' Parotia, a Lek-Mating Bird of Paradise," 〈Evolution 44〉(1990): 486-501.

3. 암컷 선택의 개념은 앞서 언급한 다윈의 책 『인간의 유래와 성선택』(London: John Murray, 1871)에 나온다. 성선택의 이런 측면은 모든 흥미로운 종에 대한 말 그대로 수많은 경험적 연구의 초점이 되어 왔다. 이 주제를 다룬 연구의 훌륭한 입문서로 다음 책을 꼽을 수 있다. Malte Andersson, 『Sexual Selection』(Princeton, NJ: Princeton University Press, 1994).

4. 동료들과 나는 소똥풍뎅이속 약 50종의 DNA 서열의 정보를 사용해, 그들의 관련성을 바탕으로 분류군을 중첩된 일련의 집단으로 정리했다. 그 결과 도출된 계통수phylogenetic tree라고 불리는 나무는 이 동물들의 역사를 나타내는데, 뿔과 같은 특정 형질의 진화를 추적하는 데 이용될 수 있다. 이 연구는 이들 쇠똥구리의 역사에서 반복적으로 뿔을 얻거나 잃었음을 보여 주었다. D. J. Emlen, J. Marangelo, B. Ball, and C. W. Cunningham, "Diversity in the Weapons of Sexual Selection: Horn Evolution in the Beetle Genus Onthophagus (Coleoptera: Scarabaeidae)," 〈Evolution 59〉(2005): 1060-84.

5. Ilkka Hanski and Yves Cambefort, eds., 『Dung Beetle Ecology』(Princeton, NJ: Princeton University Press, 1991). 이 책은 쇠똥구리 진화의 역사만이 아니라 지리적 분포에 대해서까지 포괄적으로 읽기 쉽게 설명하고 있다.

6. 이 주제에 대한 훌륭한 설명이 다음 책 8장과 11장에 나온다. John Alcock, 『Animal Behavior』, 8th ed. (Sunderland, MA: Sinauer Associates, 2005). 또한 성선택과 동물 행동의 진화에 이러한 개념을 적용하는 고전적인 논문으로 우리 아버지 스티븐 엠린과 루이스 오링의 다음 논문이 있다. Stephen Emlen, and Lewis Oring, "Ecology, Sexual selection, and the Evolution of Mating Systems," 〈Science 197〉(1977): 215-23.

7. 진과 데이비드 제 부부는 앞장다리하늘소를 연구하기 위해 파나마의 숲을 뒤지고

다닌 것을 다음 논문에서 기술하고 있다. "Tropical Liaisons on a Beetle's Back," 〈Natural History〉(1994): 36-43. 그 결과는 다음 기고문으로 발표되었다. "Sexual Selection and Sexual Dimorphism in the Harlequin Beetle Acrocinus longimanus," 〈Biotropica 24〉(1992): 86-96.

8. 제 부부의 의갈 연구는 다음 논문으로 발표되었다. "Dispersal-Generated Sexual Selection in a Beetle-Riding Pseudoscorpion," 〈Behavioral Ecology and Sociobiology 30〉(1992): 135-42, and "Sex Via the Substrate: Sexual Selection and Mating Systems in Pseudoscorpions," in 『The Evolution of Mating Systems in Insects and Arachnids』, ed. J. C. Choe and B. J. Crespi (Cambridge: Cambridge University Press, 1997): 329-39. 그들의 최근 연구 대부분은 이들 작은 절지동물에 초점을 맞추고 있다. 이제 실험실에서 사육하는 방법을 개발한 제 부부는, 암컷 의갈이 쇠똥구리의 등에 있는 지배자 수컷과 교미한 것, 그리고 계속 쇠똥구리를 바꿔 타며 다른 여러 수컷들과 교미한 것에서 유래한 유전적 이점을 광범위하게 조사했다. 그것에 대해 그들의 다음 논문 참조. "Genetic Benefits Enhance the Reproductive Success of Polyandrous Females," 〈Proceedings of the National Academy of Sciences 96〉 (1999): 10236-41.

9. 쇠똥구리의 행동에 대한 경이로운 설명이 다음 여러 책에 나온다. Gonzalo Halffter and Eric G. Matthews, 『The Natural History of Dung Beetles of the Subfamily Scarabaeinae (Coleoptera, Scarabaeidae)』(Palermo, Italy: Medical Books di G. Cafaro, 1966); Gonzalo Halffter and William David Edmonds, 『The Nesting Behavior of Dung Beetles (Scarabaeinae): An Ecological and Evolutive Approach』(Mexico, D.F.: Instituto de Ecologia, 1982); Leigh W. Simmons and James T. Ridsdill-Smith, 『Ecology and Evolution of Dung Beetles』(Oxford: Blackwell Publishing, 2011). 또한 히로아키 사토의 다음 논문들도 추천한다. H. Sato and M. Imamori, "Nesting Behaviour of a Subsocial African Ball-Roller Kheper platynotus (Coleoptera, Scarabaeidae)," 〈Ecological Entomology 12〉(1987): 415-25; H. Sato, "Two Nesting Behaviours and Life History of a Subsocial African Dung Rolling Beetle, Scarabaeus catenatus (Coleoptera, Scarabaeidae)," 〈Journal of Natural History 31〉(1997): 457-69.

10. 키스 필립스Keith Philips와 필자는 쇠똥구리 종들 사이의 분화 관계를 나타내는 계통수를 이용하여 각 종의 수컷 뿔의 진화적 획득이나 상실이, 굴 파기 및 공 굴리기 행동과 어떤 관련을 지녔는지 실험했다. 우리는 굴 파기 행동으로 뿔의 진화를 강력하게 예측 가능하다는 것을 알아냈다. 굴 파기에서 공 굴리기로 바뀐 여러 종은 수컷의 뿔을 잃어버렸다. D. J. Emlen and T. K. Philips, "Phylogenetic Evidence for an Association Between Tunneling Behavior and the Evolution of Horns in Dung Beetles (Coleoptera: Scarabaeidae: Scarabaeinae)," in

〈Coleopterists Society Monographs 5〉(2006): 47–56.

11. D. J. Emlen, "Alternative Reproductive Tactics and Male Dimorphism in the Horned Beetle *Onthophagus acuminatus*," 〈Behavioral Ecology and Sociobiology 41〉(1997): 335–41; A. P. Moczek and D. J. Emlen, "Male Horn Dimorphism in the Scarab Beetle *Onthophagus taurus*: Do Alternative Tactics Favor Alternative Phenotypes?" 〈Animal Behaviour 59〉(2000): 459–66.

6. 1 대 1 대결

1. 란체스터의 전기는 다음을 참조. P. W. Kingsford, 『F. W. Lanchester: A Life of an Engineer』(London: Edward Arnold, 1960).

2. Frederick W. Lanchester, 『Aircraft in Warfare: The Dawn of the Fourth Arm』(London: Constable, 1916).

3. Phillip M. Morse and George E. Kimball, 『Methods of Operations Research』(New York: John Wiley and Sons, 1951); James G. Taylor, 『Lanchester Models of Warfare』(Arlington, VA: Operations Research Society of America, 1983).

4. 그 예로 다음을 참조. P. R. Wallis, "Recent Developments in Lanchester Theory," 〈Operations Research 19〉(1968): 191–95, 이는 1967년 7월 NATO 과학위원회 후원으로 뮌헨에서 개최된 '란체스터 이론의 최근 발전에 관한 작전 연구 회의' 보고서다.

5. 그 예로 다음을 참조. P. Morse and G. Kimball, 『Methods of Operations Research』(Cambridge, MA: Technology Press of MIT, 1951), or Frederick S. Hillier and Gerald J. Lieberman, 〈Introduction to Operations Research〉, 9th ed. (Boston: McGraw Hill, 2009). 1956년 〈Operations Research〉 저널은 란체스터를 기리는 다음 특별 기고문을 헌정했다. Joseph McCloskey, "Of Horseless Carriages, Flying Machines, and Operations Research: A Tribute to Frederick Lanchester," 〈Operations Research 4〉(1956): 141–47. 오늘날까지, 작전연구및경영과학연구소INFORMS가 이 연구에 대한 최고 기여자에게 란체스터 최우수상을 수여하고 있다.

6. 란체스터 모형의 논리에 대한 훌륭한 설명은 다음을 참조. John W. R. Lepingwell, "The Laws of Combat? Lanchester Re-examined," 〈International Security 12〉(1987): 89–134.

7. John Keegan, 『The Face of Battle: A Study of Agincourt, Waterloo, and the Somme』(London: Penguin Books, 1983).

8. Lanchester, 『Aircraft in Warfare』; Lepingwell, "Laws of Combat?": 89-134.

9. 사실 아쟁쿠르 전투에서는 이로운 점이 다른 방식으로 작용했다. 프랑스군은 갑옷을 입은 기사의 전통적인 근거리 전술을 이용해 전투에 들어갔다. 그러나 영국군은 새로운 형태의 무기인 장궁을 궁수 수천 명에게 보급해, 이를 기사단의 힘과 결합했다. 영국군은 프랑스군이 할 수 없는 집중적인 화살 공격이 가능했다. 그래서 전투 개시 시점의 엄청난 수적 불리에도 불구하고 승리는 영국군에게 돌아갔다. 이런 언급은 나중에 또다시 나오는데, 이 전투와 이와 비슷한 다른 전투(예를 들어 크레시 전투)는 전투의 본질이 바뀌는 중요한 전환점이 되었고, 값비싼 갑옷을 입은 빛나는 기사단의 종말을 알리게 되었다.

10. 그 예로 다음을 참조. J. H. Engel, "A Verification of Lanchester's Law," 〈Operations Research 2〉(1954): 163-71; Thomas W. Lucas and Turker Turkes, "Fitting Lanchester's Equations to the Battles of Kursk and Ardennes," 〈Naval Research Logistics 54〉(2003): 95-116; Taylor, 『Lanchester Models of Warfare』.

11. Lepingwell, "Laws of Combat?," 89-134.

12. 이 논리에 대한 설명과 군사 역사에 대한 적용은 다음을 참조. O'Connell, 『Of Arms and Men』.

13. 군대 단위로 전투를 벌이는 사회적 곤충도 많다. 이들 전투에 대해 여러 저자가 란체스터의 선형과 제곱의 법칙을 적용했다. 그 예는 다음을 참조. N. R. Franks and L. W. Partridge, "Lanchester Battles and the Evolution of Combat in Ants," 〈Animal Behaviour 45〉(1993): 197-99; T. P. McGlynn, "Do Lanchester's Laws of Combat Describe Competition in Ants?" 〈Behavioral Ecology 11〉(2000): 686-90; Martin Pfeiffer and Karl E. Linsenmair, "Territoriality in the Malaysian Giant Ant Camponotus gigas (Hymenoptera/Formicidae)," 〈Journal of Ethology 19〉(2001): 75-85; Nicola J. R. Plowes and Eldridge S. Adams, "An Empirical Test of Lanchester's Square Law: Mortality During Battles of the Fire Ant Solenopsis invicta," 〈Behavioral Ecology 272〉(2005): 1809-14.

14. Jon M. Hastings, "The Influence of Size, Age, and Residency Status on Territory Defense in Male Western Cicada Killer Wasps (Sphecius grandis, Hymenoptera: Sphecidae)" 〈Journal of the Kansas Entomological Society 62〉(1989): 363-73.

15. 매미잡이벌이 커다란 무기를 갖지 않은 이유로, 전투가 쟁탈전이라는 것 외에도 또 다른 이유가 있다. 공중에서 싸우는 많은 곤충의 경우, 민첩성과 기동성이 힘이나 무기 크기보다 훨씬 더 중요하다. 큰 무기가 포식자의 속도를 떨어뜨리는 것과 마찬가지로, 공중 전투에서의 이동을 방해하게 된다. 많은 말벌과 잠자리, 실잠자리, 나비 등은 놀라운 공중 곡예 전

투를 벌인다. 이런 종은 거의 모두 무기가 없다. 의심할 나위 없이 이것은 부분적으로 쟁탈전에서 비롯하는 예측 불가능성에서 기인한다. 또한 민첩성이 필요한 데서 비롯하는 균형 잡힌 선택의 결과이기도 하다. 이러한 유형의 곤충들의 싸움에 대한 논문은 다음을 참조. Greg F. Grether, "Intrasexual Competition Alone Favors a Sexually Selected Dimorphic Ornament in the Rubyspot Damselfly *Hetaerina americana*," 〈Evolution 50〉(1996): 1949–57; D. J. Kemp and C. Wiklund, "Fighting Without Weaponry: A Review of Male–Male Contest Competition in Butterflies," 〈Behavioral Ecology and Sociobiology 49〉(2001): 429–42; J. Contreras-Garduño, J. Canales-Lazcana, and A. Córdoba-Aguilar, "Wing Pigmentation, Immune Ability, Fat Reserves, and Territorial Status in Males of the Rubyspot Damselfly, *Hetaerina americana*," 〈Journal of Ethology 24〉(2006): 165–73; M. A. Serrano-Meneses, A. Córdoba-Aguilar, V. Méndez, S. J. Layen, and T. Székely, "Sexual Size Dimorphism in the American Rubyspot: Male Body Size Predicts Male Competition and Mating Success," 〈Animal Behaviour 73〉(2007): 987–97.

16. 투구게의 짝짓기 행동과 성선택에 관해서는 제인 브록먼Jane Brockmann과 그녀의 제자인 플로리다대학교 학생들이 가장 포괄적으로 연구를 해 왔다. 예를 들어 다음을 참조. H. Jane Brockmann and Dustin Penn, "Male Mating Tactics in the Horseshoe Crab, *Limulus polyphemus*," 〈Animal Behaviour 44〉(1992): 653–65.

17. O'Connell, 『Of Arms and Men』.

18. J. H. Christy and M. Salmon, "Ecology and Evolution of Mating Systems of Fiddler Crabs (Genus *Uca*)," 〈Biological Reviews 59〉(1984): 483–509; N. Knowlton and B. D. Keller, "Symmetric Fights as a Measure of Escalation Potential in a Symbiotic, Territorial Snapping Shrimp," 〈Behavioral Ecology and Sociobiology 10〉(1982): 289–92; M. D. Jennions and P. R. Y. Backwell, "Residency and Size Affect Fight Duration and Outcome in the Fiddler Crab *Uca annulipes*," 〈Biological Journal of the Linnean Society 57〉(1996): 293–306.

19. 이 기괴한 말벌에 대해서는 캘거리대학의 로버트 롱게어Robert Longair가 가장 포괄적으로 연구해 왔다. 아이보리코스트Ivory Coast에서 행한 그의 현장 연구에 따르면, 수컷들은 잎사귀 아래의 둥지와 새로 나타난 암컷을 두고 긴 엄니를 이용해서 싸운다. 예를 들어 다음을 참조. Robert W. Longair, "Tusked Males, Male Dimorphism, and Nesting Behavior in a Subsocial Afrotropical Wasp, *Synagris cornuta*, and Weapons and Dimorphism in the Genus (Hymenoptera: Vespidae: Eumeninae)," 〈Journal of the Kansas Entomological Society 77〉(2004): 528–57.

20. 다음의 1931년 초기 연구에서 장수풍뎅이에 속하는 딜로보데루스*Diloboderus*가 땅속 굴을 두고 싸운다는 것이 밝혀졌다. J. B. Daguerre, "Costumbres Nupciales del *Diloboderus abderus Sturm*," 〈Rev. Soc. Entomologia Argentina 3〉(1931): 253-56. 속이 빈 식물의 줄기 내부에서 일어나는 장수풍뎅이의 싸움 행동에 대한 관찰은 윌리엄 에버하드William Eberhard의 다음 여러 연구에 잘 나타나 있다. "The Function of Horns in *Podischnus agenor* (Dynastinae) and Other Beetles" in 『Sexual Selection and Reproductive Competition in Insects』, ed. M. S. Blum and N. A. Blum(New York: Academic Press, 1979), 231-59, and "Use of Horns in Fights by the Dimorphic Males of *Ageopsis nigricollis* Coleoptera Scarabeidae, Dynastinae," 〈Journal of the Kansas Entomological Society 60〉(1987): 504-9.

21. 엄니개구리tusked frog는 정말 기괴하게 생긴 양서류 종이다. 이들의 형태와 행동에 관해서는 특히 다음 논문들을 추천한다. Sharon Emerson, "Courtship and Nest-Building Behavior of a Bornean Frog, *Rana blythi*," 〈Copeia 1992〉(1992): 1123-27; Kaliope Katsikaros and Richard Shine, "Sexual Dimorphism in the Tusked Frog, *Adelotus brevis* (Anura: Myobatrachidae): the Roles of Natural and Sexual Selection," 〈Biological Journal of the Linnean Society 60〉(1997): 39-51; Hiroshi Tsuji and Masafumi Matsui, "Male-Male Combat and Head Morphology in a Fanged Frog (*Rana kuhlii*) from Taiwan," 〈Journal of Herpetology 36〉(2002): 520-26.

22. S. S. B. Hopkins, "The Evolution of Fossoriality and the Adaptive Role of Horns in the Mylagaulidae (Mammalia: Rodentia)," 〈Proceedings of the Royal Society of London Series B, Biological Sciences 272〉(2005): 1705-13.

23. 내가 연구 논문으로 처음 시도한 것은 에콰도르와 콜롬비아 남부의 거대한 장수풍뎅이인 골로파 포르테리Golofa porteri의 뿔에 대한 연구였다. 이 장수풍뎅이는 울창한 숲 가장자리에서 높이 자라는 대나무 같은 식물의 새순을 지키기 위해 싸운다. 연구할 대규모 모집단을 찾지 못해 내 시도는 비참하게 실패했다. 그런데 이 계획은 윌리엄 에버하드의 아름다운 다음 논문에서 영감을 받은 것이었다. William Eberhard, "Fighting Behavior of Male *Golofa porteri* Beetles (Scarabaeidae: Dynastinae)," 〈Psyche 83〉(1978): 292-98.

24. 허리노린재의 수컷 뒷다리 크기 진화에 관한 대부분의 연구는 일본 류큐대학의 다카히사 미야타케Takahisa Miyatake가 수행한 것이다. 그의 논문으로 다음을 참조. "Territorial Mating Aggregation in the Bamboo Bug, *Notobitus meleagris*, Fabricius (Heteroptera: Coreidae)," 〈Journal of Ethology 13〉(1995): 185-89, or "Functional Morphology of the Hind Legs as Weapons for Male Contests in *Leptoglossus australis* (Heteroptera: Coreidae)," 〈Journal of

Insect Behavior 10⟩(1997): 727-35. 다음 논문도 참조. William Eberhard, "Sexual Behavior of *Acanthocephala declivis guatemalana* (Hemiptera: Coreidae) and the Allometric Scaling of their Modified Hind Legs," ⟨Annals of the Entomological Society of America 91⟩(1998): 863-71.

25. 뿔이 난 잭슨카멜레온은 그 평판에도 불구하고 야생에서 거의 연구되지 않은 상태로 남아 있다. 초기 연구로 스탠리 랜드Stanley Rand와 스티븐 파처Stephen Parcher의 다음 논문이 있다. Stanley Rand, "A Suggested Function of the Ornamentation of East African Forest Chameleons," ⟨Copeia 1961⟩(1961): 411-14; Stephen Parcher, "Observations on the Natural Histories of Six Malagasy Chamaeleontidae," ⟨Zeitschrift für Tierpsychologie 34⟩ (1974): 500-23.

26. Tadatsugu Hosoya and Kunio Araya, "Phylogeny of Japanese Stag Beetles (Coleoptera: Lucanidae) Inferred from 16S mtrRNA Gene Sequences, with Reference to the Evolution of Sexual Dimorphism of Mandibles," ⟨Zoological Science 22⟩(2005): 1305-18. 아름다운 이 논문의 두 저자는 사슴벌레의 커다란 아래턱 진화의 역사를 추적한다. 그들의 자료는 커다란 무기가 이 사슴벌레 가운데 최소한 두 개의 독립된 계보에서 독자적으로 나타났고, 일단 나타났다가 여러 다른 시대에 확대된 턱을 잃었다는 것을 시사한다. 이 수컷 무기의 진화적 상실은 자연선택과 사슴벌레 행동에서 비롯된 것으로 해석될 수 있다.

27. 이 작은 파리는 연구하기가 매우 어려운 것으로 입증되었다. 이들은 아직 실험실에서 기르는 데 성공하지 못했다. 대부분의 종이 뉴기니와 그 주변 섬에서 멀리 떨어진 곳에 살고 있다. 한 종은 호주의 열대지방에 서식하는 데 성공했다. 놀라운 이들 파리의 체계적인 연구와 분류는 주로 데이비드 맥알파인David McAlpine에 의해 이루어졌다. 하나만 예를 들면 다음과 같다. David McAlpine, "A Systematic Study of *Phytalmia* (Diptera, Tephritidae) with Description of a New Genus," ⟨Systematic Entomology 3⟩(1978): 159-75. 내가 알고 있는, 이 파리에 대한 최초의 현장 연구 논문은 다음은 같다. M. S. Moulds, "Field Observations on the Behavior of a North Queensland Species of *Phytalmia* (Diptera: Tephritidae)," ⟨Journal of the Australian Entomological Society 16⟩(1978): 347-52. 좀 더 최근의, 이 파리의 행동에 대한 연구로 다음 논문이 있다. Gary Dodson, "Resource Defense Mating System in Antlered Flies, *Phytalmia spp.* (Diptera: Tephritidae)," ⟨Annals of the Entomological Society of America 90⟩(1997): 496-504.

28. 대눈파리 행동에 관한 고전적 논문으로 다음이 있다. Dietrich Burkhardt and Ingrid de la Motte, "Big 'Antlers' are Favoured: Female Choice in Stalk-Eyed Flies (Diptera, Insecta),

Field Collected Harems and Laboratory Experiments," ⟨Journal of Comparative Physiology A 162⟩(1988): 649-52; and "Signalling Fitness: Larger Males Sire More Offspring: Studies of the Stalk-Eyed Fly *Cyrtodiopsis whitei* (Diopsidae, Diptera)," ⟨Journal of Comparative Physiology A 174⟩(1994): 61-4.

29. 메릴랜드대학의 제럴드 윌킨슨Gerald Wilkinson은 거의 20년 동안 대눈파리의 행동과 유전학을 연구했다. 그를 비롯해서 박사과정 학생들과 박사후과정의 연구 동료들 다수가 이 파리의 계통수를 만들고, 실험실에서 파리로 다중 세대 실험을 수행했고, 현장에서 여러 종을 연구했다. 내가 가장 좋아하는 논문 일부만 예로 들면 다음과 같다. Patrick Lorch, Gerald Wilkinson, and Paul Reillo, "Copulation Duration and Sperm Precedence in the Stalk-Eyed Fly, *Cyrtodiopsis whitei* (Diptera: Diopsidae)," ⟨Behavioral Ecology and Sociobiology 32⟩ (1993): 303-11; Gerald Wilkinson and Gary Dodson, "Function and Evolution of Antlers and Eye Stalks in Flies," in 『The Evolution of Mating Systems in Insects and Arachnids』, ed. J. Choe and B. Crespi (Cambridge: Cambridge University Press, 1997), 310-28; Tami Panhuis and Gerald Wilkinson, "Exaggerated Male Eye Span Influences Contest Outcome in Stalk-Eyed Flies," ⟨Behavioral Ecology and Sociobiology 46⟩(1999): 221-27. 또한 다음 논문을 추천한다. Rick Baker and Gerald Wilkinson, "Phylogenetic Analysis of Eye Stalk Allometry and Sexual Dimorphism in Stalk-Eyed Flies (Diopsidae)," ⟨Evolution 55⟩(2001): 1373-85.

30. 케빈 파울러Kevin Fowler와 앤드루 포미안코프스키Andrew Pomiankowski는 런던대학의 대눈파리 연구단 책임자다. 이 연구단은 이 파리의 성선택에 관한 현장 연구와 눈자루 발달에 관한 실험실 연구를 결합했다. 내가 추천하는 논문은 다음과 같다. Patrice David, Andrew Hingle, D. Greig, A. Rutherford, Andrew Pomiankowski, and Kevin Fowler, "Male Sexual Ornament Size but not Asymmetry Reflects Condition in Stalk-Eyed Flies," ⟨Proceedings of the Royal Society B: Biological Sciences 265⟩(1998): 2211-16; Andrew Hingle, Kevin Fowler, and Andrew Pomiankowski, "Size-Dependent Mate Preference in the Stalk-Eyed Fly *Cyrtodiopsis dalmanni*", ⟨Animal Behaviour 61⟩(2001): 589-95; Jen Small, Sam Cotton, Kevin Fowler, and Andrew Pomiankowski, "Male Eyespan and Resource Ownership Affect Contest Outcome in the Stalk-Eyed Fly, *Teleopsis dalmanni*," ⟨Animal Behaviour 78⟩(2009): 1213-20.

31. 해군 전쟁의 역동적인 시기에 대한 웅변으로 다음 책 참조. W. Murray, 『The Age of the Titans: The Rise and Fall of the Great Hellenistic Navies』(Oxford: Oxford University Press, 2012); John D. Grainger, 『Hellenistic and Roman Naval Wars 336BC-31BC』(South Yorkshire,

UK: Pen and Sword Books, 2011). 이 시기에 관한 고전으로는 다음 책을 꼽을 수 있다. Lionel Casson's 『Ships and Seamanship in the Ancient World』(Baltimore: Johns Hopkins University Press, 1995). 또한 그의 다음 책도 추천한다. 『The Ancient Mariners』, 2nd ed. (Princeton, NJ: Princeton University Press, 1991). 이 시기의 배에 대한 훌륭한 삽화와 설명으로는 다음 책 참조. Robert Gardiner, ed., 『The Age of the Galley: Mediterranean Oared Vessels Since Pre-Classical Times』(London: Book Sales Publishing, 2000).

32. John Morrison and John Coates, 『Greek and Roman Oared Warships 399-30BC』 (Oxford: Oxbow Books, 1997).

33. 특히 공성추가 배를 개인처럼 상호 작용하게 함으로써 전투의 본질을 바꾸어 란체스터의 선형 법칙을 충족시킨다는 착상을 비롯한 무기 경쟁에 대한 설명으로 내가 가장 좋아하는 책은 다음과 같다. Robert L. O'Connell, 『Of Arms and Men』, and 『Soul of the Sword: An Illustrated History of Weaponry and Warfare from Prehistory to the Present』(New York: Free Press, 2002).

34. John Morrison and John Coates, 『Greek and Roman Oared Warships』.

35. John Morrison and Roderick Williams, 『Greek Oared Ships』(Cambridge: Cambridge University Press, 1968).

36. Gardiner, 『Age of the Galley』.

37. Casson, 『Ships and Seamanship in the Ancient World』; Gardiner, 『Age of the Galley』; O'Connell, 『Soul of the Sword』.

38. 매머드의 생물학에 대한 정보로 다음 책 추천. Adrian Lister and Paul Bahn, 『Mammoths: Giants of the Ice Age』(Berkeley: University of California Press, 2009). 이 시대의 특이한 짐승들을 더 폭넓게 다룬 책으로는 다음을 추천. Ian Lange, 『Ice Age Mammals of North America : A Guide to the Big, the Hairy, and the Bizarre』(Missoula, MT: Mountain Press, 2002). 냉동 매머드를 찾는 모험에 대한 흥미진진한 이야기로 다음 책이 읽을 만하다. Richard Stone, 『Mammoth: The Resurrection of An Ice Age Giant』(Cambridge, MA: Perseus, 2002). 코끼리와 그 친족의 화석에 대한 포괄적이고 기술적인 논저로 다음 책 추천. J. Shoshani and P. Tassy, eds., 『The Proboscidea: Evolution and Paleoecology of Elephants and their Relatives』(Oxford: Oxford University Press, 1996).

39. 사슴벌레에 관한 아름다운 논문으로 다음 책을 추천한다. 일본어로 쓰였지만 영어 요약이 있고, 그림이 스스로 말한다! T. Mizunuma and S. Nagai, 『The Lucanid Beetles of the World』, part of Mushi Sha's Iconographic Series of Insects, 1st ed., ed. H. Fijita (Tokyo: Mushi-

Sha publishers, 1994).

40. Tadatsugu Hosoya and Kunio Araya, "Phylogeny of Japanese Stag Beetles (Coleoptera: Lucanidae) Inferred from 16s mtrRNA Gene Sequences, with References to the Evolution of Sexual Dimorphism of Mandibles," 〈Zoological Science 22〉(2005): 1305-18.

41. David Grimaldi and Gene Fenster, "Evolution of Extreme Sexual Dimorphisms: Structural and Behavioral Convergence Among Broad-Headed Male Drosophilidae (Diptera)," 〈American Museum Novitates 2939〉(1989): 1-25.

42. 유제류와 그 화석에 대해 포괄적으로 잘 쓴 책으로 다음을 추천. Donald Prothero and Robert Schoch, 『Horns, Tusks, and Flippers: The Evolution of Hoofed Mammals』(Baltimore: Johns Hopkins University Press, 2003). 또한 좀 더 최근 책으로 다음 편저를 추천한다. Donald Prothero and Scott Foss, 『The Evolution of Artiodactyls』(Baltimore: Johns Hopkins University Press, 2007); Elizabeth Vrba, George Schaller, eds., 『Antelopes, Deer, and Relatives: Fossil Record, Behavioral Ecology, Systematics, and Conservation』(New Haven, CT: Yale University Press, 2000). 이 책들은 모두 유제류 진화(그리고 무기 다양화)의 주요 패턴을 다루고 있다. 저자들은 또한 살아 있는 유제류 행동과 형태의 다양성을 이용해, 왜 어떻게 무기가 다양화되었는가를 설명한다. 또 다음 책과 논문 참조. Valerius Geist, 『Deer of the World: Their Evolution, Behaviour, and Ecology』(Mechanicsburg, PA: Stackpole Books, 1998); T. M. Caro, C. M. Graham, C. J. Stoner, and M. M. Flores, "Correlates of Horn and Antler Shape in Bovids and Cervids," 〈Behavioral Ecology and Sociobiology 55〉(2003): 32-41; G. A. Lincoln, "Teeth, Horns and Antlers: the Weapons of Sex," 『The Differences Between the Sexes』, ed. R. V. Short and E. Balaban (Cambridge: Cambridge University Press, 1994): 131-58; J. Bro-Jørgensen, "The Intensity of Sexual Selection Predicts Weapon Size in Male Bovids," 〈Evolution 61〉(2007): 1316-26; B. Lundrigan, "Morphology of Horns and Fighting Behavior in the Family Bovidae," 〈Journal of Mammology 77〉(1996): 462-75.

7. 비용

1. 내가 연구한 쇠똥구리 종은 온토파구스 아쿠미나투스*Onthophagus acuminatus*라고 불리는 작은 갈색 쇠똥구리다. 이들은 주로 이른 아침에 활동하지만 주간에도 내내 활동하며, 고함원숭이 똥을 먹이로 삼는다. 이들은 낙엽에 깔린 숲속 땅바닥 몇 센티미터 위를 나는데, 뒤뚱거리

며 부드럽게 앞뒤로 진동하듯 날면서 신선한 똥을 찾아간다. 일단 똥을 발견하면 안으로 구멍을 파고 들어가 그 아래 땅속으로 굴을 판다(이 때문에 눈에 잘 띄지 않는다).

2. 이 모든 숲속 사냥이 화락화락한 것만은 아니었다. 어느 날 아침의 기억이 무섭도록 생생하게 떠오른다. 원숭이가 내 숙소 가까이에 있지 않던 날 가운데 하나였다. 새벽 합창 소리를 듣지 못해서, 결국 똥을 찾아 숲으로 5킬로미터는 걸어야 했다. 처음 발견한 것은 작았다. 실험실 원통 속에서 기다리는 수백 마리의 쇠똥구리를 먹이기에는 턱도 없이 모자랐다. 이 같은 "잘못된 시작"으로 인한 문제점은, 주머니에 쑤셔 넣고 간 수술 장갑을 매번 수집할 때마다 한 켤레씩 소모해야 한다는 것이었다. 몇 차례 불충분한 수집 후 장갑이 부족해졌다. 원숭이 배설물을 수집하는 것은 불쾌한 작업일 수밖에 없었는데, 일회용 장갑을 쓰면 조금이나마 청결함을 유지할 수 있다. 수집을 한 뒤 장갑을 뒤집어서 벗으면 깔끔해서, 두 손을 비교적 깨끗하게 유지하고, 내 점심과 물병, 쌍안경에도 똥이 묻지 않는다.

실험실에서 5킬로미터 떨어진 곳에서 마지막 장갑 한 켤레가 남았을 때, 마침내 필요한 똥 무더기를 발견했다. 그런데 가방에 채우는 동안, 진드기로 덮인 야자나무 잎사귀를 건드렸다. 갓 부화한 진드기 새끼인 "종자진드기seed ticks"가 큰 잎사귀 끝부분에 구슬 크기로 둥글게 한데 뭉쳐 있는 것을 모르는 열대 생물학자는 없다. 녀석들을 건드리면 일제히 몸을 날려 우리에게 달라붙은 후 사방으로 흩어지기 시작한다. 그런 까닭에, 숲에서의 표준 옷차림은 긴 바지를 입고 바짓단은 양말 속에 찔러 넣고, 헐렁한 긴팔 면 셔츠를 입는 것이다. 그러면 작은 진드기나 개미가 우리 피부에 직접 닿지 않도록 할 수 있다. 또 다른 요령 하나는, 테이프를 지참하는 것이다. 마스킹테이프가 최고인데, 우리들 대부분은 재빨리 사용할 수 있도록 미리 허벅지 위 바지에 여러 개를 뜯어서 붙여 놓는다. 예기치 않게 진드기 구슬을 건드리면 몇 초 이내에 허벅지의 테이프를 뜯어 종자진드기들을 찍어서 제거한다. 옷을 뚫고 들어가기 전에 말이다.

그날 아침의 문제는, 이미 마지막 장갑을 꼈고, 그것도 벌써 찢어지기 시작했다는 것이다. 장갑을 벗어 버리면 다시는 쓸 수 없다. 장갑을 벗지 않고는 테이프를 떼어 진드기를 처리할 수 없었는데, 그렇다고 맨손으로 똥을 수거하고 싶지도 않았다. 그래서 나는 진드기를 무시하고 가방을 채웠다. 일을 마치기까지 5분 정도밖에 걸리지 않았지만, 겁에 질려서 5분이 너무나 길게 느껴졌다. 나는 부랴부랴 장갑을 벗고 테이프를 뜯어내서는 진드기를 찾았다. 사라지고 없었다. 그 짧은 시간에 내 몸 곳곳으로 흩어져서 찾을 수가 없었다.

5킬로미터를 되짚어 실험실로 돌아가는 길에 번뇌가 이만저만이 아니었다. 허둥지둥 달리는 동안 셔츠 안과 다리 아래, 가랑이, 머리카락 속, 귀 뒤, 심지어 콧속과 눈 주위에 진드기가 기어가는 것을 느낄 수 있었다. 나는 똥 가방을 실험실에 내던지고, 내 방으로 뛰어 들어가 옷을 훌훌 벗어부친 뒤, 뜨거운 물로 비눗물 샤워를 했지만 아무 소용이 없었다. 녀석들은 결코 썻겨 내려가지 않았다. 강렬한 밝은 빛 아래서 핀셋으로 피부에서 진드기를 뜯어내고, 벌써 자리를 잡은 녀석은 뽑아내고, 테이프로 후춧가루 찍어내듯 잔뜩 찍어냈다. 나중에 세어 보니 테이프에 붙은 녀석이 거의 800마리에 이르렀다. 그 야자 잎사귀에 스친 지 한 시간밖에 되지 않았지만, 진드기의 대부분이 이미 항응고제 타액을 내게 주입했고, 이로 인해 시작된 가려움증은 정말 비현실적이었다. 나는 일주일 동안 항히스타민제를 씹어야 했다. 당시 듀크대학에서 박사과정을 밟고 있던 여자 친구(지금의 아내)는 내가 허풍을 떤다고 생각할 게 분명해서, 그녀에게 진드기가 붙은 테이프를 바로 보냈다. 믿지 않을 도리가 없었을 것이다. 현장 생물학자는 허풍을 떨어도 낭만적인 것과는 거리가 멀다.

3. D. J. Emlen, "Artificial Selection on Horn Length-Body Size Allometry in the Horned Beetle *Onthophagus acuminatus*," 〈Evolution 50〉(1996): 1219-30.

4. 발달 중인 신체 부위들 사이의 타협은 곤충들에게 늘 있는 일이다. 곤충들은 정교한 무기를 생산하는 데 막대한 비용을 들인다. 그러나 이 특별 비용은 다른 신체 부위의 성장을 방해한다. 이런 현상은 딱정벌레와 파리, 개미, 벌과 같은 곤충에게 주로 적용된다. 곤충 외에, 내가 알고 있는 어떤 동물에도 적용되지 않는다. 그 이유는 이 특별한 곤충들이 발달하는 방식과 관련 있다는 것이 거의 확실하다. 특히 발달 도중 다양한 모든 성체 구조가 형성되는 시점과 관련이 있다. 성선택으로 인한 과장된 무기는 항상 수컷이 성적으로 성숙할 즈음, 곧 발달의 막바지 과정에서 부쩍 자란다. 사슴과 엘크, 무스 수컷은 모두 성체가 된 이후 비로소 뿔이 성장을 시작한다. 코끼리와 멧돼지는 성체가 된 후 엄니가 자란다. 새우와 게도 생식선이 성숙하는 시기에 전투용 집게발이 커지기 시작한다. 이 모든 동물의 경우, 무기가 성장을 시작하기 오래전에 이미 신체가 다 자라고, 기관, 조직 및 부속지가 이미 다 자랐거나 거의 다 자란 상태가 된다. 이런 동물들의 경우에는 모든 신체 구조가 먼저 만들어지기 때문에 무기가 다른 구조의 성장을 방해하지 않는다. 이와 달리, 딱정벌레와 벌, 파리, 개미 등은 모두 발달과 동시에 변태가 진행된다. 이는 성체 부위가 무기와 동시에 성장한다는 뜻이다. 이러한 동시 성장 때문에, 제한된 자원 배분을 두고 타협을 할 수밖에 없다.

5. 이를 증명하는 가장 확실한 방법으로, 성장하는 동물에게 실험적인 섭동을 가하는 방법이 있다(섭동perturbation이란 실험 집단에 특정 외부 요인을 가하여 교란시킴으로써 원하는 특성을 찾아내는 조치를 뜻한다-옮긴이). 쇠똥구리들 가운데서 뿔이 더 긴 개체를 선택했을 때, 뿔이 더 커진 대신 눈의 크기가 줄어들었다. 뜨거운 바늘을 이용해 쇠똥구리의 뿔 세포를 죽이면 비정상적으로 정소가 큰 성체가 생긴다. 이는 무기와 정소 사이에서 자원 배분 타협이 이루어진다는 뜻이다. L. W. Simmons, and D. J. Emlen, "Evolutionary Trade-Off Between Weapons and Testes," 〈Proceedings of the National Academy of Sciences 103〉(2006): 16346-

51. 발달 중인 생식기 세포를 제거하는 역 실험을 하면 뿔이 커졌다. A. P. Moczek and H. F. Nijhout, "Trade-Offs During the Development of Primary and Secondary Sexual Traits in a Horned Beetle," 〈American Naturalist 163〉(2004): 184-91. 세대를 거치며 수컷이 불균형적으로 큰 무기를 만들어 낼 경우, 정소와 같이 번식에 반드시 필요한 구조까지도 성장이 저해된다.

6. K. Kawano, "Horn and Wing Allometry and Male Dimorphism in Giant Rhinoceros Beetles (Coleoptera: Scarabaeidae) of Tropical Asia and America," 〈Annals of the Entomological Society of America 88〉(1995): 92-99.

7. K. Kawano, "Cost of Evolving Exaggerated Mandibles in Stag Beetles (Coleoptera: Lucanidae)," 〈Annals of the Entomological Society of America 90〉(1997): 453-61.

8. 메릴랜드대학 박사 과정 학생인 캐서린 프라이Catherine Fry는 "유충 호르몬juvenile hormone" 이라고 불리는 발달 호르몬을 국소 적용시켜, 대눈파리 수컷의 눈자루 성장을 교란시켰다. 이 호르몬은 병정개미의 머리와 무기를 비롯해, 많은 곤충의 신체 구조 성장을 조절하는 호르몬으로 알려져 있다. 캐서린이 합성 유충 호르몬을 발달 중인 수컷 유충에게 바르자, 불균형하게 아주 긴 눈자루를 지닌 성체로 자랐다. 그녀는 수컷 무기의 상대적 크기를 교란시킨 것이다. 그런데 이 수컷은 정소 크기가 극적으로 줄어들어서, 나중에 짝짓기를 할 때, 이 호르몬에 노출되지 않은 수컷에 비해 정자 수가 3분의 2로 줄어들었다. C. Fry, "Juvenile Hormone Mediates a Trade-Off Between Primary and Secondary Sexual Traits in Stalk-Eyed Flies," 〈Evolution and Development 8〉(2006): 191-201. 박사 학위 논문에서 캐서린 프라이는 눈자루 크기가 다른 대눈파리 두 종을 이용해, 눈자루 길이의 성장이 다른 신체 부위와의 타협을 초래하는지의 여부를 조사했다. 두 종 가운데 한 종인 키르토디옵시스 달마니Cyrtodiopsis dalmanni 는 수컷이 암컷보다 눈자루가 훨씬 더 길다. 반면에 키르토디옵시스 퀸퀘굿타타C. quinqueguttata 는 암수의 눈자루 길이가 거의 비슷하고 다른 종에 비해 상대적으로 길이가 짧다. 캐서린은 눈자루의 상대적 길이를 교란시키기 위해 다양한 방법(인위적 선택, 외래 유충 호르몬의 적용, 식이 조절 등)으로 실험했다. 그 결과 수컷 C. 달마니의 머리 형태의 두 가지 특징, 곧 눈알 크기와 눈자루 너비와 더불어 과장된 눈자루 길이가 줄어들었고, 이는 정소의 성장 및 정자 생성과 타협을 한다는 사실을 입증했다.

9. 호주의 꿀벌 라시오글로숨 헤미칼케움Lasioglossum hemichalceum은 머리와 턱이 크고 강한 대신 나머지 신체 부위는 왜소한 수컷을 낳는다(쌀알에 렌즈콩이 붙어 있는 것과 비슷한 모습이다). 머리가 유난히 큰 이 싸움꾼은 날개가 왜소하고 날개 근육이 거의 없어서 날 수가 없다. 이들은 출현한 후 둥지에 계속 머물면서 누이들과 교미할 기회를 잡기 위해 형제들과 죽을 때까지 싸운다. 이들보다 더 작은 수컷들은 "전형적인" 꿀벌로, 무기가 없는 대신 날 수 있다. 이

들은 자기 굴을 떠나 이웃 둥지와 암컷을 찾아다닌다. 큰 머리 수컷들은 누이들 모두와 교미를 마친 후, 마찬가지로 암컷을 찾아 둥지를 떠난다. 그러나 날지 못하기 때문에 기어가야 한다. 이웃까지 수십 미터를 기어야 하는데, 머리가 커다란 쌀알 크기의 벌에게는 그것이 결코 호락호락한 일이 아니다. 게다가 도중에 포식자와 마주치기 때문에 거의 언제나 목숨을 잃게 된다. 싸움에 이겨서 누이들과 교미할 기회를 잡는 대가로 이웃 둥지까지 이동할 능력을 잃는 셈이다. P. F. Kukuk and M. Schwarz, "Macrocephalic Male Bees as Functional Reproductives and Probable Guards," 〈Pan-Pacific Entomologist 64〉(1988): 131-37.

10. 카르디오콘딜라Cardiocondyla 개미는 두 종류의 수컷을 낳는데, 한 종류는 싸우고 다른 종류는 싸우지 않는다. 이때도 역시 한 종류는 강력한 무기(커다란 턱과 머리)를 갖고, 다른 한 종류는 날개와 날개 근육을 갖는다. 무기와 날개를 둘 다 갖지는 못한다. J. Heinze, B. Hölldobler, and K. Yamauchi, "Male Competition in Cardiocondyla Ants," 〈Behavioral Ecology and Sociobiology 42〉(1998): 239-46; S. Cremer and J. Heinze, "Adaptive Production of Fighter Males: Queens of the Ant Cardiocondyla Adjust the Sex Ratio Under Local Mate Competition," 〈Proceedings of the Royal Society of London, Series B 269〉(2002): 417-22.

11. J. Crane, 『Fiddler Crabs of the World(Ocypodidae: Genus Uca)』(Princeton, NJ: Princeton University Press, 1975).

12. B. J. Allen and J. S. Levinton, "Costs of Bearing a Sexually Selected Ornamental Weapon in a Fiddler Crab," 〈Functional Ecology 21〉(2007): 154-61.

13. 마사토시 마쓰마사Masatoshi Matsumasa와 미노루 무라이Minoru Murai는 다양한 활동을 할 때의 농게 혈당(활동에 소모되는 당분)과 혈액 젖산(신진대사의 화학적 부산물로 에너지를 태웠다는 증거)의 변화를 추적함으로써 집게발 사용에 따른 에너지 비용을 측정할 수 있었다. 쉬고 있는 농게의 젖산 수준 기준치를 싸울 때 측정한 젖산 수치와 비교함으로써 두 사람은 집게발을 흔드는 데 따른 에너지 비용이 상당하다는 것을 증명했다. M. Matsumasa and M. Murai, "Changes in Blood Glucose and Lactate Levels of Male Fiddler Crabs: Effects of Aggression and Claw Waving," 〈Animal Behaviour 69〉(2005): 569-77.

14. Allen, and Levinton, "Costs of Bearing a Sexually Selected Ornamental Weapon," 154-61.

15. I. Valiela, D. F. Babiec, W. Atherton, S. Seitzinger, and C. Krebs, "Some Consequences of Sexual Dimorphism: Feeding in Male and Female Fiddler Crabs, Uca pugnax (Smith)," 〈Biological Bulletin 147〉(1974): 652-60.

16. H. E. Caravello and G. N. Cameron, "The Effects of Sexual Selection on the Foraging

Behaviour of the Gulf Coast Fiddler Crab, *Uca panacea*," 〈Animal Behaviour 35〉(1987): 1864-74.

17. T. Koga, P. R. Y. Backwell, J. H. Christy, M. Murai, and E. Kasuya, "Male-Biased Predation of a Fiddler Crab," 〈Animal Behaviour 62〉(2007): 201-7.

18. M. E. Cummings, J. M. Jordão, T. W. Cronin, and R. F. Oliveira, "Visual Ecology of the Fiddler Crab, *Uca tangeri*: Effects of Sex, Viewer and Background on Conspicuousness," 〈Animal Behaviour 75〉(2008): 175-88.

19. J. M. Jordão and R. F. Oliveira, "Sex Differences in Predator Evasion in the Fiddler Crab *Uca tangeri* (Decapoda: Ocypodidae)," 〈Journal of Crustacean Biology 21〉(2001): 948-53.

20. T. Koga et al., "Male-Biased Predation of a Fiddler Crab," 201-7. 그러나 항상 수컷만 사냥당하는 게 아니다. 예를 들어 또 다른 연구에 따르면 따오기는 농게 수컷보다 암컷을 선호하는 것으로 나타났다. 아마도 큰 집게발 때문에 삼키기가 어려운 탓일 것이다. Keith Bildstein, Susan G. McDowell, and I. Lehr Brisbin, "Consequences of Sexual Dimorphism in Sand Fiddler Crabs, *Uca pugilator*: Differential Vulnerability to Avian Predation," 〈Animal Behaviour 37〉(1989): 133-39.

21. A. G. McElligott and T. J. Hayden, "Lifetime Mating Success, Sexual Selection and Life History of Fallow Bucks (*Dama dama*)," 〈Behavioral Ecology and Sociobiology 48〉(2000): 203-10.

22. R. Moen, J. Pastor, and Y. Cohen, "A Spatially Explicit Model of Moose Foraging and Energetics," 〈Ecology 78〉(1997): 505-21.

23. R. Moen and J. Pastor, "A Model to Predict Nutritional Requirements for Antler Growth in Moose," 〈Alces 34〉(1998): 59-74.

24. A. Bubenik, "Evolution, Taxonomy, and Morphophysiology," in 『Ecology and Management of the North American Moose』, eds. A. W. Franzmann and C. C. Schwartz (University Press of Colorado, 2007): 77-123.

25. T. H. Clutton-Brock, "The Functions of Antlers," 〈Behaviour 79〉(1982): 108-24.

26. R. Moen, J. Pastor, and Y. Cohen, "Antler Growth and Extinction of Irish Elk," 〈Evolutionary Ecology Research 1〉(1999): 235-49.

8. 믿을 만한 신호

1. "성적으로 선택된" 모든 과장된 동물 구조(살로 이루어진 장식물과 극한 무기)는 동물의 발달 과정에서 상대적으로 늦게까지 성장을 미루었다가, 나머지 모든, 또는 거의 모든 신체 부위가 성장을 마친 후 비로소 성장하게 된다. 예를 들어 농게는 성 성숙기에 마지막 탈피를 하면서 집게발의 급속한 성장이 시작된다. R. G. Hartnoll, "Variations in Growth Pattern Between Some Secondary Sexual Characters in Crabs (Decapoda, Brachyura)," 〈Crustaceana 27〉(1974): 131-36; Pitchaimuthu Mariappan, Chellam Balasundaram, and Barbara Schmitz, "Decapod Crustacean Chelipeds: An Overview," 〈Journal of Bioscience 25〉(2000): 301-13. 사슴뿔은 일각고래와 바다코끼리 엄니와 마찬가지로 성 성숙기에 성장을 시작한다. G. A. Lincoln, "Teeth, Horns and Antlers: The Weapons of Sex," in 『Differences Between the Sexes』, eds. R. V. Short and E. Balaban, (Cambridge: Cambridge University Press, 1994): 131-58; H. B. Silverman and M. J. Dunbar, "Aggressive Tusk Use by the Narwhal (Monodon monoceros L.)," 〈Nature 284〉(1980): 57-58; Edward Miller, "Walrus Ethology. I. The Social Role of Tusks and Applications of Multidimensional Scaling," 〈Canadian Journal of Zoology 53〉(1975): 590-613.

2. 이 책에서는 다루지 않지만, 딱정벌레와 일부 절지동물, 무기를 가진 여러 종의 공룡, 물고기, 유제류 등 많은 종의 암컷들도 무기를 만든다. 사실상 모든 암컷 무기는 수컷과 비슷하거나 더 작다. 연구 사례가 많지 않지만, 이들 암컷은 같은 종의 암컷과 싸울 때 뿔을 사용한다. 일반적으로 먹이 자원이나 새끼 보호를 위해 싸우는데, 그 예로 다음을 참조. N. Knowlton and B. D. Keller, "Symmetric Fights as a Measure of Escalation Potential in a Symbiotic, Territorial Snapping Shrimp," 〈Behavioral Ecology and Sociobiology 10〉(1982): 289-92; J. Berger and C. Cunningham, "Phenotypic Alterations, Evolutionarily Significant Structures, and Rhino Conservation," 〈Conservation Biology 8〉(1994): 833-40; V. O. Ezenwa and A. E. Jolles, "Horns Honestly Advertise Parasite Infection in Male and Female African Buffalo," 〈Animal Behaviour 75〉(2008): 2013-22. 암컷 무기의 진화와 관련한 성선택의 역할을 실험한 비교 연구가 있다. 연구 결과 성선택보다는 자연선택에 의해 무기가 진화했을 가능성이 매우 높다는 결론이 나왔다. T. M. Caro, C. M. Graham, C. J. Stoner, and M. M. Flores, "Correlates of Horn and Antler Shape in Bovids and Cervids," 〈Behaviorial Ecology and Sociobiology 55〉(2003): 32-41; J. Bro-Jørgensen, "Intensity of Sexual Selection Predicts Weapon Size in Male Bovids," 〈Evolution 61〉(2007): 1316-26. 다음 몇 가지 논문이 이 주제에 중점을 두

었다. C. Packer, "Sexual Dimorphism the Horns of African Antelopes," 〈Science 221〉(1983): 1191-93; R. A. Kiltie, "Evolution and Function of Horns and Horn-Like Organs in Female Ungulates," 〈Biological Journal of the Linnaean Society 24〉(1985): 299-320; S. C. Roberts, "The Evolution of Hornedness in Female Ruminants," 〈Behaviour 133〉(1996): 399-442. 그러나 암컷 무기를 가진 다수의 분류군이 아직 연구되지 않았으며, 기본적인 질문에 대한 답을 얻지 못한 상태다. 예를 들어 어떤 상황에서 암컷 무기가 진화하는가? 무기는 자연선택(예를 들어 포식자에 대한 방어용)으로 암수 모두에게서 발생하고, 그 후 수컷에게 무기가 신호용으로 계속 사용된 것인가? 아니면 이들 무기가 원래 수컷에게만 나타났는데, 특정한 상황에서 암컷에게도 선택된 것인가?

3. 이 실험은 다음 논문에 잘 묘사되어 있다. Douglas J. Emlen, Ian A. Warren, Annika Johns, Ian Dworkin, and Laura Corley Lavine, "A Mechanism of Extreme Growth and Reliable Signaling in Sexually Selected Ornaments and Weapons," 〈Science 337〉(2012): 860-64.

4. J. L. Tomkins, "Environmental and Genetic Determinants of the Male Forceps Length Dimorphism in the European Earwig Forficula auricularia. L.," 〈Behavioral Ecology and Sociobiology 47〉(1999): 1-8.

5. P. David, A. Hingle, D. Greig, A. Rutherford, A. Pomiankowski, and K. Fowler, "Male Sexual Ornament Size but Not Asymmetry Reflects Condition in Stalk-Eyed Flies," 〈Proceedings of the Royal Society of London, Series B 265〉(1998): 2211-16; R. J. Knell, A. Fruhauf, and K. A. Norris, "Conditional Expression of a Sexually Selected Trait in the Stalk-Eyed Fly Diasemopsis aethiopica," 〈Ecological Entomology 24〉(1999): 323-28.

6. F. E. French, L. C. McEwen, N. D. Magruder, R. H. Ingram, and R. W. Swift, "Nutrient Requirements for Growth and Antler Development in the White-Tailed Deer," 〈Journal of Wildlife Management 20〉(1956): 221-32; W. Leslie Robinette, C. Harold Baer, Richard E. Pillmore, and C. Edward Knittle, "Effects of Nutritional Change on Captive Mule Deer," 〈Journal of Wildlife Management 37〉(1974): 312-26.

7. 붉은사슴(기본적으로 유럽 엘크)의 뿔 성장 연구는, 뿔 성장이 영양과 어떤 관계가 있는가 하는 발달 메커니즘을 밝히기 위해 시작되었다. 그 결과 발견한 메커니즘은 우리가 쇠똥구리 뿔에서 관찰한 것과 놀랍도록 유사했다. 뿔의 생장점 세포는 인슐린(또는 인슐린과 유사한) 성장 인자 통로를 경유하는 신호에 민감하다. 세포 증식 속도를 조절하는 생리 메커니즘이 동물의 영양 상태에 좌우되는 것이다. 관련 연구로 다음을 참조. J. M. Suttie, I. D. Corson, P. D. Gluckman, and P. F. Fennessy, "Insulin-Like Growth Factor 1, Growth and

Body Composition in Red Deer Stags," 〈Animal Production 53〉(1991): 237-42; J. L. Elliott, J. M. Oldham, G. W. Asher, P. C. Molan, and J. J. Bass, "Effect of Testosterone on Binding of Insulin-Like Growth Factor-I (IGF-I) and IGF-II in Growing Antlers of Fallow Deer (*Dama dama*)," 〈Growth Regulation 6〉(1996): 214; J. R. Webster, I. D. Corson, R. P. Littlejohn, S. K. Martin, and J. M. Suttie, "The Roles of Photoperiod and Nutrition in the Seasonal Increases in Growth and Insulin-Like Growth factor-1 Secretion in Male Red Deer," 〈Animal Science 73〉(2001): 305-11.

8. P. Fandos, "Factors Affecting Horn Growth in Male Spanish Ibex (*Capra pyrenaica*)," 〈Mammalia 59〉(1995): 229-35; M. Giacometti, R. Willing, and C. Defila, "Ambient Temperature in Spring Affects Horn Growth in Male Alpine Ibexes," 〈Journal of Mammalogy 83〉(2002): 245-51.

9. M. Mulvey and J. M. Aho, "Parasitism and Mate Competition: Liver Flukes in White-Tailed Deer," 〈Oikos 66〉(1993): 187-92. 여러 연구에 따르면 기생충 때문에 뿔이 단순히 짧아지기보다는 뿔의 대칭성이 떨어지는 것으로 나타났다. 그 예로 다음을 참조. Ivar Folstad, Per Arne-berg, and Andrew J. Karte, "Antlers and Parasites," 〈Oecologia 105〉(1996): 556-58; Eystein Markusson and Ivar Folstad, "Reindeer Antlers: Visual Indicators of Individual Quality?" 〈Oecologia 110〉(1997): 501-7.

10. Ezenwa and Jolles, "Horns Honestly Advertise Parasite Infection," 2013-21.

11. B. W. Tucker, "On the Effects of an Epicaridan Parasite, *Gyge branchialis*, on *Upogebia littoralis*," 〈Quarterly Journal of Microscope Science 74〉(1930): 1-118; R. G. Hartnoll, "*Entionella monensis* sp. nov., an Entoniscis Parasite of the Crab *Eurynome aspera* (Pennant)," 〈Journal of the Marine Biology Association of the United Kingdom 39〉(1960): 101-7; T. Yamaguchi and H. Aratake, "Morphological Modifications Caused by *Sacculina polygenea* in *Hemigrapsus sanguineus* (De Haan) (Brachyura: Grapsidae)," 〈Crustacean Research 26〉(1997): 125-145; Mariappan, Balasundaram, and Schmitz, "Decapod Crustacean Chelipeds," 301-13.

12. 중세 기사의 무기와 갑옷 비용이 믿기지 않을 정도로 비쌌다는 것에 대한 논문이 많다. F. Kottenkamp, 『History of Chivalry and Ancient Armour』(London: Willis and Sotheran Publishers, 1857); G. Duby, 『Chivalrous Society』 trans. Cynthia Poston (Berkeley: University of California Press, 1977); R. L. O'Connell, 『Of Arms and Men: A History of War, Weapons, and Aggression』(Oxford: Oxford University Press, 1989); J. France, 『Western Warfare in the

Age of the Crusades』; 1000 – 1300 (Ithaca, NY: Cornell University Press, 1999); Constance Brittain Bouchard, 『Knights: In History and Legend』(Lane Cove, Australia: Global Book Publishing, 2009).

13. O'Connell, 『Of Arms and Men』; Bouchard, 『Knights』.

14. Bouchard, 『Knights』.

15. 위의 책.

16. Duby, 『Chivalrous Society』; O'Connell, 『Of Arms and Men』; France, 『Western Warfare in the Age of the Crusades』; Bouchard, 『Knights』.

17. 위의 책.

18. 위의 책.

19. 편차가 매우 큰 이 초가변성hypervariability은 성선택 무기와 장식 특유의 가장 뚜렷하고 과장된 특성이다. 이런 현상을 논의하는 논문으로는 다음을 참조. R. V. Alatalo, J. Höglund, and A. Lundberg, "Patterns of Variation in Tail Ornament Size in Birds," 〈Biological Journal of the Linnaean Society of London 34〉(1988): 363; S. Fitzpatrick, "Patterns of Morphometric Variation in Birds' Tails: Length, Shape and Variability," 〈Biological Journal of the Linnaean Society of London 62〉(1997): 145; J. J. Cuervo and A. P. Møller, "The Allometric Pattern of Sexually Size Dimorphic Feather Ornaments and Factors Affecting Allometry," 〈Journal of Evolutionary Biology 22〉(2009): 1503. 무기의 초가변성을 다룬 논문으로는 다음을 참조. H. Frederik Nijhout and Douglas J. Emlen, "The Development and Evolution of Exaggerated Morphologies in Insects," 〈Annual Review of Entomology 45〉(2000): 661–708; Astrid Kodric-Brown, Richard M. Sibly, and James H. Brown, "The Allometry of Ornaments and Weapons," 〈Proceedings of the National Academy of Sciences 103〉(2006): 8733–38; Douglas J. Emlen, "The Evolution of Animal Weapons," 〈Annual Review of Ecology, Evolution, and Systematics 39〉(2008): 387–413.

20. 동물들의 정직한 소통 신호의 특성을 파헤친 이론 모형이 많다. 성선택 무기와 장식에 관한 모형이 특히 그렇다. 그런 특성의 엄청난 다양성은 수컷들 사이의 미묘한 차이를 증폭시키게 된다는 점을 제안한 초기 모형으로 다음과 같은 논문이 있다. Oren Hasson, "Sexual Displays as Amplifiers: Practical Examples with an Emphasis on Feather Decorations," 〈Behavioral Ecology 2〉(1991): 189-97. 신호 이론에 대한 뛰어난 개관서이자 수컷의 우월함을 나타내는 정직한 신호 요소에 대한 개관서로 다음을 참조. John Maynard Smith and David Harper, 『Animal Signals』(Oxford: Oxford University Press, 2003); William A. Searcy

and Stephen Nowicki, 『The Evolution of Animal Communication: Reliability and Deception in Signaling Systems』(Princeton, NJ: Princeton University Press, 2010); Jack W. Bradbury and Sandra L. Vehrencamp, 『Principles of Animal Communication』, 2nd ed. (Sunderland, MA: Sinauer Associates, 2011).

21. 작고 열등한 수컷이 무기나 장식에 더 큰 대가를 치르게 되고, 그 결과 비용 효율이 크게 떨어진다고 결론지은 이론 모형 역시 많다. 예를 들어 다음을 참조. Astrid Kodric-Brown and Jim H. Brown, "Truth in Advertising: The Kinds of Traits Favored by Sexual Selection," 〈American Naturalist 124〉(1984): 309-23; Nadav Nur and Oren Hasson, "Phenotypic Plasticity and the Handicap Principle," 〈Journal of Theoretical Biology 110〉(1984): 275-98; David W. Zeh and Jeanne A. Zeh, "Condition-Dependent Sex Ornaments and Field Tests of Sexual-Selection Theory," 〈American Naturalist 132〉(1988): 454-59; Russell Bonduriansky and Troy Day, "The Evolution of Static Allometry in Sexually Selected Traits," 〈Evolution 57〉(2003): 2450-58; Kodric-Brown, Sibly, and Brown, "The Allometry of Ornaments and Weapons," 8733-38.

9. 억제력

1. 우리가 걸어 들어간 해변은 산타로사국립공원의 플라야 나랑호Playa Naranjo라는 곳이다.

2. 데빌피시 케이에서 존 크리스티John Christy가 연구한 박사 논문 두 건은 다음과 같다. J. H. Christy, "Adaptive Significance of Reproductive Cycles in the Fiddler Crab *Uca pugilator*: a Hypothesis," 〈Science 199〉(1978): 453-55; J. H. Christy, "Female Choice in the Resource-Defense Mating System of the Sand Fiddler Crab, *Uca pugilator*," 〈Behavioral Ecology and Sociobiology 12〉(1983): 169-80.

3. 여기에 설명된 특별한 상호작용은 "순차 평가sequential assessment"라고 한다. "평가는 언제 어떻게 진화하는가"를 모형화하기 위해 게임이론을 이용한 기초 논문으로 다음을 참조. J. Maynard Smith, "The Theory of Games and the Evolution of Animal Conflicts," 〈Journal of Theoretical Biology 47〉(1974): 209-21; G. A. Parker, "Assessment Strategy and the Evolution of Animal Conflicts," 〈Journal of Theoretical Biology 47〉(1974): 223-43; J. Maynard Smith and G. Parker, "The Logic of Asymmetric Contests," 〈Animal Behaviour 24〉(1976): 159-65; M. Enquist and O. Leimar, "Evolution of Fighting Behaviour: Decision Rules and Assessment

of Relative Strength," 〈Journal of Theoretical Biology 102〉(1983): 387-410. 평가의 유형을 비롯한 동물 신호에 관한 좀 더 최근의 개관서는 다음을 참조. J. Maynard Smith and D. Harper, 『Animal Signals』(Oxford: Oxford University Press, 2003); W. A. Searcy and S. Nowicki, 『Evolution of Animal Communication: Reliability and Deception in Signaling Systems』 (Princeton, NJ: Princeton University Press, 2010); J. W. Bradbury and S. L. Vehrencamp, 『Principles of Animal Communication』 2nd ed. (Sunderland, MA: Sinauer Associates, 2011).

4. 굴을 지키는 싸움에서 더 큰 집게발을 가진 수컷이 이긴다는 것을 입증한 연구는 수없이 많다. 예를 들면 다음을 참조. J. Crane, "Combat, Display and Ritualization in Fiddler Crabs (Ocypodidae, genus Uca)," 〈Philosophical Transactions of the Royal Society of London, Series B 251〉(1966): 459-72; G. W. Hyatt and M. Salmon, "Combat in the Fiddler Crabs Uca pugilator and U. pugnax: A Quantitative Analysis," 〈Behaviour 65〉(1978): 182-211; M. D. Jennions and P. R. Backwell, "Residency and Size Affect Fight Duration and Outcome in the Fiddler Crab Uca annulipes," 〈Biological Journal of the Linnean Society 57〉(1996): 293-306; A. E. Pratt, D. K. McLain, and G. R. Lathrop, "The Assessment Game in Sand Fiddler Crab Contests for Breeding Burrows," 〈Animal Behaviour 65〉(2003): 945-55. 스트레인 게이지 strain gauge를 이용한 재미있는 연구에서 제프 레빈턴Jeff Levinton과 마이클 저지Michael Judge는 더 큰 집게발을 가진 수컷이 더 강력한 폐쇄력(집게로 무는 힘)을 발휘한다는 것을 입증했다. J. S. Levinton and M. L. Judge, "The Relationship of Closing Force to Body Size for the Major Claw of Uca pugnax (Decapoda: Ocypodidae)," 〈Functional Ecology 7〉(1993): 339-45.

5. 굴을 두고 싸우는 것을 비롯한 농게 행동에 관한 묘사는 다음 논문들에 잘 나타나 있다. J. H. Christy, "Burrow Structure and Use in the Sand Fiddler Crab, Uca pugilator," 〈Animal Behaviour 30〉(1982): 687-94; Christy, "Female Choice in the Resource-Defense Mating System"; M. Salmon and G. W. Hyatt, "Spatial and Temporal Aspects of Reproduction in North Carolina Fiddler Crabs (Uca pugilator)," 〈Journal of Experimental Marine Biology and Ecology 70〉(1983): 21-43; J. Christy and M. Salmon, "Ecology and Evolution of Mating Systems of Fiddler Crabs (genus Uca)," 〈Biological Reviews〉(1984): 483-509.

6. 농게의 싸움 단계 묘사는 다음을 참조. Crane, "Combat, Display and Ritualization in Fiddler Crabs," 459-72; Hyatt and Salmon, "Combat in the Fiddler Crabs," 182-211; Jennions and Backwell, "Residency and Size Affect Fight Duration and Outcome in the Fiddler Crab Uca annulipes," 293-306.

7. Hyatt and Salmon, "Combat in the Fiddler Crabs," 182-211.

8. 위의 글.

9. 위의 글.

10. Maynard Smith, "Theory of Games and the Evolution of Animal Conflicts," 209-21; Parker, "Assessment Strategy and the Evolution of Animal Conflicts," 223-43; Smith and Parker, "Logic of Asymmetric Contests," 159-65; Enquist and Leimar, "Evolution of Fighting Behaviour," 387-410.

11. Takahisa Miyatake, "Territorial Mating Aggregation in the Bamboo Bug, *Notobitus meleagris*, Fabricius (Heteroptera: Coreidae)," 〈Journal of Ethology 13〉(1995): 185-89; Miyatake, "Multi-Male Mating Aggregation in *Notobitus meleagris* (Hemiptera: Coreidae)," 〈Annals of the Entomological Society of America 95〉(2002): 340-44. 허리노린재과의 다른 종의 경우 이와 비슷한 행동에 대한 묘사는 다음을 참조. Miyatake, "Male-Male Aggressive Behavior Is Changed by Body-Size Difference in the Leaf-Footed Plant Bug, *Leptoglossus australis*, Fabricius (Heteroptera, Coreidae)," 〈Journal of Ethology 11〉(1993): 63-65; Miyatake, "Functional Morphology of the Hind Legs as Weapons for Male Contests in *Leptoglossus australis* (Heteroptera: Coreidae)," 〈Journal of Insect Behavior 10〉(1997): 727-35; W. G. Eberhard, "Sexual Behavior of *Acanthocephala declivis guatemalana* (Hemiptera: Coreidae) and the Allo-metric Scaling of Their Modified Hind Legs," 〈Annals of the Entomological Society of America 91〉(1998): 863-71.

12. P. Bergeron, S. Grignolio, M. Apollonio, B. Shipley, and M. Festa-Bianchet, "Secondary Sexual Characters Signal Fighting Ability and Determine Social Rank in Alpine Ibex (*Capra ibex*)," 〈Behavioral Ecology and Sociobiology 64〉(2010): 1299-307.

13. C. Barrette and D. Vandal, "Sparring, Relative Antler Size, and Assessment in Male Caribou," 〈Behavioral Ecology and Sociobiology 26〉(1990): 383-87.

14. "평화의 역설paradox of peace"은 게임이론 평가 모형에 의해 예측된다. 이론적으로 완벽한 단서는 전면적인 평화를 불러오게 된다. 모든 분쟁이 전투 없이 관례적으로 해결되기 때문이다. 예를 들어 다음을 참조. G. Parker, "Assessment Strategy and the Evolution of Animal Conflicts," 〈Journal of Theoretical Biology 47〉(1974): 223-43.

15. 비용을 둘러싼 이야기를 여기서 보충하고 싶다. 특히 더 적은 자원을 지닌 개체의 비용이 더 비싸진다는 발언에 대해서 말이다. 이러한 개념은 대다수 동물 신호 모형의 필수 가정이고, 확실히 대부분은 그렇게 된다. 그러나 예외가 있다. 내가 이 책을 쓰고 있을 때, 내 실험실의 박사과정 학생인 에린 맥컬러프Erin McCullough는 우리가 연구하던 장수풍뎅이로 이 개

넘을 체계적으로 반박했다. 그녀의 연구는 현장을 동요시켰다. 나 자신을 비롯한 모든 사람이, 이 장수풍뎅이의 거대한 갈퀴형 뿔의 비용이 비싸다고 가정했기 때문이다. 어째서 안 그렇겠는가? 무기가 신체 길이의 3분의 2에 달하니 말이다. 게다가 육중한 갈퀴형 뿔이 얼굴 앞으로 쭉 뻗어 있다. 하지만 이런 뿔을 만드는 데 드는 비용이 놀랄 만큼 적은 것으로 밝혀졌다. 비행 시 뿔을 지녀서 드는 비용은 사실상 제로였다. 그녀의 연구에 관심이 있는 독자는 다음을 참조. E. L. McCullough, P. R. Weingarden, and D. J. Emlen, "Costs of Elaborate Weapons in a Rhinoceros Beetle: How Difficult Is It to Fly with a Big Horn?" 〈Behavioral Ecology 23〉(2012): 1042-48; E. L. McCullough and B. W. Tobalske, "Elaborate Horns in a Giant Rhinoceros Beetle Incur Negligible Aerodynamic Costs," 〈Proceedings of the Royal Society of London, Series B 280〉(2013): 1-5; E. L. McCullough and D. J. Emlen, "Evaluating Costs of a Sexually Selected Weapon: Big Horns at a Small Price," 〈Animal Behaviour 86〉(2013) 977-85.

16. 대부분의 관찰자들은 초기 단계의 싸움을 계산에 넣지 않는다. 너무 빨리 끝나 버리기 때문이다. 바레트Barrette와 밴들Vandal은 2년간 북미 순록을 연구하며 이를 포함시켰다. 1만 1,640건의 수컷들 상호작용 가운데 1만 332건이 초기 단계에서 끝났다. Barrette and Vandal, "Sparring, Relative Antler Size, and Assessment in Male Caribou," 383-87.

17. A. Berglund, A. Bisazza, and A. Pilastro, "Armaments and Ornaments: An Evolutionary Explanation of Traits of Dual Utility," 〈Biological Journal of the Linnean Society 58〉(1996): 385-99.

18. D. S. Pope, "Testing Function of Fiddler Crab Claw Waving by Manipulating Social Context," 〈Behavioral Ecology and Sociobiology 47〉(2000): 432-37; M. Murai and P. R. Y. Back-well, "A Conspicuous Courtship Signal in the Fiddler Crab Uca perplexa: Female Choice Based on Display Structure," 〈Behavioral Ecology and Sociobiology 60〉(2006): 736-41; D. K. McLain and A. E. Pratt, "Approach of Females to Magnified Reflections Indicates That Claw Size of Waving Fiddler Crabs Correlates with Signaling Effectiveness," 〈Journal of Experimental Marine Biology and Ecology 343〉(2007): 227-38.

19. T. Detto, "The Fiddler Crab Uca mjoebergi Uses Colour Vision in Mate Choice," 〈Proceedings of the Royal Society, Series B 274〉(2007): 2785-90.

20. Dietrich Burkhardt and Ingrid de la Motte, "Big 'Antlers' are Favoured: Female Choice in Stalk-Eyed Flies (Diptera, Insecta), Field Collected Harems and Laboratory Experiments," 〈Journal of Comparitive Physiology A 162〉(1988): 649-52; G. S. Wilkinson and P. R. Reillo, "Female Choice Response to Artificial Selection on an Exaggerated Male trait in a Stalk-Eyed

Fly," 〈Proceedings of the Royal Society of London. Series B 255〉(1994): 1-6; G. S. Wilkinson, H. Kahler, and R. H. Baker, "Evolution of Female Mating Preferences in Stalk-Eyed Flies," 〈Behavioral Ecology 9〉(1998): 525-33.

21. A. J. Moore and P. Wilson, "The Evolution of Sexually Dimorphic Earwig Forceps: Social Interactions Among Adults of the Toothed Earwig, *Vostox apicedentatus*," 〈Behavioral Ecology 4〉(1993): 40-48; J. L. Tomkins and L. W. Simmons, "Female Choice and Manipulations of Forceps Size and Symmetry in the Earwig *Forficula auricularia* L.," 〈Animal Behaviour 56〉(1998): 347-56.

22. A. Malo, E. R. S. Roldan, J. Garde, A. J. Soler, and M. Gomendio, "Antlers Honestly Advertise Sperm Production and Quality," 〈Proceedings of the Royal Society of London, Series B 272〉(2005): 149-57.

23. A. Balmford, A. M. Rosser, and S. D. Albon, "Correlates of Female Choice in Resource-Defending Antelope," 〈Behavioral Ecology and Sociobiology 31〉(1992): 107-14.

24. N. A. M. Rodger, 『The Command of the Ocean-A Naval History of Britain 1649-1815』(W. W. Norton, 2005).

25. O'Connell, 『Of Arms and Men: A History of War, Weapons, and Aggression』(Oxford: Oxford University Press, 1989); O'Connell, 『Soul of the Sword: An Illustrated History of Weaponry and Warfare from Prehistory to the Present』(New York: Free Press, 2002); R. Gardiner and B. Lavery, 『The Line of Battle: The Sailing Warship 1650-1840』(London: Conway Maritime Press, 2004).

26. Gardiner and Lavery, 『Line of Battle』.

27. O'Connell, 『Of Arms and Men』; O'Connell, 『Soul of the Sword』.

28. 위의 책.

29. Gardiner and Lavery, 『Line of Battle』.

30. 위의 책.

31. D. Miller and L. Peacock, 『Carriers: The Men and the Machines』(New York: Salamander Press, 1991).

32. Wikipedia, s.v. "Boeing F/A-18E/F Super Hornet."

33. Miller and Peacock, 『Carriers』.

10. 밀통과 속임수

1. D. J. Emlen, "Alternative Reproductive Tactics and Male-Dimorphism in the Horned Beetle *Onthophagus acuminatus* (Coleoptera: Scarabaeidae)," 〈Behavioral Ecology and Sociobiology 41〉(1997): 335-41.

2. 위의 글.

3. 작은 수컷이 뿔 성장을 포기한다는 사실 덕분에 뿔 발달과 관련한 발달 메커니즘을 연구할 특별한 기회가 주어졌다. 유전적으로 비슷한 수컷들을 기르면서 뿔 성장을 촉진하거나 억압하는 조건하에 둘 수 있다. 그런 다음 호르몬 수치와 세포 성장 패턴과 유전자 발현을 비교해 볼 수 있다. 뿔의 2형태성dimorphism은 곤충의 발달을 자세히 들여다볼 수 있는 드문 기회를 제공한다. 발달 호르몬이 뿔 성장을 어떻게 조절하는가를 실험한 논문으로 다음을 참조. D. J. Emlen and H. F. Nijhout, "Hormonal Control of Male Horn Length Dimorphism in the Dung Beetle *Onthophagus taurus* (Coleoptera: Scarabaeidae)," 〈Journal of Insect Physiology 45〉(1999): 45-53; D. J. Emlen and H. F. Nijhout, "Hormonal Control of Male Horn Length Dimorphism in *Onthophagus taurus* (Coleoptera: Scarabaeidae): A Second Critical Period of Sensitivity to Juvenile Hormone," 〈Journal of Insect Physiology 47〉(2001): 1045-54; A. P. Moczek and H. F. Nijhout, "Developmental Mechanisms of Threshold Evolution in a Polyphenic Beetle," 〈Evolution and Development 4〉(2002): 252-64. 쇠똥구리의 뿔 2형태성 진화를 조사한 비교 연구로는 다음을 참조. D. J. Emlen, J. Hunt, and L. W. Simmons, "Evolution of Sexual Dimorphism and Male Dimorphism in the Expression of Beetle Horns: Phylogenetic Evidence for Modularity, Evolutionary Lability, and Constraint," 〈American Naturalist 166〉(2005): S42-S68; 발달 중인 뿔의 유전자 발현 패턴을 조사한 좀 더 최근의 연구로는 다음을 참조. A. P. Moczek and L. M. Nagy, "Diverse Developmental Mechanisms Contribute to Different Levels of Diversity in Horned Beetles," 〈Evolution and Development 7〉(2005): 175-85; A. P. Moczek and D. J. Rose, "Differential Recruitment of Limb Patterning Genes During Development and Diversification of Beetle Horns," 〈Proceedings of the National Academy of Sciences 106〉(2009): 8992-97; T. Kijimoto, J. Costello, Z. Tang, A. P Moczek, and J. Andrews, "EST and Microarray Analysis of Horn Development in *Onthophagus* beetles," 〈BMC Genomics 10〉(2009): 504; E. C. Snell-Rood, A. Cash, M. V. Han, T. Kijimoto, J. Andrews, and A. P. Moczek, "Developmental Decoupling of Alternative Phenotypes: Insights From the Transcriptomes of Horn-Polyphenic Beetles," 〈Evolution 65〉(2011): 231-45.

4. A. P. Moczek and D. J. Emlen, "Male Horn Dimorphism in the Scarab Beetle, *Onthophagus taurus*: Do Alternative Reproductive Tactics Favour Alternative Phenotypes?" 〈Animal Behaviour 59〉(2000): 459-66; R. Madewell and A. P. Moczek, "Horn Possession Reduces Maneuverability in the Horn-Polyphenic Beetle, *Onthophagus nigriventris*," 〈Journal of Insect Science 6〉(2006): 21.

5. L. W. Simmons, J. L. Tomkins, and J. Hunt, "Sperm Competition Games Played by Dimorphic Male Beetles," 〈Proceedings of the Royal Society of London, Series B 266〉(1999): 145-50.

6. 동물의 대안적인 생식 전술에 대한 개요로는 다음을 참조. R. F. Oliveira, M. Taborsky, and H. J. Brockmann, eds., 『Alternative Reproductive Tactics: An Integrative Approach』 (Cambridge: Cambridge University Press, 2008).

7. J. T. Hogg and S. H. Forbes, "Mating in Bighorn Sheep: Frequent Male Reproduction via a High-Risk 'Unconventional' Tactic," 〈Behavioral Ecology and Sociobiology 41〉(1997): 33-48; D. W. Coltman, M. Festa-Bianchet, J. T. Jorgenson, and C. Strobeck, "Age-Dependent Sexual Selection in Bighorn Rams," 〈Proceedings of the Royal Society of London, Series B 269〉(2002): 165-72.

8. M. R. Gross and E. L. Charnov, "Alternative Male Life Histories in Bluegill Sunfish," 〈Proceedings of the National Academy of Sciences 77〉(1980): 6937-40; W. J. Dominey, "Maintenance of Female Mimicry as a Reproductive Strategy in Bluegill Sunfish (*Lepomis macrochirus*)," 〈Environmental Biology of Fishes 6〉(1981): 59-64; M. R. Gross, "Disruptive Selection for Alternative Life Histories in Salmon," 〈Nature 313〉(1985): 47-48; C. J. Foote, G. S. Brown, and C. C. Wood, "Spawning Success of Males Using Alternative Mating Tactics in Sockeye Salmon, *Oncorhynchus nerka*," 〈Canadian Journal of Fisheries and Aquatic Sciences 54〉(1997): 1785-95.

9. J. G. van Rhijn, "On the Maintenance and Origin of Alternative Strategies in the Ruff *Philomachus pugnax*," 〈Ibis 125〉(1983): 482-98; D. B. Lank, C. M. Smith, O. Hanotte, T. Burke, and F. Cooke, "Genetic Polymorphism for Alternative Mating Behaviour in Lekking Male Ruff *Philomachus pugnax*," 〈Nature 378〉(1995): 59-62.

10. J. Jukema and T. Piersma, "Permanent Female Mimics in a Lekking Shorebird," 〈Biology Letters 2〉(2006): 161-64.

11. 위의 글.

12. S. M. Shuster and M. J. Wade, "Female Copying and Sexual Selection in a Marine Isopod Crustacean, *Paracerceis sculpta*," 〈Animal Behaviour 41〉(1991): 1071-78; S. M. Shuster, "The Reproductive Behaviour of *a*-, *β*-, and *γ*-Male Morphs in *Paracerceis sculpta*, a Marine Isopod Crustacean," 〈Behaviour 121〉(1992): 231-58; S. M. Shuster and M. J. Wade, "Equal Mating Success Among Male Reproductive Strategies in a Marine Isopod," 〈Nature 350〉(1991): 608-10.

13. 위의 글.

14. R. T. Hanlon, M.-J. Naud, P. W. Shaw, J. T. Havenhand, "Behavioural Ecology: Transient Sexual Mimicry Leads to Fertilization," 〈Nature 433〉(2005): 212.

15. 위의 글.

16. Sun Tzu, 『The Art of War』, trans. Samuel B. Griffith (New York: Oxford University, 1963); Mark McNeilly, 『Sun Tzu and the Art of Modern Warfare』(Oxford: Oxford University Press, 2001).

17. Andrew Mack, "Why Big Nations Lose Small Wars: The Politics of Asymmetric Conflict," 〈World Politics 27〉(1975): 175-200; Ivan Arreguin-Toft, "How the Weak Win Wars: A Theory of Asymmetric Conflict," 〈International Security 26〉(2001): 93-128.

18. 위의 글.

19. 위의 글.

20. Raphael Perl and Ronald O'Rourke, "Terrorist Attack on USS Cole: Background and Issues for Congress" in 『Emerging Technologies: Recommendations for Counter-Terrorism』, eds. Joseph Rosen and Charles Lucey (Hanover NH: Institute for Security Technology Studies, Dartmouth University, 2001): 52-58.

21. Trevor N. Dupuy, 『The Evolution of Weapons and Warfare』(New York: Dacapo Press, 1984).

22. Brian Mazanec, "The Art of (Cyber) War," 〈Journal of International Security Affairs 16〉(2009): 3-19; Fritz, "How China Will Use Cyber Warfare to Leapfrog in Military Competitiveness," 28-80.

23. 위의 글.

24. Mark Clayton, "Chinese Cyberattacks Hit Key US Weapons Systems: Are They Still Reliable?" 〈Christian Science Monitor〉(May 28, 2013); Ewen MacAskill, "Obama to Confront Chinese President Over Spate of Cyber-Attacks on US," 〈Guardian〉(May 28, 2013); Jason

Fritz, "How China Will Use Cyber Warfare to Leapfrog in Military Competitiveness," 〈Culture Mandala: The Bulletin of the Centre for East-West Cultural and Economic Studies 8〉(2008): 28-80.

25. 위의 글.

26. Leyla Bilge and Tudor Dumitras, "Before We Knew it: An Empirical Study of Zero-Day Attacks in the Real World," 〈Proceedings of the 2012 ACM Conference on Computer and Communications Security〉(2012) 833-44.

11. 경쟁의 끝

1. F. Kottenkamp, 『History of Chivalry and Ancient Armour』(London: Willis and Sotheran Publishers, 1857); G. Duby, 『Chivalrous Society』 trans. Cynthia Poston (Berkeley: University of California Press, 1977); R. L. O'Connell, 『Of Arms and Men: A History of War, Weapons, and Aggression』(Oxford: Oxford University Press, 1989); J. France, 『Western Warfare in the Age of the Crusades』. 1000-1300 (Ithaca, NY: Cornell University Press, 1999).

2. Trevor N. Dupuy, 『Evolution of Weapons and Warfare』(New York: Da Capo Press, 1984).

3. 위의 책.

4. 위의 책.

5. Dupuy, 『Evolution of Weapons and Warfare』; O'Connell, 『Of Arms and Men』; R. L. O'Connell, 『Soul of the Sword: An Illustrated History of Weaponry and Warfare from Prehistory to the Present』 (New York: Th e Free Press, 2002).

6. 위의 책.

7. 위의 책.

8. 위의 책.

9. 위의 책.

10. 트레버 듀푸이Trevor Dupuy는 그의 책 『무기와 전쟁의 진화The Evolution of Weapons and Warfare』에서 크레시 전투를 훌륭하게 개관하고 있다. 이 전투에 대한 좀 더 포괄적인 기술은 다음을 참조. Henri de Wailly, 『Crécy 1346: Anatomy of a Battle』(Poole, NY: Blandford Press, 1987); A. Ayton, P. Preston, F. Autrand, and B. Schnerb, 『The Battle of Crécy, 1346』(Woodbridge,

Suffolk, UK: Boydell Press, 2005).

11. 위의 책.

12. 위의 책.

13. 아쟁쿠르 전투를 군인의 관점에서 생생하게 묘사한 책으로 다음을 참조. John Keegan, 『The Face of Battle: A study of Agincourt, Waterloo, and the Somme』(London: Penguin, 1983). 이 전투에 대한 좀 더 포괄적인 기술은 다음을 참조. J. Barker, 『Agincourt: The King, the Campaign, the Battle』(London: Little Brown, 2005); A. Curry, 『Agincourt: A New History』 (London: Tempus Publishing, 2005).

14. Dupuy, 『Evolution of Weapons and Warfare』; O'Connell, 『Of Arms and Men』; O'Connell, 『Soul of the Sword』.

15. 극한 무기 선택의 힘과 본질을 실제로 측정한 연구는 놀랍도록 드물다. 너무 힘든 노동 집약적 연구이기 때문이다. 그런데도 그런 연구를 해낸 이들은, 무기가 커질수록 수 컷의 성공률이 어느 정도까지는 상승하다가 그걸 넘어서면 성공률이 떨어지기 시작한다 는 것을 종종 발견한다. 아주 큰 최강의 무기를 가진 수컷은 살짝 더 작은 무기를 가진 수컷 보다 못한 경향을 보이는 것이다. 누구보다 더 큰 무기를 가진 수컷이 가장 크게 성공한다 면, 선택은 끝없이 극한을 향해 치닫게 될 것이다. 가장 큰 수컷이 실은 살짝 더 못하다는 사 실은 이들 모집단의 선택이 안정화되고 있음을 보여 준다. 또한 모집단이 균형점에 있거 나 근접했다는 것을 시사한다. 이러한 유형의 선택의 예는 앞장다리하늘소와 단각류 갑각 강 동물(가재, 새우 등-옮긴이), 붉은사슴 등에서 발견할 수 있다. D. W. Zeh, J. A. Zeh, and G. Tavakilian, "Sexual Selection and Sexual Dimorphism in the Harlequin Beetle *Acrocinus longimanus*," 〈Biotropica〉(2002): 86-96; G. A. Wellborn, "Selection on a Sexually Dimorphic Trait in Ecotypes Within the *Hyalella azteca* Species Complex (Amphipoda: Hyalellidae)," 〈American Midland Naturalist 143〉(2000): 212-25; L. E. B. Kruuk, J. Slate, J. M. Pemberton, S. Brotherstone, F. Guinness, and T. Clutton-Brock, "Antler Size in Red Deer: Heritability and Selection but no Evolution," 〈Evolution 56〉(2002): 1683-95.

16. 저자가 본문에서 암시한 것과 같은 기초 방정식을 써 보면, 큰 무기를 가짐으로써 얻 는 이득(B), 곧 그들이 지킨 암컷이 낳은 자식은, 무기 생산과 유지, 싸움 비용(C)으로 상쇄된 다. 그런데 B-C 〉0일 경우, 더 큰 무기의 진화를 추진하는 쪽으로 선택이 이루어진다. 입증되 지 않은 것은, 수컷이 방어한 암컷이 해당 수컷의 정자를 100퍼센트 수정한다는 우리의 가정 이다. (1×B)-C 〉0 말이다. 속임수를 쓰는 수컷들이 지배자 수컷의 보상을 잠식하므로, 수정 된 것의 전부가 아닌 일부만 지배자 수컷의 자식이다. 수정된 것의 4분의 1을 밀통한 수컷의

몫이라고 가정하면 새로운 방정식은 이렇게 된다. (0.75×B)-C〉0 큰 무기의 이득은 도둑맞은 수정 비율만큼 감소되는 것이다(1-0.25=0.75). 속임수가 충분히 이루어진 어느 시점에서는 실험된 이득이 더 이상 비용을 초과하지 않을 만큼 낮을 수 있다. 암컷을 지키는 데 가장 성공한 수컷이라도 말이다.

17. R. Moen, J. Pastor, and Y. Cohen, "Antler Growth and Extinction of Irish Elk," 〈Evolutionary Ecology Research 1〉(1999): 235-49.

18. 위의 글.

19. R. Baker and G. Wilkinson, "Phylogenetic Analysis of Sexual Dimorphism and Eye Stalk Allometry in Stalk-Eyed Flies (Diopsidae)," 〈Evolution 55〉(2001): 1373-85; M. Kotrba, "Baltic Amber Fossils Reveal Early Evolution of Sexual Dimorphism in Stalk-Eyed Flies (Diptera: Diopsidae)," 〈Organisms, Diversity and Evolution 2004〉(2004): 265-75.

20. T. Hosoya and K. Araya, "Phylogeny of Japanese Stag Beetles (Coleoptera: Lucanidae) Inferred from 16s mtrRNA Gene Sequences, with References to the Evolution of Sexual Dimorphism of Mandibles," 〈Zoological Science 22〉(2005): 1305-18.

21. M. Tabana and N. Okuda, "Notes on *Nicagus japonicus* Nagel," 〈Gekkan-Mushi 292〉 (1992): 17-21; K. Katovich and N. L. Kriska, "Description of the Larva of *Nicagus obscurus* (LeConte) (Coleoptera: Lucanidae: Nicaginae), with Comments on Its Position in Lucanidae and Notes on Adult Habitat," 〈Coleopterists Bulletin 56〉(2002): 253-58.

22. D. J. Emlen, J. Marangelo, B. Ball, and C. W. Cunningham, "Diversity in the Weapons of Sexual Selection: Horn Evolution in the Beetle Genus *Onthophagus* (Coleoptera: Scarabaeidae)," 〈Evolution 59〉(2005): 1060-84.

23. T. M. Caro, C. M. Graham, C. J. Stoner, and M. M. Flores, "Correlates of Horn and Antler Shape in Bovids and Cervids," 〈Behaviorial Ecology and Sociobiology 55〉(2003): 32-41; J. Bro-Jørgensen, "The Intensity of Sexual Selection Predicts Weapon Size in Male Bovids," 〈Evolution 61〉(2007): 1316-26.

24. J. L. Coggeshall, "The Fireship and Its Role in the Royal Navy" (dissertation, Texas A&M University, 1997); P. Kirsch, 『Fireship: The Terror Weapon of the Age of Sail』, trans. John Harland (Barnsley, UK: Seaforth Publishing, 2009).

25. O'Connell, 『Of Arms and Men』; Coggeshall, "The Fireship and Its Role in the Royal Navy"; O'Connell, 『Soul of the Sword』; R. Gardiner and B. Lavery, 『The Line of Battle: The Sailing Warship 1650-1840』(London Conway Maritime Press, 2004); Kirsch, 『Fireship』.

26. 위의 책.

27. 제임스 코게샬James Coggeshall은 그의 박사 논문 〈영국 해군의 화선과 그 역할The Fireship and Its Role in the Royal Navy〉에서 영국 함대가 스페인 함대를 공격했을 때의 화선의 역할을 멋지게 기술하고 있다. 이 전투를 좀 더 철저히 다룬 자료로는 다음을 참조. Michael Lewis, 『The Spanish Armada』(New York: T. Y. Crowell, 1968); Colin Martin and Geoffrey Parker, 『The Spanish Armada』(New York: Penguin Books, 1999).

28. O'Connell, 『Of Arms and Men』; Coggeshall, "Fireship and Its Role in the Royal Navy"; O'Connell, 『Soul of the Sword』; Gardiner and Lavery, 『Line of Battle』; Robert Jackson, 『Sea Warfare: From World War I to the Present』(San Diego: Thunder Bay Press, 2008).

29. Gardiner and Lavery, 『Line of Battle』.

30. O'Connell, 『Of Arms and Men』; O'Connell, 『Sacred Vessels: The Cult of the Battleship and the Rise of the U.S. Navy』(Oxford: Oxford University Press, 1991); O'Connell, 『Soul of the Sword』; Gardiner and Lavery, 『Line of Battle』; Jackson, 『Sea Warfare』.

31. O'Connell, 『Of Arms and Men』; O'Connell, 『Sacred Vessels』; O'Connell, 『Soul of the Sword』; R. K. Massie, 『Dreadnought: Britain, Germany, and the Coming of the Great War』(New York: Random House, 2007); Massie, 『Castles of Steel: Britain, Germany and the Winning of the Great War at Sea』(New York: Random House, 2008).

32. 위의 책.

33. 위의 책.

34. 위의 책.

35. 위의 책.

36. Massie, 『Dreadnought』; Massie, 『Castles of Steel』; Jackson, 『Sea Warfare』.

37. 위의 책.

38. Jackson, 『Sea Warfare』.

39. 위의 책.

40. 위의 책.

41. 위의 책.

42. Tony Bridgland, 『Sea Killers in Disguise: The Story of the Q-Ships and Decoy Ships in the First World War』(Annapolis, MD: Naval Institute Press, 1999).

43. 위의 책.

44. Jackson, 『Sea Warfare』.

45. 위의 책.

12. 모래와 돌의 성

1. 아프리카 군대개미, 곧 시아푸의 생물학에 대한 뛰어난 논문으로 다음을 참조. W. H. Got-wald, Jr., 『The Army Ants: The Biology of Social Predation』(Ithaca, NY: Cornell University Press, 1995); B. Hölldobler and Edward O. Wilson, 『The Ants』(Cambridge, MA: Belknap Press of Harvard University Press, 1990). 생생하고 가독성 높은 개미 전쟁에 대한 이 야기로는 다음 책과 논문을 추천한다. Mark Moffett, 『Adventures Among Ants: A Global Safari with A Cast of Trillions』(Berkeley, University of California Press, 2010), and "Ants and The Art of War," 〈Scientific American〉(December 2011), 84-9.

2. Hölldobler and Wilson, 『Ants』.

3. Caspar Schöning and Mark W. Moffett, "Driver Ants Invading a Termite Nest: Why Do the Most Catholic Predators of All Seldom Take This Abundant Prey?" 〈Biotropica 39〉(2007): 663-67.

4. W. H. Gotwald, Jr., "Predatory Behavior and Food Preferences of Driver Ants in Selected African Habitats," 〈Annals of the Entomological Society of America 67〉(1974): 877-86; Gotwald, 『Army Ants』.

5. 흰개미 생물학에 대한 포괄적인 저서로 다음 책을 강력 추천한다. Takuya Abe, David Edward Bignell, and Masahiko Higashi, 『Termites: Evolution, Sociality, Symbioses, Ecology』(Boston: Kluwer Academic Publishers, 2000); David Edward Bignell, Yves Roi-sin, and Nathan Lo, 『The Biology of Termites: A Modern Synthesis』(New York: Springer, 2011).

6. Johanna P. E. C. Darlington, "Populations in Nests of the Termite *Macrotermes subhyalinus* in Kenya," 〈Insectes Sociaux 37〉(1990): 158-68.

7. Charles Noirot and Johanna P. E. C. Darlington, "Termite Nests: Architecture, Regulation, and Defence," chap. 6 in Abe, Bignell, and Higashi, 『Termites』; Judith Korb, "Termite Mound Architecture, from Function to Construction," chap. 13 in Bignell, Roisin, and Lo, 『Biology of Termites』.

8. 요새화의 역사는 다음 책들에 잘 기술되어 있다. Sidney Toy, 『Castles: Their Construction and History』(New York: Dover, 1984); Martin Brice, 『Stronghold: A History

of Military Architecture』(New York: Schocken Books, 1985); J. E. Kaufmann and H. W. Kaufmann, 『The Medieval Fortress: Castles, Forts, and Walled Cities of the Middle Ages』(Cambridge, MA: Da Capo Press, 2001); Harold Skaarup, 『Siegecraft: No Fortress Impregnable』(New York: iUniverse, 2003); Charles Stephenson, 『Castles: A History of Fortified Structures, Ancient, Medieval, and Modern』(New York: St. Martin's Press, 2011).

9. 위의 책.

10. 위의 책.

11. 위의 책.

12. 라기스와 공성에 대한 묘사는 다음 논문과 책에서 찾아볼 수 있다. R. D. Barnett, "The Siege of Lachish," 〈Israel Exploration Journal 8〉(1958): 161-64; David Ussishkin, "The 'Lachish Reliefs' and the City of Lachish," 〈Israel Exploration Journal 30〉(1980): 174-95; Kelly Devries, Martin J. Dougherty, Iain Dickie, Phyllis G. Jestice, and Rob S. Rice, 『Battles of the Ancient World, 1285 BC-AD 451, from Kadesh to Catalaunian Field』(New York: Metro Books, 2007); Smithsonian, 『Military History: The Definitive Visual Guide to Objects of Warfare』(New York: DK Press, 2012).

13. 위의 책.

14. 위의 책.

15. 아시리아 군대와 포위 공격 전술에 대한 묘사는 다음을 참조. Devries et al., 『Battles of the Ancient World; Smithsonian, Military History』.

16. 위의 책.

17. Devries et al., 『Battles of the Ancient World』.

18. Devries et al., 『Battles of the Ancient World』; Smithsonian, 『Military History』.

19. 위의 책.

20. Skaarup, 『Siegecraft』; Devries et al., 『Battles of the Ancient World』; Stephenson, 『Castles』; Smithsonian, 『Military History』.

21. Stephenson, 『Castles』.

22. 란체스터의 선형과 제곱 법칙의 논리는 제6장에서 자세히 다루었다. 카스파어 쇠닝 Caspar Schöning과 마크 모펫Mark Moffett은 그들의 다음 논문에서 란체스터의 법칙과 관련된 굴의 역할을 다루고 있다. "Driver Ants Invading a Termite Nest," 663-67.

23. 카스파어 쇠닝과 마크 모펫은 그날 흰개미 토루를 무엇이 열었는지 알아내지 못했지만, 땅돼지가 그랬을 가능성이 가장 높다. 분명 땅돼지는 이 지역에서 토루 벽을 부술 수 있

는 주요 흰개미 포식자다. 그리고 땅돼지가 파괴한 벽은 복구될 때까지 시아푸의 공격에 취약하다.

24. 이런 비교를 한 것은 내가 최초가 아니다. 무기를 비롯한 인간과 동물 도구 디자인의 유사성에 대한 재미난 초기 설명이 다음 논문에 나온다. J. G. Wood, 『Nature's Teachings: Human Invention Anticipated by Nature』(London: William Glaisher, High Holborn, 1903). 인간과 동물의 무기에 대한 좀 더 엄밀하고 현대적인 대조를 한 것으로 로버트 오코넬의 훌륭한 다음 두 저서가 있다. Robert O'Connell, 『Of Arms and Men: A History of War, Weapons and Aggression』(Oxford: Oxford University Press, 1989), 『The Soul of the Sword: An Illustrated History of Weaponry and Warfare from Prehistory to the Present』(New York: The Free Press, 2002).

25. 내가 강조하고자 하는 것은, 뿔의 복제가 엘크 수컷—대립유전자를 후세에 전하는 데 성공한 수컷—의 번식과 관련되어 있다는 것이다. 그러나 자세히 들어가면 좀 더 복잡하다. 후손의 뿔에 영향을 미치는 대립유전자는 수컷만이 아닌 부모 양쪽으로부터 받기 때문이다. 암컷과 수컷은 각자 엘크 게놈 전체를 지니고 있다. 즉, 뿔 성장에 중요한 유전자가 암컷에서는 발현되지 않더라도(암컷은 뿔이 자라지 않으니까), 암컷의 난자에는 그래도 그 유전자가 포함되어 후손에게 전달되는 것이다. 따라서 아들의 뿔은 부모 양쪽으로부터 물려받은 대립유전자 조합으로 이루어진 것이다.

26. 문화적 진화를 생물학적 진화와 비교하는 것에 대한 찬반 논의를 한 저자가 많다. 내가 보기에 최고로 여겨지는 저술을 언급하면, 우선 고전적인 예로 다음 저술이 있다. Luigi Luca Cavalli-Sforza and Marcus J. Feldman, 『Cultural Transmission and Evolution: A Quantitative Approach』(Princeton, NJ: Princeton University Press, 1981). 이 주제에 관한 좀 더 최근의 포괄적인 저술로는 다음 책이 있다. Linda Stone, Paul F. Lurquin, and Luigi Luca Cavalli-Sforza, 『Genes, Culture, and Human Evolution: A Synthesis』(Malden, MA: Blackwell, 2006). 내가 좋아하는 생물학자 가운데 한 명인 존 테일러 보너John Tyler Bonner는 다음과 같은 그의 책에서 비인간 동물의 문화 진화를 조사했다. 『The Evolution of Culture in Animals』(Princeton, NJ: Princeton University Press, 1983). 또한 다음 논문들을 추천한다. Paul C. Mundinger, "Animal Cultures and a General Theory of Cultural Evolution," ⟨Ethology and Sociobiology 1⟩ (1980): 183-223; Jelmer W. Erkins and Carl P. Lipo, "Cultural Transmission, Copying Errors, and the Generation of Variation in Material Culture and the Archaeological Record," ⟨Journal of Anthropological Archaeology 24⟩(2005): 316-34; Ruth Mace and Claire J. Holden, "A Phylogenetic Approach to Cultural Evolution," ⟨Trends in Ecology and Evolution 20⟩(2005):

116-21; Ilya Tëmkin and Niles Eldridge, "Phylogenetics and Material Cultural Evolution," 〈Current Anthropology 48〉(2007): 146-54. 마지막으로 문화적 특성의 진화에 관한 계통 발생적 연구 중에서 내가 좋아하는 것으로 다음 논문들을 추천한다. Thomas E. Currie, Simon J. Greenhill, Russell D. Gray, Toshikazu Hasegawa, and Ruth Mace, "Rise and Fall of Political Complexity in Island South East Asia and the Pacific," 〈Nature 467〉(2010): 801-4; Jared Diamond and Peter Bellwood, "Farmers and Their Languages: The first Expansions," 〈Science 300〉(2011): 597-603; Remco Bouckaert, Philippe Lemey, Michael Dunn, Simon J. Greenhill, Alexander V. Alekseyenko, Alexei J. Drummond, Russell D. Gray, Marc A. Suchard, and Quentin D. Atkinson, "Mapping the Origins and Expansion of the Indo-European Language Family," 〈Science 337〉(2012): 957-60.

27. J. G. 우드Wood 목사는 동물의 구조물에 관해 재미난 다음 책을 썼다. 『Homes Without Hands: Being a Description of the Habitations of Animals, Classed According to Their Principle of Construction』(New York: D. Appleton, 1866). 동물의 구조물에 관한 좀 더 최근의 논문들을 꼽으면 다음과 같다. Karl von Frisch, 『Animal Architecture』(New York: Harcourt Press, 1974); Richard Dawkins, 『The Extended Phenotype: The Gene as Unit of Selection』(Oxford: Oxford University Press, 1984); Richard Dawkins, 『The Extended Phenotype: The Long Reach of the Gene』(Oxford: Oxford University Press, 1999); J. Scott Turner, 『The Extended Organism: The Physiology of Animal-Built Structures』(Cambridge, MA: Harvard University Press, 2002); Mike Hansell, 『Built by Animals: The Natural History of Animal Architecture』(Oxford: Oxford University Press, 2007).

28. "수평적 유전자 이동horizontal gene transfer"이라고 불리는 것을 다룬 논문의 예로 다음을 꼽을 수 있다. Y. I. Wolf, I. B. Rogozin, N. V. Grishin, and E. V. Kooni, "Genome Trees and the Tree of Life," 〈Trends in Genetics 18〉(2002): 472-79; E. Bapteste, Y. Boucher, J. Leigh, and W. F. Doolittle, "Phylogenetic Reconstruction and Lateral Gene Transfer," 〈Trends in Microbiology 12〉(2004): 406-11; J. O. Anderson, "Lateral Gene Transfer in Eukaryotes," 〈Cellular and Molecular Life Sciences 62〉(2005): 1182-97; Aaron O. Richardson and Jeffrey D. Palmer, "Horizontal Gene Transfer in Plants," 〈Journal of Experimental Botany 58〉(2007): 1-9; E. Bapteste and R. M. Burian, "On the Need for Integrative Phylogenomics, and Some Steps Toward Its Creation," 〈Biology and Philosophy 25〉(2010): 711-36.

29. Daniel N. Frank and Norman R. Pace, "Gastrointestinal Microbiology Enters the Metagenomics Era," 〈Current Opinion in Gastroenterology 24〉(2008): 4-10.

30. Terrence M. Tumpey, Christopher F. Basler, Patricia V. Aguilar, Hui Zeng, Alicia Solórzano, David E. Swayne, Nancy J. Cox, Jacqueline M. Katz, Jeffery K. Taubenberger, Peter Palese, and Adolfo García-Sastre, "Characterization of the Reconstructed 1918 Spanish Influenza Pandemic Virus," 〈Science 310〉(2005): 77-80; Gavin J. D. Smith, Dhanasekaran Vijaykrishna, Justin Bahl, Samantha J. Lycett, Michael Worobey, Oliver G. Pybus, Siu Kit Ma, Chung Lam Cheung, Jayna Raghwani, Samir Bhatt, J. S. Malik Peiris, Yi Guan, and Andrew Rambaut, "Origins and Evolutionary Genomics of the 2009 Swine-Origin H1N1 Influenza A Epidemic," 〈Nature 459〉(2009): 1122-25.

31. 찰스 오프리아Charles Ofria, 크리스 아다미Chris Adami, 티터스 브라운Titus Brown은 "아비다 Avida"라고 불리는 진화생물학 연구용 소프트웨어 플랫폼을 개발했다. 이 플랫폼은 연구와 교육 모두에 대단히 유익한 것으로 입증되었다. 아비다는 디지털 "게놈genomes"을 포함한 유닛을 자기복제함으로써, 디지털 유기체라는 가상의 모집단을 모의실험한다. 이 게놈은 디지털 "신체bodies"를 구성하는 데 쓰인다. 이들은 또한 코드를 복제하면서 이따금 무작위 에러─디지털 변종─를 섞어 넣기도 한다. 그러면 디지털 유기체가 모의실험 환경에서 경쟁을 하고, 이후 모집단이 진화한다. 찰스 오프리아와 리처드 렌스키는 미시건주립대학 디지털진화실험실(http://devolab.msu.edu/)을 운영하고 있다. 그리고 최근 이안 도킨Ian Dworkin과 그의 학생 중 한 명이 아비다 플랫폼을 이용해 성선택 이론의 필수 요소를 실험한 흥미로운 논문을 냈다. Christopher Chandler, Charles Ofria, and Ian Dworkin, "Runaway Sexual Selection Leads to Good Genes," 〈Evolution 67〉(2012): 110-19. 아비다 체계는 DNA와 무관하게 진화하기 때문에 진화생물학의 핵심 원리를 검증하는 획기적인 수단을 제공한다. 아비다는 또한 진화적 변화를 촉진하는 정보 전달 수단으로써 DNA가 어쨌든 "특별하다"는 환상을 깨뜨렸다.

32. 돌연변이의 무작위성은 많은 이들을 혼란케 했다. 그것은 진화 또한 무작위라는 것을 함축하기 때문이다. (만일 진화가 무작위라면, 절묘한 적응을 어떻게 설명한단 말인가?) 혼란을 극복하는 비결은 변이의 원천─진화에 필요한 원료가 유래하는 곳─과 이 변이의 결과의 차이를 인식하는 데 있다. 자연선택은 무작위한 것이 아니다. 유용한 무기는 유지되고 강화되는 반면, 그렇지 못한 무기는 도태되는데, 이는 결코 우연이 아니다. 충분한 시간이 주어지고 충분한 변이가 이루어진다면, 자연선택은 무작위가 아닌 방향으로 무기의 진화를 추진할 것이다. 결과적으로 새로운 돌연변이는 무작위적이지만, 이후 모집단에서 전개되는 진화는 무작위적이 아니다.

33. 특히 AK-47의 성공사를 비롯해, 돌격 소총의 역사에 관해 일독할 만한 포괄적인 논문으로 다음 책을 꼽을 수 있다. C. J. Chivers in his book 『The Gun』(New York: Simon and

Schuster, 2011).

34. 위의 책.

35. Vernon L. Scarborough, Matthew E. Becher, Jeffrey L. Baker, Garry Harris, and Fred Valdez, Jr., "Water and Land Use at the Ancient Maya Community of La Milpa," 〈Latin American Antiquity 6〉(1995): 98-119; N. Hammond, G. Tourtellot, S. Donaghey, and A. Clarke, "Survey and Excavation at La Milpa, Belize," 〈Mexicon 18〉(1996): 86-91; Gregory Zaro and Brett Houk, "The Growth and Decline of the Ancient Maya City of La Milpa, Belize: New Data and New Perspectives from the Southern Plazas," 〈Ancient Mesoamerica 23〉(2012): 143-59.

36. David Webster, "The Not so Peaceful Civilization: A Review of Maya War," 〈Journal of World Prehistory 14〉(2000): 65-119; Elizabeth Arkush and Charles Stanish, "Interpreting Conflict in the Ancient Andes: Implications for the Archaeology of Warfare," 〈Current Anthropology 46〉(2005): 3-28; Marisol Cortes Rincon, "A Comparative Study of Fortification Developments Throughout the Maya Region and Implications of Warfare" (Dissertation, University of Texas, Austin, 2007).

37. 가파른 안데스산맥에서 많은 도시가 전통적인 벽 대신에 테라스를 썼는데, 본질적으로 두 가지는 그 효과가 동일했다. 잉카와 마야의 요새화에 대한 설명은 다음을 참조. David Webster, "Lowland Maya Fortifications," 〈Proceedings of the American Philosophical Society 120〉(1976): 361-71; H. W. Kaufmann and J. E. Kaufmann, 『Fortifications of the Incas, 1200-1531』(Oxford: Osprey Publishing, 2006); Rincon, "Comparative Study of Fortification Developments."

38. 초기 요새화의 특징과 세계적인 초기 사례에 대한 개관으로 다음 논문을 강력 추천한다. Lawrence H. Keeley, Marisa Fontana, and Russell Quick, "Baffles and Bastions: The Universal Features of Fortifications," 〈Journal of Archaeological Research 15〉(2007): 55-95. 내가 언급한 것에 대한 좀 더 구체적인 사례는 다음을 참조. James A. Tuck, 『Onondaga Iroquois Prehistory: A Study in Settlement Archaeology』(Syracuse, NY: Syracuse University Press, 1971); Merrick Posnansky and Christopher R. Decorse, "Historical Archaeology in Sub-Saharan Africa—A Review," 〈Historical Archaeology 20〉(1986): 1-14; G. Connah, "Contained Communities in Tropical Africa," in 『City Walls』, ed. J. Tracy (Cambridge: Cambridge University Press, 2000): 19-45.

39. 포위 공격 무기의 발달에 대응한 요새화의 진화에 대한 설명은 다음 책들에 잘 설명되

어 있다. Toy, 『Castles』; Brice, 『Stronghold』; Kaufmann and Kaufmann, 『Medieval Fortress』; Skaarup, 『Siegecraft』; Stephenson, 『Castles』.

40. 위의 책.

41. 위의 책.

42. 위의 책.

43. Duncan B. Campbell, 『Greek and Roman Siege Machinery 399 BC-AD 363』(Oxford: Osprey Publishing, 2003).

44. Toy, 『Castles』; Brice, 『Stronghold』; Kaufmann and Kaufmann, 『Medieval Fortress』; Skaarup, 『Siegecraft』; Stephenson, 『Castles』.

45. Skaarup, 『Siegecraft』.

46. Toy, 『Castles』; Brice, 『Stronghold』.

47. 위의 책.

48. René Chartrand, 『The Forts of Colonial North America: British, Dutch and Swedish Colonies』(Oxford: Osprey Publishing, 2011).

49. Ron Field, 『Forts of the American Frontier 1820-91: Central and Northern Plains』 (Oxford: Osprey Publishing, 2005).

50. Brice, 『Stronghold』; Skaarup, 『Siegecraft』.

51. 제2차 세계대전 중에 일본군이 태평양의 섬에 만든 굴에 대한 개관은 다음 책 참고. Gordon L. Rottman, 『Japanese Pacific Island Defenses 1941-45』(Oxford: Osprey Publishing, 2003).

52. Mir Bahmanyar, 『Afghanistan Cave Complexes 1979-2004: Mountain Strongholds of the Mujahideen, Taliban, and Al Qaeda』(Oxford: Osprey Publishing, 2004).

13. 선박, 비행기, 국가

1. John Morrison and John Coates, 『Greek and Roman Oared Warships 399-30BC』 (Oxford: Oxbow Books, 1997).

2. R. L. O'Connell, 『Of Arms and Men: A History of War, Weapons, and Aggression』 (Oxford: Oxford University Press, 1989); O'Connell, 『Soul of the Sword: An Illustrated History of Weaponry and Warfare from Prehistory to the Present』(New York: The Free Press, 2002).

3. Robert Gardiner, ed., 『The Age of the Galley: Mediterranean Oared Vessels Since Pre-Classical Times』(London: Book Sales Publishing, 2000).

4. Lionel Casson, 『Ships and Seamanship in the Ancient World』(Baltimore: Johns Hopkins University Press, 1995); Gardiner, 『Age of the Galley』; O'Connell, 『Soul of the Sword』.

5. 위의 책.

6. Dupuy, 『Evolution of Weapons and Warfare』(New York: Da Capo Press, 1984); R. Gardiner and B. Lavery, 『The Line of Battle: The Sailing Warship 1650-1840』(London: Conway Maritime Press, 2004).

7. 위의 책.

8. Dupuy, 『Evolution of Weapons and Warfare』; O'Connell, 『Of Arms and Men』; O'Connell, 『Soul of the Sword』; Gardiner and Lavery, 『Line of Battle』.

9. 위의 책.

10. Gardiner and Lavery, 『Line of Battle』.

11. Dupuy, 『Evolution of Weapons and Warfare』; O'Connell, 『Of Arms and Men』; O'Connell, 『Soul of the Sword』; Gardiner and Lavery, 『Line of Battle』; Robert Jackson, 『Sea Warfare: From World War I to the Present』(San Diego: Thunder Bay Press, 2008).

12. 초기 공중전에 대한 뛰어난 설명으로 다음 책들을 추천한다. Ezra Bowen, 『Knights of the Air』(Alexadria, VA: Time-Life Books, 1981); Christopher Campbell, 『Aces and Aircraft of World War I』(Dorset, UK: Blandford Press, 1981); Christopher Chant, 『Warplanes』(London: M. Joseph, 1983); Robert Jackson, 『Aerial Combat』(London: Cox and Wyman, 1976); Norman Franks, 『Aircraft Versus Aircraft』(New York: Crescent Books, 1986); John Blake, 『Flight: The Five Ages of Aviation』(Leicester, UK: Magna Books, 1987). 전투기의 1 대 1 대결의 중요성을 비롯해서 공중전과 관련한 항공기의 진화에 대한 논의는 다음을 참조. Dupuy, 『Evolution of Weapons and Warfare』; Franks, 『Aircraft Versus Aircraft』; O'Connell, 『Of Arms and Men』; O'Connell, 『Soul of the Sword』; Michael Clarke, "The Evolution of Military Aviation," 〈Bridge 34〉(2004): 29-35.

13. Bowen, 『Knights of the Air』; Dupuy, 『Evolution of Weapons and Warfare』; O'Connell, 『Of Arms and Men』; O'Connell, 『Soul of the Sword』.

14. 위의 책.

15. 위의 책.

16. 제1차 세계대전 중 공중전은 중세 시대 기사들의 1 대 1 대결과 비슷한 점이 많았다.

조종사는 공중에서 다른 조종사의 눈에 잘 띄도록 독특하고 다채롭게 자기 전투기를 장식했다. 단순히 비행 중대나 편대에 속했다는 것보다 개체로 인식된다는 것이 더 중요했던 것이다. 그리고 조종사는 얼마나 많은 적기를 격추시켰는가가 아니라, 누구를 격추시켰는가를 세심하게 따졌다. 마지막으로, 공중전에서 승리하면 사회적으로 인정받고 명성을 떨쳤다는 점이 중세와 유사하다. 그러나 무기―비행기―의 질은 번식과 무관했다. 비행기는 개별 조종사가 아니라 정부가 구매했다. 비행기의 유형이나 모델은 개인의 부나 가문의 지위와 무관했고, 그런 어떤 것도 당시 빈곤한 조종사가 결혼하고 번식하는 것에 대한 걸림돌이 되지 않았다. 여기서 중요한 것은 비행기 자체였다. 다른 모델보다 더 기동성이 좋은 모델, 또는 다른 모델보다 더 빨리 또는 더 높이 상승할 수 있거나, 간단히 다른 비행기를 따라잡을 수 있는 모델은, 더 오래되고 더 느리고 더 구형의 모델보다 더 많이 제작되었고, 양측이 모두 더 성능이 뛰어난 비행기를 개발하려고 함으로써 비행기 모집단은 경쟁에 휩쓸렸다. 전투기의 진화가 조종사가 아닌 비행기 수준에서 전개되고 있다는 가장 확실한 증거는, 최신 비행기에 아예 조종사가 타지 않는다는 사실이다. 조종사는 이 경쟁을 시작한 조건을 만드는 데 도움이 되었지만 항공기 무기 경쟁은 조종사 없이 전속력으로 진행되고 있는 것으로 보인다.

17. Chant, 『Warplanes』; Jackson, 『Aerial Combat』; Franks, 『Aircraft Versus Aircraft』; Blake, 『Flight』.

18. Douglas C. Dildy and Warren E. Thompson, 『F-86 Sabre vs MiG-15: Korea 1950-53』(Oxford: Osprey Publishing, 2013).

19. Clarke, "Evolution of Military Aviation," 29-35.

20. 위의 글.

21. 위의 글. 또는 다음 책 참고. Benjamin Gal-Or, 『Vectored Propulsion, Supermaneuverability, and Robot Aircraft』(New York: Springer-Verlag, 1990).

22. Wikipedia, s.v. "Dogfight."

23. Alan Epstein, "The Role of Size in the Future of Aeronautics," 〈Bridge 34〉(2004): 17-23.

24. Clarke, "Evolution of Military Aviation," 29-35.

25. 다음 책은 제2차 세계대전 중 유럽 전역의 전략 폭격 작전에 대한 매력적이고 권위 있는 저술로, 폭격 시 승무원이 경험한 것에 대한 심층 묘사 또한 뛰어나다. Donald L. Miller, 『Masters of the Air: America's Bomber Boys Who Fought the Air War Against Nazi Germany』 (New York: Simon and Schuster, 2007).

26. O'Connell, 『Of Arms and Men』; O'Connell, 『Soul of the Sword』.

27. 위의 책.

28. Wikipedia, s.v. "List of countries by GDP (nominal)"

29. Robert E. Looney and Stephen L. Mehay, "United States Defense Spending: Trends and Analysis," in 『The Economics of Defense Spending: An International Survey』 eds. Keith Hartley and Todd Sandler (London: Routledge, 1990); Philip D. Winters, "Discretionary Spending: Prospects and Future," 〈Congressional Research Service, report prepared for Congress (2005): RS-22128〉; D. Andrew Austin and Mindy R. Levit, "Trends in Discretionary Spending," 〈Congressional Research Service, report prepared for Congress (2010): RL-34424〉.

30. 이 유추는 수준을 낮추어도 유효하다. 요트와 같은 사치품이 가난한 사람들에게 더 비싼 것과 마찬가지로, 집게발이나 사슴뿔과 같은 큰 무기는 가난한 수컷에게 더 비싸다. 마찬가지로 대형 무기는 부자가 아닌 가난한 나라에서 만드는 것이 더 비싸다. 예를 들어 F-5 전투기는 미국에서 만드는 것보다 스페인이나 한국에서 만들 때 더 비용이 많이 들고, 에콰도르와 같은 나라에서는 그보다 비용이 더 많이 든다. 미국에서는 더 많은 양의 비행기를 대량생산할 수 있으므로 대당 생산 비용을 엄청나게 줄일 수 있다. 미국에서는 더 많은 연구 개발 프로그램을 지원할 수 있으므로, 전투기 기술 혁신을 주도할 수도 있다. 또한 필요한 기술에 숙련된 더 많은 인력—조종사부터 수리공까지—을 양성할 수도 있다. 이 모든 요인들은 항공기와 잠수함, 미사일 및 항공모함과 같은 최첨단 무기를 생산 유지하는 데 있어, 부유한 국가가 가난한 국가보다 훨씬 더 비용이 적게 든다는 뜻이다. 이러한 문제에 대한 논의는 다음 논문 참조. Michael Brsoska, "The Impact of Arms Production in the Third World," 〈Armed Forces and Society 4〉 (1989): 507-30.

31. 냉전에 관한 책은 매우 많은데, 특히 다음 책들을 추천한다. R. E. Powaski, 『March to Armageddon: The United States and the Nuclear Arms Race, 1939 to the Present』(Oxford: Oxford University Press, 1987); P. Glynn, 『Closing Pandora's Box: Arms Races, Arms Control, and the History of the Cold War』(New York: Basic Books, 1992); R. Rhodes, 『Arsenals of Folly: The Making of the Nuclear Arms Race』(New York: Vintage Books, 2008); D. Hoffman, 『The Dead Hand: The Untold Story of the Cold War Arms Race and Its Dangerous Legacy』 (New York: Doubleday, 2009); James R. Arnold and Roberta Wiener, eds., 『Cold War: The Essential Reference Guide』(Santa Barbara, CA: ABC-CLIO, 2012). 또한 무기 경쟁에 대한 명확하고 간결한 논의로 다음 책을 추천한다. Dupuy, 『Evolution of Weapons and Warfare』; O'Connell, 『Of Arms and Men』; O'Connell, 『Soul of the Sword』.

32. O'Connell, 『Of Arms and Men』; O'Connell, 『Soul of the Sword』.

33. 위의 책. 또한 다음 책 참조. Dildy and Thompson, 『F-86 Sabre vs MiG-15』.

34. O'Connell, 『Of Arms and Men』; O'Connell, 『Soul of the Sword』.

35. 위의 책. 또한 다음 책 참조. Kenneth Macksey, 『Tank Versus Tank: The Illustrated Story of Armored Battle-field Conflict in the Twentieth Century』(New York: Barnes and Noble Books, 1999); Stephen Hart, ed., 『Atlas of Armored Warfare from 1916 to the Present Day』(New York: Metro Books, 2012).

36. 위의 책.

37. Dupuy, 『Evolution of Weapons and Warfare』; R. E. Powaski, 『March to Armageddon: The United States and the Nuclear Arms Race, 1939 to the Present』(New York: Oxford University Press, 1987); O'Connell, 『Of Arms and Men』; Glynn, 『Closing Pandora's Box』; O'Connell, 『Soul of the Sword』; Rhodes, 『Arsenals of Folly』; Hoffman, 『Dead Hand』; Arnold and Wiener, 『Cold War』.

38. 위의 책.

39. O'Connell, 『Of Arms and Men』; Glynn, 『Closing Pandora's Box』; O'Connell, 『Soul of the Sword』.

40. Dupuy, 『Evolution of Weapons and Warfare』; Powaski, 『March to Armageddon』; O'Connell, 『Of Arms and Men』; Glynn, 『Closing Pandora's Box』; O'Connell, 『Soul of the Sword』; Rhodes, 『Arsenals of Folly』; Hoffman, 『Dead Hand』; Arnold and Wiener, 『Cold War』.

41. 위의 책.

42. 위의 책.

43. O'Connell, 『Of Arms and Men』; Glynn, 『Closing Pandora's Box』; O'Connell, 『Soul of the Sword』.

44. Hoffman, 『Dead Hand』.

45. O'Connell, 『Of Arms and Men』; Glynn, 『Closing Pandora's Box』; O'Connell, 『Soul of the Sword』.

46. B. M. Russett, 『What Price Vigilance? The Burdens of National Defense』(New Haven, CT: Yale University Press, 1970).

47. O'Connell, 『Of Arms and Men』; Glynn, 『Closing Pandora's Box』; O'Connell, 『Soul of the Sword』.

48. 예를 들어 다음 책 참조. Russett, 『What Price Vigilance?』; Paul G. Pierpaoli, Jr., "Consequences of the Cold War," in Arnold and Wiener, 『Cold War』.

49. 위의 책.

50. 위의 책.

51. 위의 책. 또한 다음 책 참조. O'Connell, 『Soul of the Sword』.

52. 위의 책.

14. 대량 살상

1. 이 사건과 배경 사건들에 대한 여러 가지 이야기가 발표되었다. 다음 논문을 추천한다. Stephen J. Cimbala, "Year of Maximum Danger? The 1983 'War Scare' and US-Soviet Deterrence," 〈Journal of Slavic Military Studies 13〉(2000): 1-24; Arnav Man-chanda, "When Truth is Stranger Than Fiction: The Able Archer Incident," 〈Cold War History 9〉(2009): 111-33; D. Hoffman, 『The Dead Hand: The Untold Story of the Cold War Arms Race and Its Dangerous Legacy』(New York: Doubleday, 2009); the Ph.D. dissertation of Andrew Russell Garland, "1983: The Most Dangerous Year" (University of Nevada Las Vegas, 2011). 나는 또한 모든 학자들이 이 사건이 종결될 정도로 막바지에 이르렀다는 것에 동의하지는 않는다는 점을 지적하고 싶다. 대안적 견해로는 다음을 참조. Vojtech Mastny, "How Able Was 'Able Archer'?: Nuclear Trigger and Intelligence in Perspective," 〈Journal of Cold War Studies 11〉(2009): 108-23.

2. 위의 글.

3. 위의 글.

4. 예를 들어 다음을 참조. Charles A. Kupchan, "Life After Pax Americana," 〈World Policy Journal 16〉(1999): 20-27; Evan Feigenbaum, "China's Challenge to Pax Americana," 〈Washington Quarterly 24〉(2001): 31-43.

5. 핵무기의 파괴력과 우발적 폭발에 관한 생생하고 무시무시한 글로 다음 책을 추천한다. Eric Schlosser, 『Command and Control: Nuclear Weapons, the Damascus Accident, and the Illusion of Safety』(New York: The Penguin Press, 2013).

6. Jeanne Guillemin, 『Biological Weapons: From the Invention of State-Sponsored Programs to Contemporary Bioterrorism』(New York: Columbia University Press, 2005);

Mark Wheelis, Lajos Rózsa, and Malcolm Dando, 『Deadly Cultures: Biological Weapons Since 1945』(Cambridge, MA: Harvard University Press, 2006); Hoffman, 『Dead Hand』.

7. 위의 책.

8. 위의 책.

찾아보기

북트리거 포스트

북트리거 페이스북

동물의 무기
잔인하면서도 아름다운 극한 무기의 생물학

1판 1쇄 발행일 2018년 6월 20일
1판 3쇄 발행일 2021년 3월 15일

지은이 더글러스 엠린 | 옮긴이 승영조 | 감수 최재천
펴낸이 권준구 | 펴낸곳 (주)지학사
본부장 황홍규 | 편집장 윤소현 | 팀장 김지영 | 편집 양선화
기획·책임편집 김지영 | 디자인 정은경디자인
마케팅 송성만 손정빈 윤술옥 이혜인 | 제작 김현정 이진형 강석준 방연주
등록 2017년 2월 9일(제2017-000034호) | 주소 서울시 마포구 신촌로6길 5
전화 02.330.5295 | 팩스 02.3141.4488 | 이메일 booktrigger@naver.com
홈페이지 www.jihak.co.kr | 포스트 http://post.naver.com/booktrigger
페이스북 www.facebook.com/booktrigger | 인스타그램 @booktrigger

ISBN 979-11-960400-7-9 03490

이 도서의 국립중앙도서관 출판예정도서목록(CIP)은 서지정보유통지원시스템 홈페이지
(http://seoji.nl.go.kr)와 국가자료공동목록시스템(http://www.nl.go.kr/kolisnet)에서
이용하실 수 있습니다.(CIP제어번호: CIP2018016761)

북트리거

트리거(trigger)는 '방아쇠, 계기, 유인, 자극'을 뜻합니다.
북트리거는 나와 사물, 이웃과 세상을 바라보는 시선에 신선한 자극을 주는 책을 펴냅니다.